煤炭高等教育"十四五"规划教材

机器人及其控制技术

姜海燕　宋庆军　宋庆辉　郑　义　编著

中国矿业大学出版社
·徐州·

内 容 提 要

本书系统介绍了机器人的机械结构、传感器、驱动与控制、机器人的动力学、运动学、轨迹规划、路径规划等内容。本书在编写中注重理论与实践相互结合，系统性、先进性和实用性相互交融，较全面地讲述了机器人技术的基础知识和控制方法。

本书可作为机械、自动化、计算机等相关专业高等院校本科高年级学生或研究生教育的教材，也可供从事机器人领域研究的教师或科研人员学习和参考。

图书在版编目(CIP)数据

机器人及其控制技术 / 姜海燕等编著. — 徐州 ： 中国矿业大学出版社，2024.4

ISBN 978 - 7 - 5646 - 6238 - 7

Ⅰ. ①机… Ⅱ. ①姜… Ⅲ. ①机器人控制 Ⅳ. ①TP24

中国国家版本馆 CIP 数据核字(2024)第 082697 号

书　　名　机器人及其控制技术

编　　著　姜海燕　宋庆军　宋庆辉　郑　义

责任编辑　于世连

出版发行　中国矿业大学出版社有限责任公司

（江苏省徐州市解放南路　邮编 221008）

营销热线　(0516)83885370　83884103

出版服务　(0516)83995789　83884920

网　　址　http://www.cumtp.com　**E-mail**:cumtpvip@cumtp.com

印　　刷　徐州中矿大印发科技有限公司

开　　本　787 mm×1092 mm　1/16　**印张** 12　**字数** 304 千字

版次印次　2024 年 4 月第 1 版　2024 年 4 月第 1 次印刷

定　　价　40.00 元

前 言

随着社会的发展，机器人在人类生活和生产过程中的作用越来越重要，机器人拥有高效、连续的工作能力，可以承担繁重、危险或重复性工作，能够提高生产效率和产品质量。“十四五”期间，我国将机器人技术作为推动制造业转型升级的关键技术之一。机器人的广泛应用将推动产业升级、服务提质增效、城市智能化和农业现代化，为经济发展注入新的动力。

本书对机器人的本体机械结构、传感器、驱动与控制，机器人的动力学、运动学、轨迹规划、路径规划等均做了较详细地讲解和分析，可作为高年级本科生或研究生机器人学基础课程教材。

本书由姜海燕、宋庆辉、宋庆军、郑义编著。其中，第 2、3、8、9、10 章由姜海燕编写，第 5、6 章由宋庆辉编写，第 1、7 章由宋庆军编写，第 4 章由郑义编写。孟祥福、李凯、鲁承春、刘子豪、姜昕睿、孙世荣等参与了本书部分图表的编写和整理工作。全书由姜海燕统稿。

中国矿业大学马驰担任主审，对本书的整体结构和内容进行了全面审阅，并提出了宝贵的修改意见。在此对其表示衷心的感谢。

在编写过程，参考了一些相关教材和文献资料，在此向所有参考文献的作者表示衷心的感谢。

本书得到山东科技大学相关部门领导，特别是机电学院张强院长、智能装备学院刘瑞国副院长的支持与帮助，在此表示衷心的感谢。本书的出版还得到中国煤炭教育协会、中国矿业大学出版社相关专家的指导和支持，在此表达诚挚的谢意。

由于作者水平有限，书中难免存在错误及不妥之处，请读者批评指正。

作　者

2023 年 10 月 18 日

目 录

第1章 绪　论

当前，机器人产业蓬勃发展，正极大改变着人类生产和生活方式，为经济社会发展注入强劲动力。机器人应用领域包括工业制造、农业、航空航天、深海探索、医疗卫生、国防安全、教育服务等。机器人可以感知环境、做出决策并执行动作，可以替代人类从事一些危险、重复或烦琐的工作。机器人被誉为“制造业皇冠顶端的明珠”，其研发、制造、应用是衡量一个国家科技创新和高端制造业水平的重要标志。机器人技术综合多学科的发展成果，代表先进技术的发展前沿。机器人作为新兴技术的重要载体和现代产业的关键装备，引领产业数字化发展、智能化升级，不断孕育新产业、新模式、新业态。

近年来，中国政府高度重视机器人技术的发展，将其列为“中国制造2025”“新一代人工智能发展规划”等重要战略。我国机器人产业呈现良好发展势头，产业规模快速增长，年均复合增长率约15%。2020年，机器人产业营业收入突破1 000亿元，工业机器人产量达21.2万台(套)，制造业机器人密度达到246台/万人。2022年，我国机器人全行业营业收入超过1 700亿元，工业机器人产量达到44.3万套，服务机器人产量达645.8万套。

面对新形势、新要求，未来5年乃至更长一段时间，是我国机器人产业自立自强、换代跨越的战略机遇期。到2025年，我国将成为全球机器人技术创新策源地、高端制造集聚地和集成应用新高地。

1.1 机器人定义

机器人的诞生和发展伴随着人类文明的发展。1886年，法国利尔亚当在他的小说《未来的夏娃》中将外表像人的机器起名为“安德罗丁”(Android)。这种机器由4部分组成：① 生命系统(平衡、步行、发声、身体摆动、感觉、表情、调节运动等)；② 造型解质(关节能自由运动的金属覆盖体，一种盔甲)；③ 人造肌肉(在上述盔甲上有肉体、静脉、性别等身体的各种形态)；④ 人造皮肤(含有肤色、机理、轮廓、头发、视觉、牙齿、手爪等)。1920年，捷克卡勒鲁·查培克发表科幻戏剧 *Rossum's Universal Robot*，首次开始使用“机器人”(robot)。这个词是由捷克语的“robota”(劳动、苦力)一词延伸而成的。此后，各种“人形机器”见之于各类科学幻想作品中。

1950年，美国阿西莫夫在他的小说 *I，Robot* 中提出著名的“机器人三定律”。定律1：

机器人不得伤害人类，也不能坐视人类受到伤害而无所作为。定律2：机器人必须服从人类的命令，但不能违背定律1。定律3：机器人必须保护自己，但不能违背定律1和定律2。

这些定律后来成了机器人的设计规范，并成为工程师或技术专家设计制造产品的隐形规则。在科技界，科学家会给每一个科技术语一个明确的定义。但机器人出现已有几十年。机器人的定义仍然仁者见仁，智者见智，没有一个统一的意见。机器人涉及人的概念，成为一个难以回答的哲学问题。

目前各国对机器人的定义或命名各不相同。① 美国机器人协会机器人定义：机器人是用以搬运材料、零件、工具的可编程序的多功能操作器或是通过可改变程序动作来完成各种作业的特殊机械装置。② 日本工业机器人协会机器人定义：工业机器人是一种装备有记忆装置和末端执行器的，能够转动并通过自动完成各种移动来代替人类劳动的通用机器。③ 美国国家标准局机器人定义：机器人是一种能够进行编程并在自动控制下执行某些操作和移动作业任务的机械装置。④ 国际标准化组织机器人定义：机器人是一种自动的、位置可控的、具有编程能力的多功能机械手，这种机械手具有几个轴，能够借助可编程序操作来处理各种材料、零件、工具和专用装置，以执行各种任务。⑤ 我国有些学家对机器人的定义：机器人是一种自动化的机器，所不同的是这种机器具备一些与人或生物相似的智能能力（如感知能力、规划能力、动作能力和协同能力），是一种具有高度灵活性的自动化机器。

机器人有多种定义，但一般认为机器人应具有以下共同特点。① 机器人的动作机构具有类似于人或其他生物的某些器官的功能。② 机器人是一种自动机械装置，可以在无人参与下，自动完成多种操作或动作功能。③ 机器人可以再编程，程序流程可变，即具有柔性。④ 机器人具有不同程度的智能性，如记忆、感知、推理、决策、学习。

1.2 机器人发展历史

1.2.1 古代机器人

（1）中国古代机器人

春秋时期，鲁班利用竹子和木料制造出一个木鸟（图1-1）。木鸟能在空中飞行，“三日不下”，这可称得上世界第一个空中机器人。

东汉时期，张衡发明了测量路程用的“计里鼓车”（图1-2）。

三国时期，诸葛亮创造出“木牛流马”（图1-3）。“木牛流马”可以运送军用物资，成为最早的陆地军用机器人。

（2）国外古代机器人

1662年，日本竹田近江发明了自动机器玩偶。

1738年，法国杰克·戴·瓦克逊发明了机器鸭。机器鸭会叫，还会游泳、喝水、进食和排泄。

图1-1 鲁班飞鸟

图1-2 计里鼓车

图1-3 木牛流马

在1768—1774年，瑞士德罗斯父子，设计制造出三个像真人一样大小的机器人——写字偶人、绘图偶人和弹风王琴偶人。它们是由凸轮控制和弹簧驱动的自动机器人。

1.2.2 早期机器人

1947年，美国阿尔贡研究所开发代替人处理放射性物质的遥控机械手和机械式的主从机械手，是世界上第一台遥控的机器人。

1954年，美国George Devol设计制作了世界上第一台机器人试验装置。利用人手对机器人进行动作示教，机器人能实现动作的记录和再现。这就是示教再现机器人。

1962年，美国机械与铸造公司制造出世界上第一台圆柱坐标型工业机器人(图1-4)。第二代机器人通常通过一个计算机来控制一个多自由度的机械，通过示教存储程序和信息。在工作时把信息读取出来，然后发出指令，这样机器人可以重复地根据人当时示教的结果，再现这种动作。例如，汽车的点焊机器人(图1-5)，总是重复点焊的示教过程。

图1-4 极坐标式机械手臂

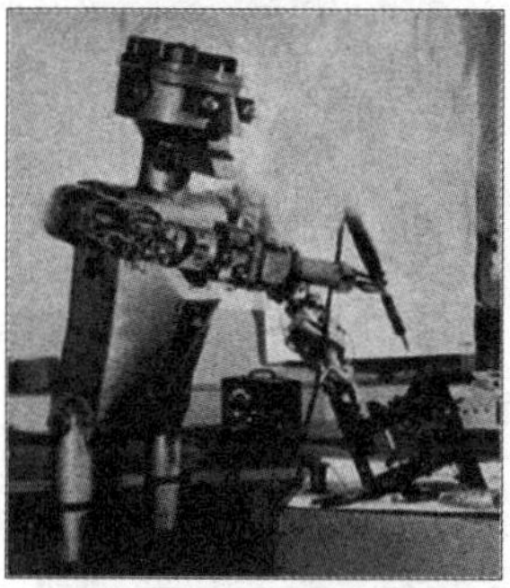

图1-5 点焊机器人

1960—1970年兴起的工业机器人称为第一代机器人。这代机器人一般可以根据操作人员所编的程序，完成一些简单的重复性操作。这代机器人不具有对外界信息反馈的能力，不能适应环境的变化。

1.2.3 现代机器人

随着生产技术从大批量生产自动化向小批量多品种生产自动化的转变，提高生产柔性的需求进一步推动着工业机器人技术的发展。美国科研人员率先开始研究感知机器人技术，并于1965年开发出可以感知识别方块、自动堆积方块、不需人干预的早期第二代机器人。20世纪70年代，第二代机器人开始有了较大的发展，称其为感知型机器人，又称为自适应机器人，具有不同程度的感知周围环境的能力。到 1982 年，美国通用汽车公司为装配线上的机器人装配了视觉系统，宣告了感知机器人的诞生。至此，不同结构、不同控制方法和不同用途的工业机器人在工业发达的国家真正进入了实用化阶段。机器视觉、触觉、力觉、接近觉等项目的研究和应用，大大提高了机器人的适应能力，扩大了机器人的应用范围，促进了机器人的智能化进程。

1973 年，日本日立公司开发出为混凝土桩行业使用的自动螺栓连接机器人。这是世界上第一台安装有动态视觉传感器的工业机器人。该机器人在移动的同时能够认识浇铸模具上螺栓的位置，并且和浇铸模具的移动同步，完成螺栓拧紧和拧松工作。

1972 年，我国开启在工业机器人领域的研究。1986 年，我国成功研制上海Ⅱ号工业机器人(图 1-6)。20 世纪 80 年代中期，我国第一台水下机器人“海人一号”(图 1-7)成功研制，一年后改良的“海人一号”顺利进行海上试验。20 世纪 90 年代以后，随着科技发展和经济建设的需要，我国又研制开发了喷漆、装配、码垛、浇注、潜水、矿架支护、导购、上下料、爬壁、异型玻璃切割、管道作业、四足步行、荷重顶升和精密装配等 14 种不同种类的工业机器人和特种机器人。

图 1-6　上海Ⅱ号工业机器人

图 1-7　海人一号水下机器人

与第一代机器人相比，第二代机器人不仅在作业效率、保证产品的一致性和互换性等方面更加突出，而且具有更强的外界环境感知能力和环境适应性，能完成更复杂的工作任务。

1.2.4　当代机器人

20 世纪 90 年代，计算机技术和人工智能技术初步发展，第三代智能机器人的研究也逐步开展起来。对于第三代智能机器人，应用多变量控制、模糊控制、神经网络、深度学习和强化学习等先进控制方法，在智能计算机控制下，通过多传感器感知机器人本体状态和作业环境状态，在知识库支持下进行推理做出决断，并对多变量进行实时智能控制。这类机器人具有自主地解决问题的能力，也被称为自治机器人。以下列举了当代机器人史上几个标志性事件。

2002 年，徕斯机器人使工人和机器人之间实现了直接互动。

2003 年，两台“漫游者”机器人(图 1-8)执行探索火星表面和地质任务。德国库卡公司开发出第一台娱乐机器人 Robocoaster(图 1-9)。Robocoaster 机器人允许乘客坐在其内部做空中旋转，这是现代游乐园空中旋转机器的最初原型。

2006 年，意大利柯马公司推出第一款无线示教器(图 1-10)。

2011 年，美国 Robonaut 机器人(图 1-11)搭乘航天飞机进入太空探索。

2016 年，谷歌围棋人工智能 AlphaGo 与韩国棋手李世石进行最后一场较量，最终 AlphaGo 获得本场比赛胜利。

2020 年，美国社交机器人 Moxie 能够促进孩童认知、情绪、社交发展。

2021 年，特斯拉公布了一款名为 Tesla Bot 的人形仿生机器人。

自 2021 年之后，柔性感知机器人、脑机接口、生肌电一体化、微纳机器人、商业服务机器人、群体机器人、特殊场景服役机器人等各种用途的机器人纷纷面世。

图 1-8 “漫游者”机器人

图 1-9 Robocoaster 机器人

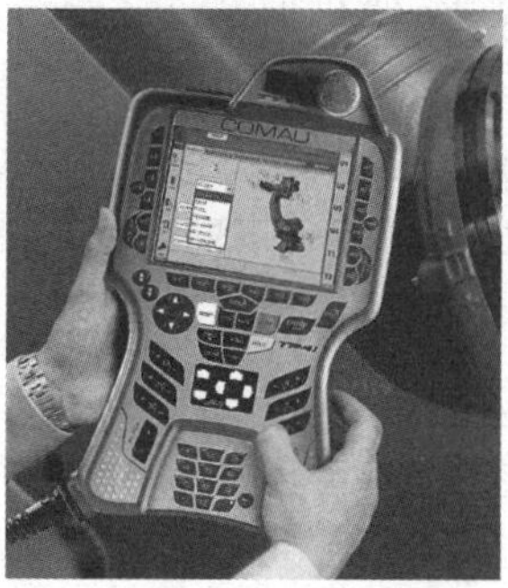

图 1-10 第一款无线示教器

图 1-11 太空中的人形机器人

1.3 机器人结构与分类

1.3.1 机器人结构

机器人是一种能够自主执行任务的机械设备，由多个部件组成。按照各个部件的作用，一个机器人系统一般由 3 个部分、6 个子系统组成，如图 1-12 所示。3 个部分是机械部分、传感部分和控制部分；6 个子系统是驱动系统、机械结构系统、感知系统、人-机交互系统、机器人-环境交互系统和控制系统。

① 机械结构系统，又称为操作机或执行机构系统，由一系列连杆、关节或其他形式的运动部件组成，通常包括机座、立柱、腰关节、臂关节、腕关节和手爪等。机械结构系统由机身、

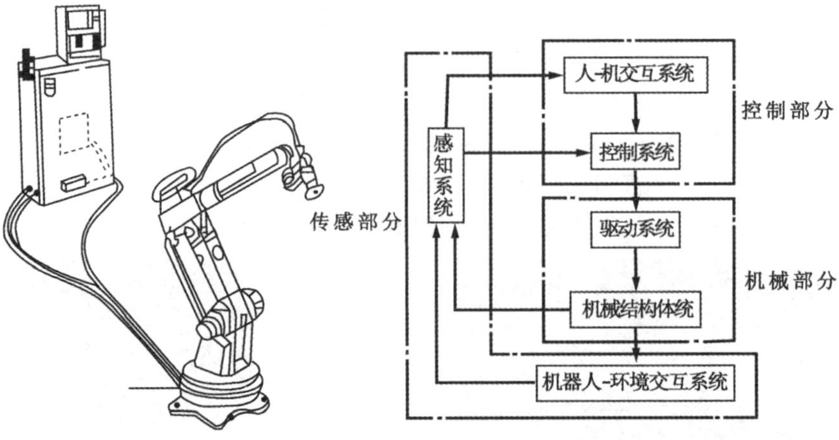

图 1-12 机器人基本组成

手臂和末端执行器组成。机身可具有行走机构。手臂一般由上臂、下臂和手腕组成。末端执行器直接装在手腕上，可以是两手指或多手指手爪，也可以是喷漆枪、焊枪等作业工具。

② 感知系统由内部传感器模块和外部传感器模块组成，用来获取内部和外部环境状态信息，确定机械部件各部分的运行轨迹、状态、位置和速度等，使机械部件各部分按预定程序和工作需要进行动作。

③ 驱动系统是指机器人用于移动和执行任务的系统。驱动系统将机器人从静止状态转变为运动状态，并通过控制系统控制机器人的行动。根据驱动源不同，驱动系统通常可分为电动、液压、气动三种系统或三者结合起来的综合系统。驱动系统可以直接与机械系统相连，或通过胶带、链条、齿轮等机械传动机构间接相连。

④ 控制系统是指用于控制和协调机器人行为的系统。控制系统包括硬件和软件两个部分。控制系统通过接收传感器的输入信号，并基于预设的算法和策略来支配机器人的执行机构以完成规定的运动和功能。

⑤ 机器人-环境交互系统是实现机器人与外部环境中的设备相互联系和协调的系统。机器人可以与外部设备集成为一个功能单元，如加工制造单元、焊接单元、装配单元等；也可以与多台机器人、多台机床、设备、零件存储装置等集成为一个可执行复杂任务的功能单元。

⑥ 人-机交互系统是操作人员参与机器人控制并与机器人进行联系的装置，如计算机终端、指令控制台、信息显示板及危险信号报警器等。常见的人-机交互系统使用语言识别及自然语言处理、视觉识别及图像处理、手势识别及运动追踪、虚拟现实及增强现实等技术。

1.3.2 机器人分类

机器人分类方法有很多种。

(1) 按照可移动性分类

按照可移动性，机器人分为固定式机器人和移动式机器人。固定式机器人是指机器人工作时不可移动，即基座是固定不动的。生产中应用的工业机器人为固定式机器人的典型代表。移动式机器人是指机器人工作时是可移动的。移动式机器人的种类很多，如轮式机器人、履带式机器人、足式机器人、水下移动机器人和空中飞行机器人等。

(2) 按照智能程度分类

按照智能程度,机器人分为一般机器人、智能机器人。智能机器人根据其智能水平又可分为:传感型机器人、半自主型机器人和自主型机器人。

一般型机器人又称为示教再现型机器人。示教指由人教机器人运动的轨迹、停留点位、停留时间等。然后,机器人依照示教的行为、顺序和速度重复运动,即所谓的再现。

传感型机器人又称为感觉机器人。传感型机器人带有一些可感知环境的传感器,对外界环境有一定感知能力。在工作时,传感器获得信息,通过反馈控制,机器人能在一定程度上灵活调整自己的工作状态,保证在适应环境的情况下完成工作。

半自主型机器人是一种部分功能自主、部分功能遥控的机器人。在机器人领域中,这种机器人最为常见。一般来讲,半自主型机器人具有相较于全自主型机器人更好的可靠性和安全性,且具有相较于遥控型机器人更好的智能性。

自主型机器人不仅具有感觉能力,还具有独立判断和行动的能力,并具有记忆、推理和决策的能力,因而能够完成更加复杂的动作。智能机器人的"智能"特征就在于它具有与外部世界(对象、环境和人)相适应、相协调的工作机能。从控制方式看,智能机器人以一种"认知适应"的方式自律地进行操作。

(3) 按照用途分类

按照用途,机器人分为工业机器人、军用机器人、服务机器人、医疗机器人、特种机器人等。① 工业机器人在汽车、飞机等生产领域得到广泛的应用。例如,装配配器人、焊接机器人、喷漆机器人等,提高了产品的生产效率、质量和一致性。② 军用机器人是一种用于军事领域的自动化机器装备,其功能包含物资运输、战场信息感知以及实战进攻等,如无人侦察机、地面巡逻机器人、爆炸物处理机器人及主动式防御机器人等。

(4) 按照关节结构分类

按照关节结构形式,机器人分为串联机器人和并联机器人。① 串联机器人的关节按照线性顺序连接。一个关节的运动会影响后续关节的运动。串联机器人通常具有较大的工作空间,可用于执行需要精确位置和方向控制的任务,如装配、喷涂等,具有较高的精度和稳定性,能够实现复杂的运动轨迹控制和精确定位。② 并联机器人的执行器并联连接到同一基座或平台上。每个执行器可以同时独立运动。并联机器人通常具有较小的工作空间,具有较高的刚性和承载能力,能够实现较大负载的操作,并提供较高的运动速度。

国际上对机器人的分类并没有统一的标准。不同的组织和领域可能会有不同的分类方法。按照一种常见国际分类方式,机器人分为:① 工业机器人,主要应用于工业制造领域,用于自动化生产线上的装配、加工、搬运等任务。② 服务机器人,主要应用于为人类提供各类服务,包括家庭服务机器人、医疗护理机器人、商业服务机器人等。③ 社交机器人,主要用于与人类进行交互和沟通的机器人,如陪伴机器人、教育机器人、娱乐机器人等。④ 农业机器人,主要用于农业领域,执行农田作业、果园管理、农产品收获等任务。⑤ 医疗机器人,主要用于医疗和医疗辅助领域,如手术机器人、康复机器人、辅助诊断机器人等。⑥ 持家机器人,主要应用于家庭环境,执行家务、清洁、安防等任务。⑦ 教育机器人,主要用于教育和培训,帮助学生学习和掌握知识。⑧ 防卫机器人,主要用于军事和安全领域,包括无人侦察机、爆炸物处理机器人等。

需要注意的是,机器人的应用领域和功能非常广泛,可以根据不同的特征和用途进行更详细的分类。

1.4 机器人主要技术参数

机器人技术参数反映机器人在执行任务时的适用范围和工作性能，是选择、设计、应用机器人所必须考虑的问题。机器人主要技术参数有自由度、分辨率、精度、重复定位精度、工作范围、承载能力等。

1.4.1 自由度

机器人能独立运动的关节的数目，称为机器人的运动自由度，决定机器人在空间中能够自由运动的方式和范围。机器人的自由度不包括手爪(末端执行器)动作灵活的尺度，一般以轴的直线移动、摆动或旋转动作的数目来表示。

不妨思考一下，若不包括手掌和手指，但包括手腕，则人的手臂到底有多少个自由度？人的手臂有 3 组关节：肩、肘和腕。肩关节有 3 个自由度。上臂(肱骨)可以在径向平面内旋转(平行于身体的中心面)，在冠平面内旋转(肩到肩的平面)，并可绕肱骨旋转(可以尝试着使肩绕着这 3 个不同的轴旋转)。肘关节只有 1 个自由度。肘关节只能屈伸。腕关节也有 3 个自由度。腕关节可以外展也可以内收，可以屈也可以伸，而且由于桡骨可以在尺骨上滚动，所以可以做纵向旋转(向上和向下)。因此，人的手臂共有 7 个自由度(尽管这些动作的范围很小)。既然具有 7 个自由度的系统没有唯一解，那么人到底是如何用手臂来完成任务的？这个问题值得思考。

5 自由度机器人简图见图 1-13。该机器人可以升降(L_1)、伸缩(L_2)、转动(φ_1、φ_2)和旋转(φ_3)。这种用来确定手部相对于机身(或其他参照系统)位置的独立变化的参数(L_1，L_2，φ_1，φ_2，φ_3)即为机器人的自由度。

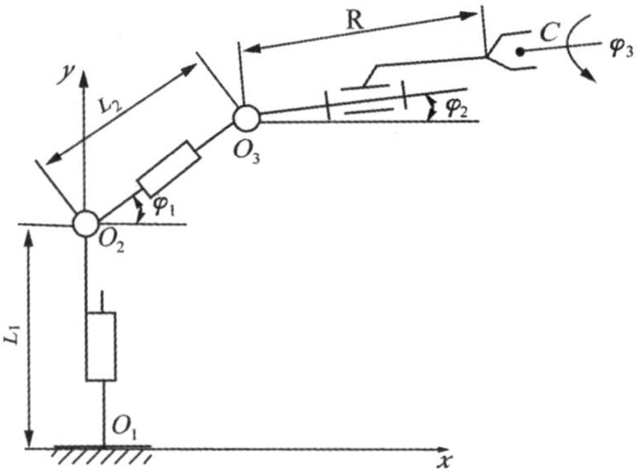

图 1-13 5 自由度机器人简图

机器人自由度越高，通用性和适应性就越好。但是自由度越高，机器人结构越复杂，对机器人的整体要求就越高，这是机器人设计中的一个矛盾。在三维空间中，描述一个物体的位置和姿态(简称位姿)需要6个自由度。工业机器人自由度一般为4～6个。机器人7个以上的自由度就意味着有冗余自由度,以实现机器人躲避障碍物、增加灵活性和改善动力性能。PUMA型机器人的自由度及关节运动范围见图1-14。

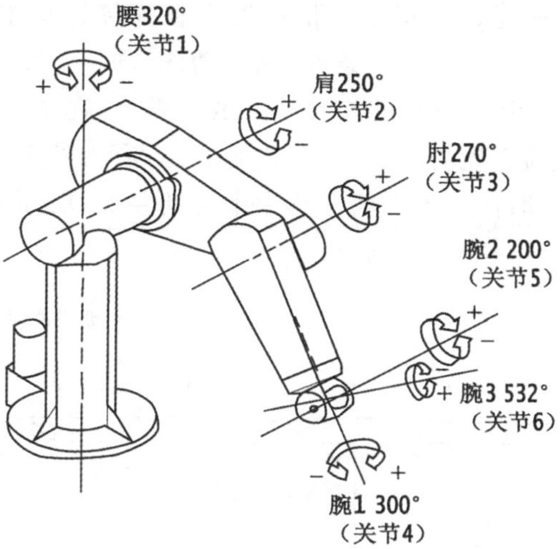

图1-14 PUMA型机器人的自由度及关节运动范围

1.4.2 分辨率

在机器人学科中,分辨率常容易和精度、重复定位精度相混淆。机器人的分辨率由系统设计检测参数决定,并受到位置反馈检测单元性能的影响。分辨率分为编程分辨率与控制分辨率,统称为系统分辨率。

编程分辨率是指程序中可以设定的最小距离单位,又称为基准分辨率。例如,当电动机旋转0.1°时,机器人手臂尖端点移动的直线距离为0.01 mm,其基准分辨率为0.01 mm。

控制分辨率是位置反馈回路能够检测到的最小位移量。例如,若每周(转)1 000个脉冲的增量式编码盘与电动机同轴安装,则电动机每旋转0.36°编码盘就发出一个脉冲。对于0.36°以下的角度变化,系统无法检测到,则该系统的控制分辨率为0.36°。显然,当编程分辨率与控制分辨率相等时,系统性能达到最高。

1.4.3 精度

机器人的精度指标衡量其位置和姿态的准确程度。对于定位和导航任务的机器人,精度是评估其在空间中定位和移动的能力的重要指标。机器人的精度主要决定于机械误差、控制算法误差与分辨率系统误差。

机械误差主要来源于传动误差、关节间隙与连杆机构的挠性。传动误差是由轮齿误差、螺距误差等引起的。关节间隙是由关节处的轴承间隙、谐波齿隙等引起的。连杆机构的挠性随机器人位形、负载的变化而变化。

控制算法误差主要指算法能否得到直接解和算法在计算机内的运算字长所造成的比特误差。比特误差与机构误差相比基本可以忽略不计。

1.4.4 重复定位精度

机器人重复定位精度是机器人在多次执行相同任务时,能够以多大的精度重现先前设定的位置。更确切地说,重复定位精度衡量机器人在连续运动中的姿态和位置的一致性。任何一台机器人即使在同一环境、同一条件、同一动作、同一命令下,每次动作的位置也不可能完全一致。例如,对某一个型号的机器人的测试结果为:在 20 mm/s、200 mm/s 的速度下分别重复 10 次,其重复定位精度为 0.4 mm。如图 1-15 所示,若重复定位精度为±0.2 mm,则指所有的动作位置停止点均在以平均值位置为中心的左右 0.2 mm 以内。

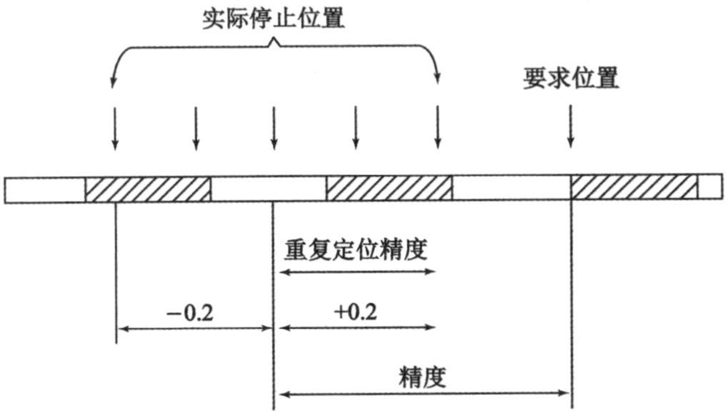

图 1-15 重复定位精度

在测试机器人的重复定位精度时,在不同速度、不同方位下,反复试验的次数越多,重复定位精度的评价就越准确。因重复定位精度不受工作载荷变化的影响,故通常用重复定位精度这个指标作为衡量示教-再现工业机器人水平的重要指标。机器人标定重复定位精度时一般同时给出测试次数、测试过程所加的负载和手臂的姿态。精度和重复定位精度测试的典型情况如图 1-16 所示。

1.4.5 工作范围

工作范围又称为工作空间、工作区域。机器人的工作范围是指机器人手臂末端或手腕中心(手臂或手部安装点)所能到达的所有点的集合,由机器人的机械结构、关节和工具的运动范围所定义。末端执行器的形状和尺寸是多种多样的。为真实反映机器人的特征参数,工作范围是指不安装末端执行器时的工作区域。例如,垂直串联多关节机器人的工作范围如图 1-17 所示。工作范围的形状和大小是十分重要的。机器人在执行某作业时可能会因存在手部不能到达的作业死区而不能完成任务。

1.4.6 承载能力

承载能力又称为工作载荷,是机器人可承受的最大负载(质量、转矩和切削力)。这个能力取决于机器人的设计、结构和执行器的能力。承载能力不仅取决于负载的质量,还取决于机器人末端执行器的质量、机器人运行的速度和加速度的大小和方向。一般规定,以高速运行时所能抓取的工件质量作为承载能力指标。

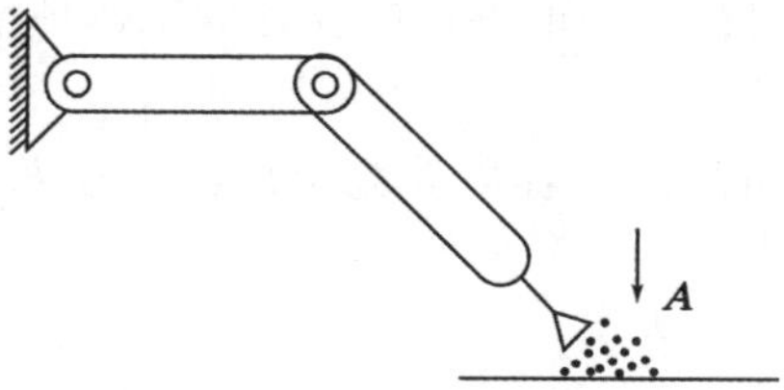

(a) 重复定位精度的测定

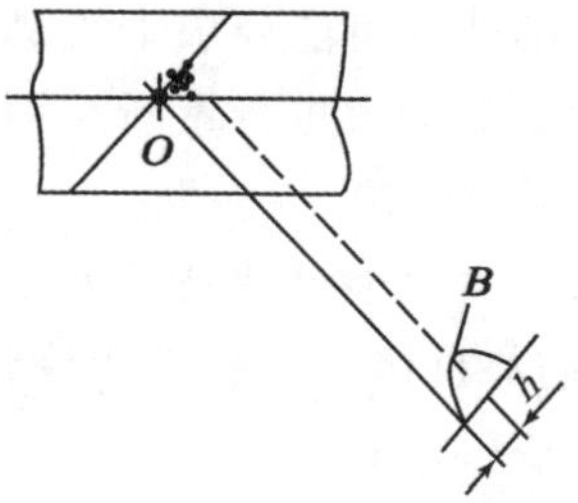

(b) 合理的精度，良好的重复定位精度

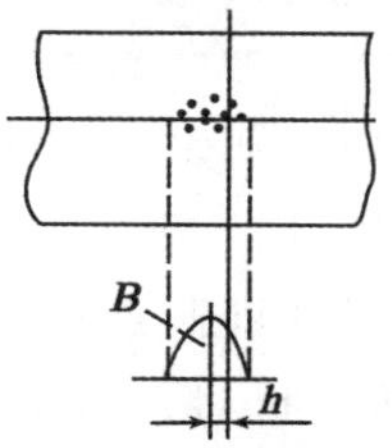

(c) 良好的精度，很差的重复定位精度

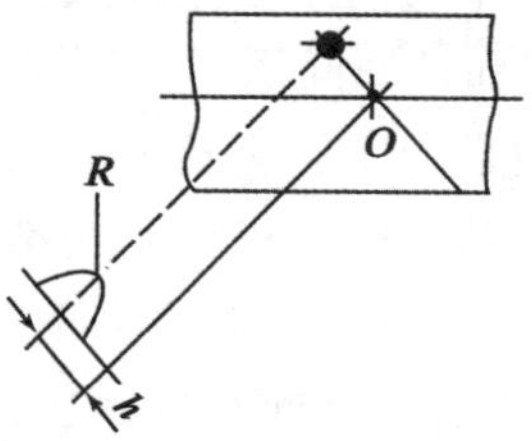

(d) 很差的精度，良好的重复定位精度

图 1-16 精度和重复定位精度测试的典型情况

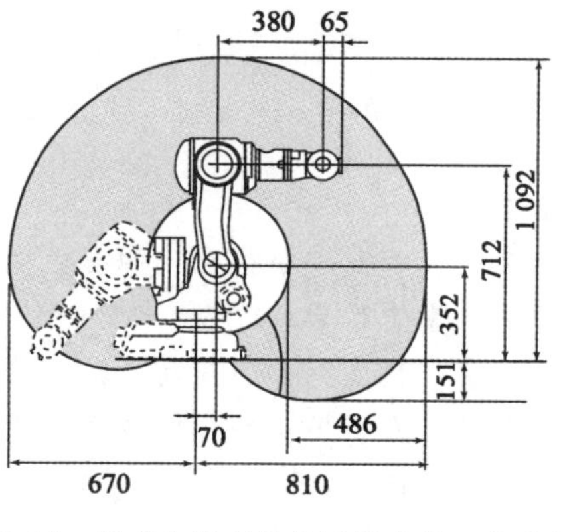

图 1-17 垂直串联多关节机器人的工作范围

1.5 机器人社会问题

智能机器人可以为人类分担诸多高风险和高难度的工作，然而人类必须考虑使用机器人所带来的社会问题。

（1）就业影响

机器人的广泛使用可能导致某些职业的自动化，从而对人工劳动力市场造成冲击。这可能导致失业率上升，并对受影响的工人及其家庭带来经济和社会压力。

（2）技能转变

机器人的普及可能要求工人具备新的技能和知识，以适应自动化产业的需求变化。这可能要对现有劳动力进行重新培训和教育，以确保他们能够适应变化的工作环境。

(3) 不平等问题

机器人技术可能导致贫富差距加剧，使富裕阶层更容易受益于机器人技术带来的机会和收益，而弱势群体则可能被边缘化。

(4) 隐私和安全

机器人在收集和处理个人数据时可能涉及隐私和安全问题。例如，智能家居机器人需要获取用户的个人信息和位置数据，这引发对个人隐私和数据滥用的担忧。

(5) 伦理和道德问题

机器人技术的发展引发了一系列伦理和道德问题。例如，自主机器人的行为准则、决策道德和对人类的情感需求等问题都需要深入研究和探讨。

针对这些社会问题，需要采取综合性的措施，包括政府制定相关法律法规、提供教育和培训机会、促进公平分配和普及机器人技术的机会等。机器人产业界需要推动可持续和负责任的机器人的研发和使用，以确保机器人技术与社会的共同利益相符，并解决可能出现的负面影响。

思考与练习题

1. 简述机器人子系统组成。
2. 机器人的自由度用什么来表示？一个机器人的自由度是不是越高越好？
3. 简述机器人分辨率种类和影响因素。
4. 哪些因素制约机器人的定位精度？如何提高机器人的定位精度？
5. 简述串联轴和联轴器在机器人机械结构中的作用和适用场景。
6. 机器人除了给人类提供各种便利，还会给人类带来哪些负面影响？

第 2 章　机器人机械结构

机器人通常由机械本体、感知系统、控制系统和决策系统等组成。机械本体是机器人的重要组成部分，是所有的计算、分析、控制和编程的基础。机器人最终要通过机械本体的运动和动作来完成特定的任务。

2.1　机械本体结构

机器人是一个机电一体化的设备。机器人一般包括：运动传动机构、关节部分机构（相当于臂，形成空间的多自由度的运动）、把持机构、末端执行器、端拾器（相当于手爪）、移动机构、走行机构（相当于腿脚）以及变位机等。

2.1.1　机器人坐标系

机器人的坐标系是用于描述和控制机器人运动和位置的参考系统，其作用是选择一组位置基准，用最少的一组数字来唯一确定物体的状态。在机器人中，通常使用笛卡尔坐标系和多关节坐标系两种坐标系。

笛卡尔坐标系是一种三维直角坐标系，可以用于描述机器人的位置和位姿。笛卡尔坐标系通常由机器人基座确定，以机器人工作区域的中心点或者其他固定点为原点，建立三个相互垂直的轴线（x 轴、y 轴、z 轴），分别代表机器人的前后移动方向、左右移动方向和上下移动方向。机器人的位置和位姿可以通过基座上的传感器和编码器来测量和计算。

关节坐标系是一种描述机器人关节位置和角度的坐标系。这种坐标系通常由机器人各个关节的旋转中心确定，以每个关节的轴线为坐标轴，建立多个坐标系，用于描述机器人关节的角度和运动范围。关节坐标系是机器人运动学模型的重要组成部分。采用关节坐标系时，可以通过反向运动学计算机器人的末端位置和姿态，以实现对机器人的精确控制和编程。

2.1.2　机器人本体几何结构形式

常见的机器人本体坐标结构包括：直角坐标型、圆柱坐标型、极坐标型和多关节坐标型等，如图 2-1至图 2-4 所示。

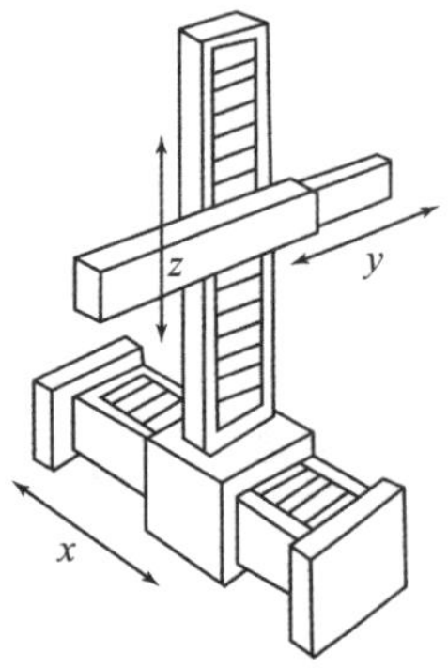

图 2-1　直角坐标型机器人

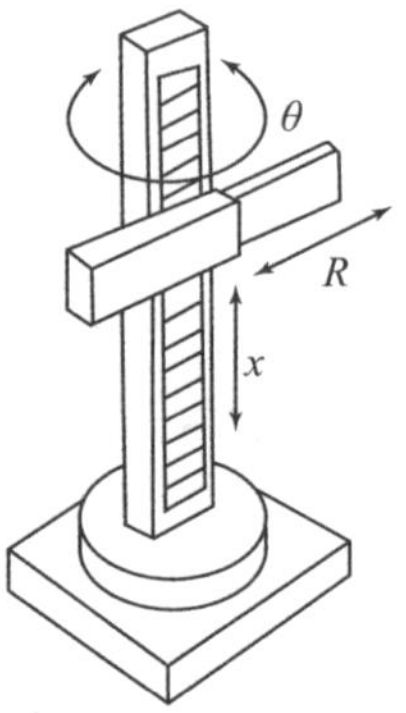

图 2-2　圆柱坐标型机器人

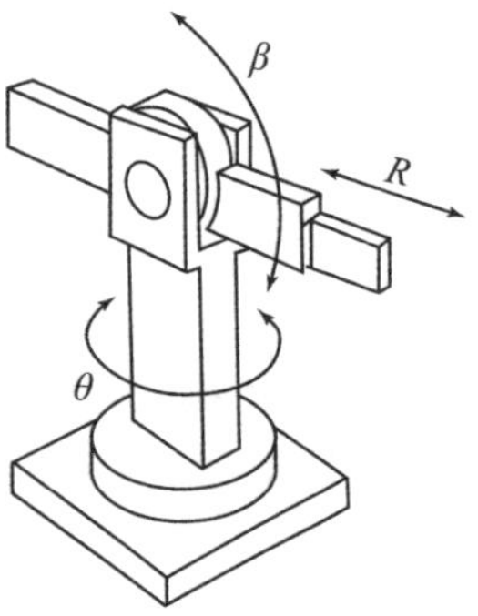

图 2-3　极坐标型机器人

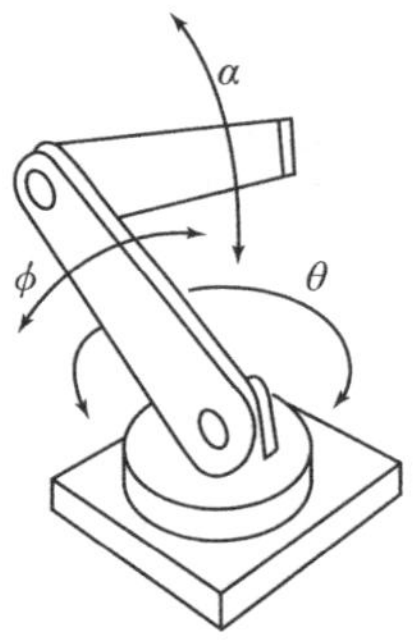

图 2-4　多关节型机器人

直角坐标型机器人是一种基于笛卡尔坐标系的机器人。直角坐标型机器人通过沿着笛卡尔坐标轴的直线运动来实现工作任务。这种机器人通常由滑动导轨或电机驱动线性轴组成,可在三个方向上进行精确的直线运动。这种机器人采用直线运动方式,并且通常配备高精度的位置传感器和编码器,因此这种机器人具有较高的定位精度和重复性,这使得该机器人适用于需要高精度处理和装配的应用场景。这种机器人结构相对紧凑,可以在较小的工作空间进行运动和操作,这使得这种机器人非常适合狭小的生产线和工作环境,能够最大限度地利用有限的空间。这种机器人在各个轴向上都可以进行独立控制,能够执行复杂的运动路径和工作任务,可以根据需求进行多种姿态的操作,适应不同工件形状和尺寸的加工和装配需求。

圆柱坐标型机器人是一种基于圆柱坐标系的机器人系统。它主要由旋转关节和滑动导轨组成,结构相对简单,通常由一个垂直轴和一个水平轴组成,可以实现绕垂直轴的旋转运动和沿水平轴的线性运动。圆柱坐标型机器人可以通过旋转和滑动的组合运动,实现复杂的路径规划和工作任务,具有较高的灵活性;圆柱坐标型机器人还适用于需要在圆柱形工件上进行加工、装配和处理的应用,其由于旋转和线性运动的组合,能够适应不同大小和形状的圆柱形工件,并具备较高的操作精度和重复性。

多关节型机器人拥有多个关节,每个关节都可以独立地运动,从而实现多自由度的运动,这使得它能够在多个方向上进行灵活的姿态和位置调整。多关节型机器人可以通过将关节折叠或伸展,实现空间中的重叠和协同,使其能够适应复杂环境和狭小空间下的任务执行。多关节型机器人能够通过关节的灵活运动,覆盖较大的工作范围,相比其他类型的机器人,通常具有更大的工作半径和工作空间。多关节型机器人的每个关节都可以受到精确的控制,从而实现高精度和重复性的运动,通常在精细组装、定位和加工等领域有着广泛的应用。多关节型机器人能够通过灵活的关节运动,实现复杂轨迹的规划和执行,使其能够完成一些需要沿曲线或非线性路径运动的任务。多关节型机器人的关节运动能够模仿人类的运动方式进行柔和、协调和精确的动作,从而实现与人类的互动和合作。

极坐标型机器人是一种基于极坐标系进行运动控制的机器人系统。在极坐标系中,机器人的位置由距离和角度确定,这种表示方式更适合描述环绕中心点旋转的运动,通过调整角度变量,极坐标型机器人可以实现快速、平滑、连续的旋转运动,而不需要复杂的转换计算。机器人的活动范围以中心点为基准并且受限于最大半径,因此适用于较小的工作空间环境。极坐标型机器人适用于需要在圆形工作区域进行操作的应用。极坐标型机器人相对于其他类型的机器人,其工作范围较小,不适用于大范围移动和扩展的任务。

机器人机械结构系统通常包括上肢、下肢和躯干三大部分,其中上肢包括臂部、腕部、手部,下肢部分包括移动机构,躯干则是上肢与下肢的连接枢纽。除了这三大部分以外,驱动部分与执行部分连接处还有传动机构。每一部分都有若干自由度,从而构成一个多自由度的机械系统。

2.2　机器人上肢

机器人上肢通常指机器人的臂部、腕部和手部,用于模拟人类上肢的功能和运动能力。机器人上肢通常具有多个关节。每个关节都可以独立运动,提供较高的自由度。这使得机器人上肢能够实现复杂的姿态和灵活的运动,以完成各种任务。通过适当的电机和传动装置,机器人上肢可以承载和操作重物,具有较强的抓取能力和举起能力。采用精密的传感器和控制系统,可以使机器人上肢能够进行精确的位置控制、路径规划和力控制,以完成精细的操作任务。机器人上肢的末端通常配备多功能的末端执行器,以适应不同的任务需求,如抓取、搬运、组装等。

2.2.1　机器人臂部

臂部(又称为手臂)是支撑被抓物件、手部和腕部的重要握持部件,带动手指抓取物件并按预定要求将其搬运到指定的位置,如图 2-5 所示。

若要改变手部的姿态(方位),则用腕部的自由度加以实现。因此,一般来说手臂具有三个自由度才能满足基本要求,即手臂的伸缩、左右旋转、升降(或俯仰)运动。手臂的各种运动通常用驱动机构(如液压缸或气缸)和各种传动机构来实现。从受力情况分析,手臂在工作中承受腕部、手部和工件的静/动载荷,而且自身运动较多,受力复杂。因此,手臂的结构、工作范围、灵活性、抓重大小和定位精度直接影响机械手的工作性能。因此设计手臂时一般

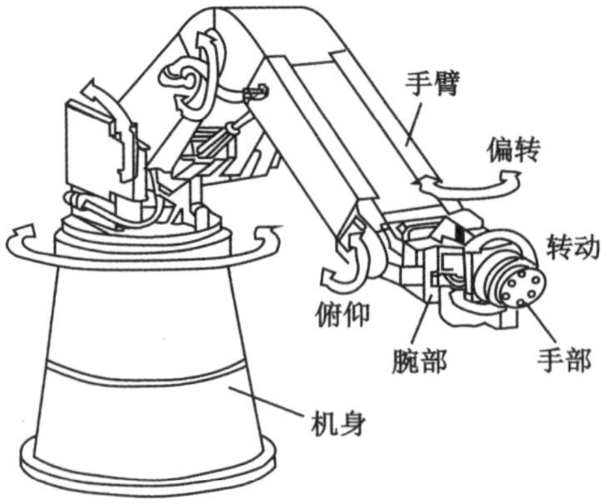

图 2-5　常见机械臂

要满足以下要求：① 保证手臂的刚度；② 具有良好的导向性；③ 偏重力矩要小；④ 能够平稳移动，精准定位。

2.2.2　机器人手部

机器人的手部用来安装末端执行器，是重要的执行机构。手部既可以安装类似人类手的手爪，又可以安装吸盘或其他各种作业工具，是与工件直接接触的部件。根据与接触工件的形式不同，手部可分为夹持类、吸附类和仿人类等三类。常见的手指运动形式有回转型和平移型两种类型。回转型手指结构简单，容易制造，故应用十分广泛。平移型手指结构比较复杂，故应用较少，但平移型手指夹持圆形零件时，工件直径变化不影响其轴心的位置，因此适宜夹持直径变化范围大的工件。

(1) 夹持式手部

夹持式手部由手指（或手爪）和传力机构所构成，如图 2-6 所示。夹持式手部除常用的夹钳式外，还有脱钩式和弹簧式。手部松开和夹紧工件，就是通过手指的张开和闭合来实现的。一般情况下，机器人的手部有两个手指，少数机器人的头部有三个或多个手指。它们的结构形式常取决于被夹持工件的形状和特性，包括被抓取物体的表面形状、被抓部位（外廓或是内孔）、工件的质量和尺寸。

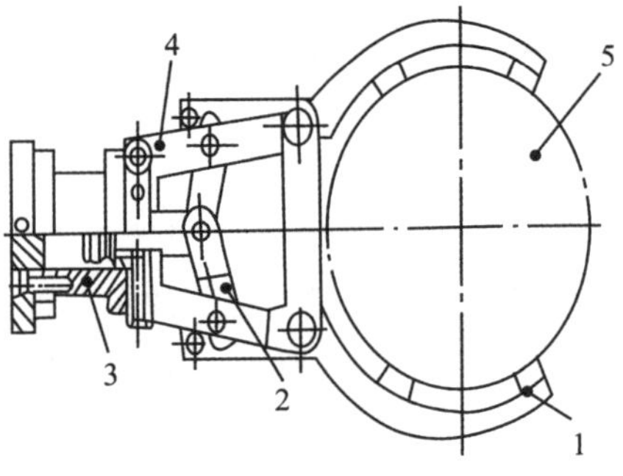

1—手指；2—传动机构；3—驱动装置；4—支架；5—工件。

图 2-6　常见夹持式手部组成

(2) 吸附类手部

吸附类手部分为气吸附式取料手、磁吸附式取料手等。

气吸附式取料手是利用吸盘内的压力和大气压之间的压力差而工作的。常见真空吸附式取料手如图 2-7 所示。按形成压力差的方法,气吸附式取料手可分为真空吸附、气流负压气吸、挤压排气负压气吸等。气吸式取料手与夹钳式取料手相比，具有结构简单、质量轻、吸附力分布均匀等优点。对于薄片状物体(如板材、纸张、玻璃等)的搬运,气吸附式取料手更有优势。气吸附式取料手广泛应用于非金属材料或不可有剩磁的材料的吸附。但气吸附式取料手使用时,要求物体表面比较平整光滑,无孔和无凹槽。

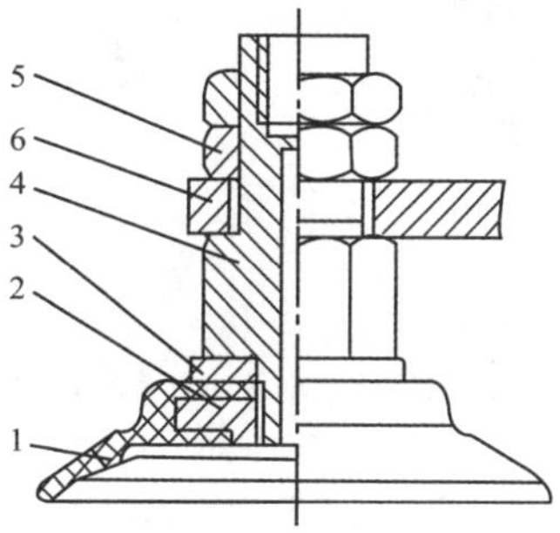

1—橡胶吸盘;2—固定环;3—垫片;4—支撑杆;5—螺母;6—基板。

图 2-7　常见真空吸附式取料手

磁吸附式取料手利用电磁铁通电后产生的电磁吸力取料，因此只能对铁磁物体起作用。某些不允许有剩磁的零件禁止使用磁吸附式取料手。磁吸附式取料手的使用有一定的局限性。盘状磁吸附取料手结构如图 2-8 所示。铁芯 1 和磁盘 3 之间用黄铜烤料焊接并构成隔磁环 2。铁芯 1 成为内磁极,磁盘 3 成为外磁极。磁路经磁盘 3、工件和铁芯,再到壳体内圈形成闭合回路,以此吸附工件。铁芯、磁盘和壳体均采用低碳钢制成,可减少剩磁,并在断电时不吸或少吸铁屑。盖 5 为用黄铜或铝板制成的隔磁材料制作,用以压住线圈 11,防止在工作过程中线圈活动。挡圈 7、8 用以调整铁芯和壳体的轴向间隙(即磁路气隙)。在保证铁芯正常转动的情况下,气隙越小越好;随着气隙变大,电磁吸力会显著减小。

(3) 仿人灵巧手

大部分工业机器人的手部只有 2 个手指,而且手指上一般没有关节,其取料时不能适应物体外形的变化,不能使物体表面承受比较均匀的夹持力,因此无法对复杂形状、不同材质的物体实施夹持和操作。为了提高机器人手部和手腕的操作能力、灵活性和快速反应能力,使机器人能像人一样进行各种复杂的作业,就必须有一个运动灵活、动作多样的灵巧手(即仿人灵巧手)。根据结构材料、驱动方式、形态控制方法等方面的不同,仿人灵巧手分为柔性灵巧手与刚性灵巧手。一套完整的多指仿人灵巧手应该包括机械结构、传动系统、驱动单元、控制单元、抓持策略、传感单元及其他辅助系统等。

① 刚性仿人灵巧手

早期具有代表性的灵巧手有 Utah/MIT 灵巧手(图 2-9)、Okada 灵巧手、Barret 灵巧手、Stanford 灵巧手(图 2-10)等。新型刚性仿人灵巧手主要有 DLR/HIT-Ⅱ灵巧手(图 2-11)、I-Limb 灵巧手等。

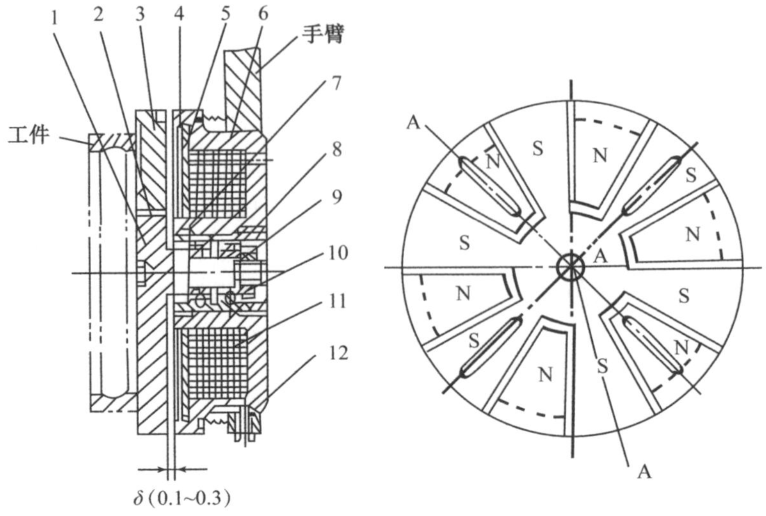

1—铁芯;2—隔磁环;3—磁盘;4—卡环;5—盖;6—壳体;
7、8—挡圈;9—螺母;10—轴承;11—线圈;12—螺钉。

图 2-8　盘状磁吸附取料手结构

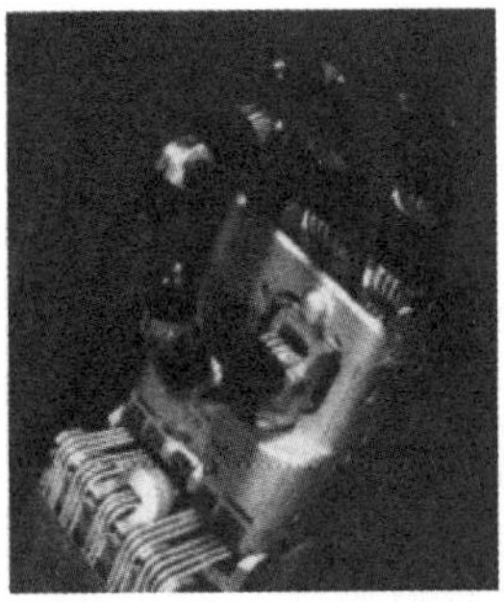

图 2-9　Utah/MIT 灵巧手

图 2-10　Stanford 灵巧手

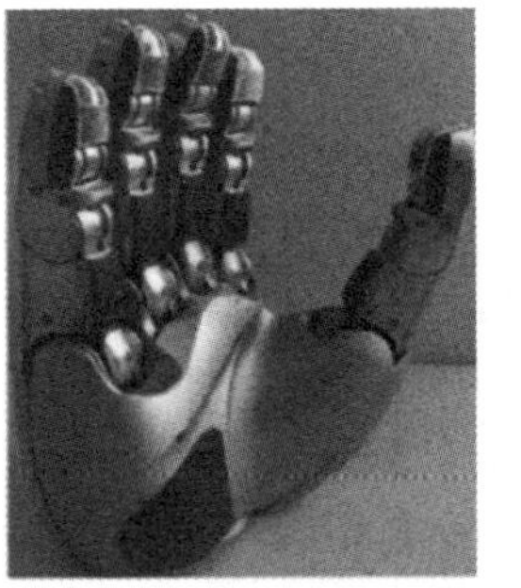

图 2-11　DLR/HIT-Ⅱ灵巧手

这些灵巧手不管是单自由度的还是多自由度的基本都采用传统的驱动方式(如电机驱动、液压驱动以及气压驱动等)。这些灵巧手能够在运动空间有很好的运动表现,但是这些灵巧手的使用范围却因为质量、灵活性等而受限制。

② 柔性仿人灵巧手

为了增强灵巧手的功能以及适用性,近些年出现了柔性灵巧手的研究热潮,多伴随新材料和新工艺的应用。

F3 灵巧手具有 3 个铰链关节的外骨骼框架,其气动人工肌肉固定于外骨骼框架之中。通过充放气操作实现气动软体手指的弯曲和伸直。F3 灵巧手是一种结构更加简单的欠驱动设计的灵巧手。

线绳驱动仿生灵巧手使用带有万向节的平行板转向关节。该手手指关节处可实现 2 个自由度,共有 15 个关节、20 个自由度。每个自由度的运动都由具有模拟人手肌肉拮抗作用的单个电机的平行电缆驱动。

2020 年,Abondance 等设计研制了一款软体灵巧手。该手由柔软的材料和可变形的结构组成。该手能够更好地适应不同形状的物体,并拥有更自然、柔和的触摸感知和操作能力。这款灵巧手具有 4 个柔软、灵巧的手指。图 2-12 展现了该手使用启发式的手指步态打开一个空塑料罐的盖子的过程。

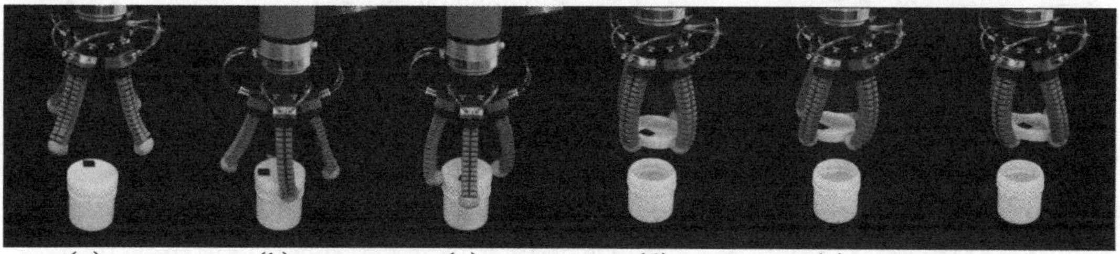

图 2-12　软体灵巧手工作过程

2022 年,北京 Inspire 机器人科技公司研发了一款灵巧手,如图 2-13 所示。该手有 5 个手指、6 个自由度和灵活的抓取能力,大小接近人类的手。拇指有 2 个自由度,而其他手指只有 1 个自由度。6 个带有肌腱的微型线性致动器用于驱动手指。该手的效率很高,可以用于假肢、服务机器人等领域。

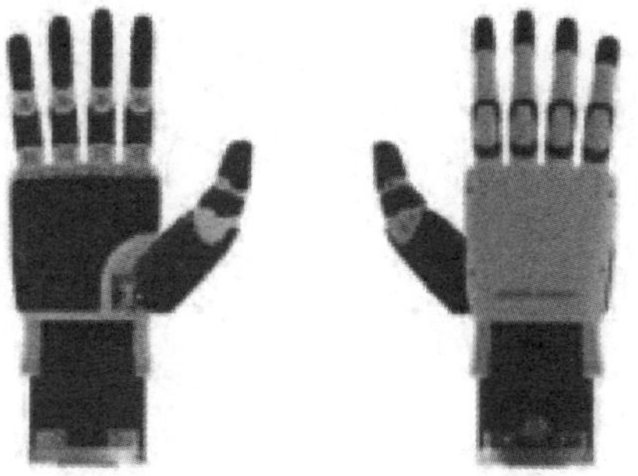

图 2-13　北京 Inspire 机器人科技公司研发的灵巧手

2.2.3　机器人腕部

机器人的腕部(又称为手腕)是连接手部和臂部的部件,起到了支承手部和改变手部姿态的作用,可以用来调整被抓取物的方位。对于一般的机器人来说,与手部相连的腕部都具有独驱自转的功能,这可以扩大机械手的运动范围,并使机械手变得更灵巧、适应性更强。若腕部能在空间任取方位,则与之相连的手部就可以在空间任取姿态,即达到完全灵活。为简化结构,有些动作较为简单的专用机械手可以不设腕部,而直接用臂部运动驱动手部搬运工件。

(1) 手腕运动形式

手腕的运动形式包括翻转、俯仰和偏转三种基本形式,如图 2-14 所示。

① 手腕翻转是指腕部绕小臂轴线的转动。有些机器人限制手腕转动角度(小于 360°)。另一些机器人仅仅受到控制电缆缠绕圈数的限制,手腕可以转几圈,如图 2-14(a)所示。

② 手腕俯仰是指腕部的上下摆动,这种运动也称为弯曲,如图 2-14(b)所示。

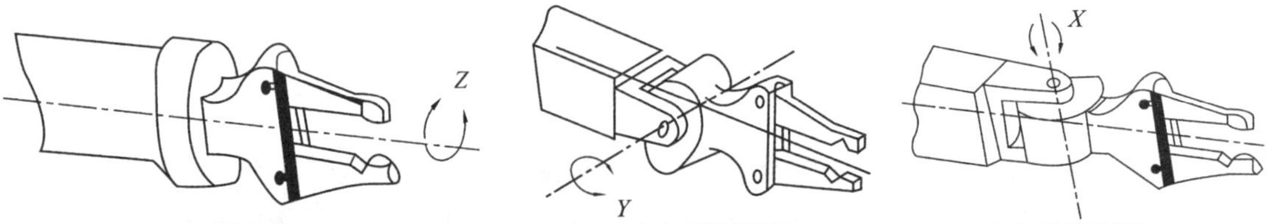

(a) 手腕翻转R　　(b) 手腕俯仰P　　(c) 手腕偏转Y

图 2-14　手腕三种运动

③ 手腕偏转是指机器人腕部的水平摆动，又称为腕摆，如图 2-14(c)所示。

手腕的翻转、俯仰和偏转运动可简称为 RPY 运动。手腕翻转运动 Roll，用 R 表示；手腕俯仰运动 Pitch，用 P 表示；手腕偏转运动 Yaw，用 Y 表示。

手腕结构多为上述三个回转结构的组合。常用的手腕组合方式包括：臂转-腕摆-手转结构、臂转-双腕摆-手转结构等，如图 2-15 所示。

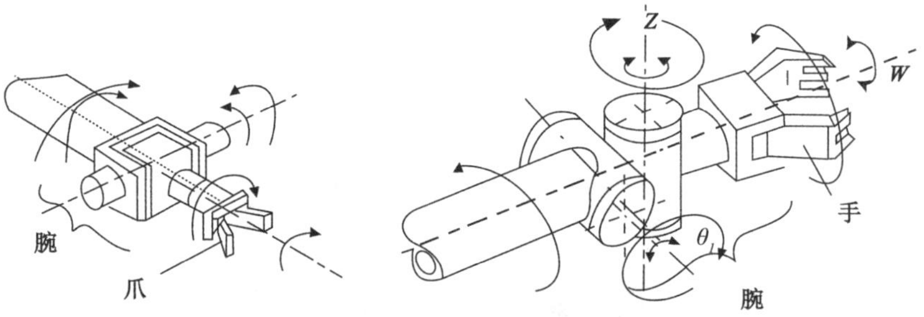

(a) 臂转-腕摆-手转结构　　(b) 臂转-双腕摆-手转结构

图 2-15　腕部关节两种配置

(2) 手腕自由度

为了使手腕能处于空间任意方向，要求腕部能实现对空间 3 个坐标轴 X、Y、Z 的转动，即具有翻转、俯仰和偏转 3 个自由度。并不是所有的手腕都必须具备 3 个自由度。根据自由度数目，手腕可分为单自由度、二自由度和三自由度。

对于具有单一的臂转功能的手腕，其关节轴线与手臂的纵轴线共线，通常回转角度不受结构限制，可以回转 360°以上。回转运动用滚转关节(R 关节)实现，如图 2-14(a)所示。对于单一的手转功能的手腕，其关节轴线与手臂及手的轴线相互垂直，通常回转角度受到结构限制(通常小于 360°)。手转运动用弯转关节(B 关节)实现，如图 2-14(b)所示。对于单一的侧摆功能的手腕，其关节轴线与手臂及手的轴线在另一个方向上相互垂直，通常回转角度受到结构限制(通常小于 360°)。侧摆运动用弯转关节(B 关节)实现，如图 2-14(c)所示。对于单一的平移功能，腕部关节轴线与手臂及手的轴线在一个方向上成一平面，不能转动只能平移。平移运动用平移关节(T 关节)实现。

二自由度的手腕可以由一个滚转关节和一个弯转关节联合构成滚转弯转(BR)关节实现；或由两个弯转关节组成弯转弯转(BB)关节实现。但不能由两个滚转关节构成二自由度手腕，因为两个滚转关节的功能是重复的，实际上只起到单自由度关节的作用。

由 R 关节和 B 关节的组合构成的三自由度手腕可以有多种组合形式，以实现臂转、手转和腕摆功能。三自由度腕部能使手部取得空间任意姿态。

(3) 柔顺手腕结构

在精密装配作业时,由于被装配零件的不一致性,机器人手爪的定位精度可能无法满足装配要求,会导致装配困难。柔顺化是提高机器人环境适应性和安全性的重要途径。柔顺手腕有两种类型:一是主动柔顺结构,配有检测元件(如视觉传感器、力传感器等),实现边校正边装配;二是被动柔顺结构,在手腕部配置一个柔顺环节,如图 2-16 所示。

图 2-16(a)为被动柔顺结构图。水平浮动机构由平面、钢珠和弹簧组成,实现在水平方向上进行浮动;摆动浮动机构由上、下球面和弹簧构成,实现两个方向的摆动。在装配作业中,如遇夹具定位不准或机器人摆动手指定位不准,可自行校正,其动作过程如图 2-16(b)所示,在插入装配中工件局部被卡住时,将会受到阻力,促使柔顺手腕起作用,使机械手的手指有一个微小的修正量,工件便能顺利插入。

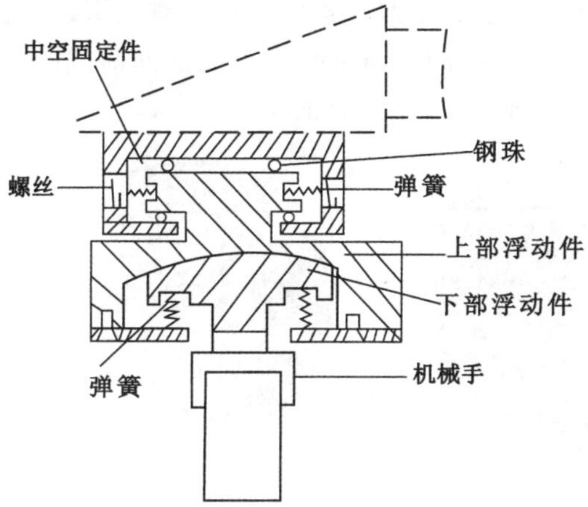

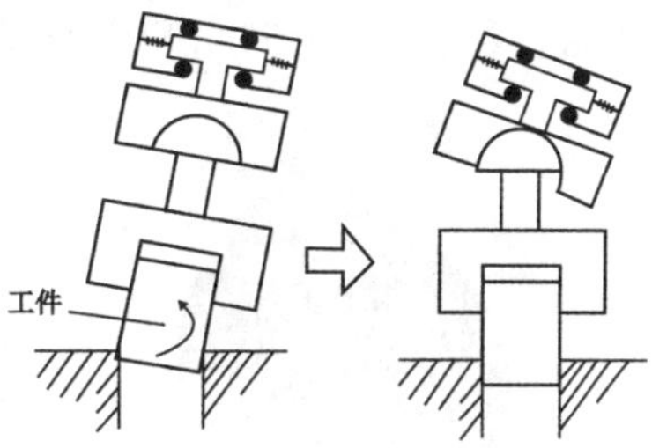

图 2-16　被动柔顺手腕结构

2.3　机器人下肢

最初的机器人只能固定在某一个位置。机械加工、弧焊、点焊、喷漆、装配和检测等各种类型的机器人相继出现并迅速在工业生产中实用化,大大提高了产品的一致性和质量。然而随着机器人技术的快速发展,人们发现固定在某一位置的机器人不能完全满足生产的需要。移动机构(即机器人下肢)是机器人各种自主系统的最基本和最关键的环节。

移动机构在整个移动机器人中起着至关重要的作用。移动机构相当于人类的腿脚,赋予了机器人在不同空间环境中移动的能力,打破了早期固定位置机器人的局限。移动机构多种多样,包括履带式、轮式、足式、复合式等。轮式移动机构应用最广。足式移动机构最具灵活性。履带式行走机构具有负载能力强、易控制等优点。

2.3.1 轮式移动机构

轮式移动机构是轮式机器人中的移动机构。轮式机器人机构简单、动作灵活和定位准确。在相对平坦的地面上，用车轮移动方式行走是相当优越的。

车轮主要包括传统轮、全向轮和麦克纳姆轮，见图 2-17。① 当采用传统车轮时，车轮围绕通过车轮中心且垂直于车轮平面的车轴旋转，有时该车轮还可以围绕穿过接地点并垂直于地面的轴线旋转以进行转向操作。车轮前后滚动但不会侧滑，这便是机器人底盘上的非完整约束的来源。② 全向类型的轮式移动机器人通常采用全向轮或麦克纳姆轮。全向轮是通过在典型车轮的外圆周上增加一组滚轮而构成的一种轮子。这些滚轮围绕各自处于车轮平面中的轴线（与车轮的外圆周相切）自由旋转，并且当车轮向前或向后行驶且在该方向上没有滑动时，这些滚轮允许车轮侧向滑动。③ 麦克纳姆轮与全向轮类似，其不同之处在于圆周滚轮的旋转轴并不在车轮平面上。全向轮和麦克纳姆轮所允许的侧向滑动确保机器人底盘上不存在速度约束。全向轮和麦克纳姆轮本身并不转向，它们只能向前或向后驱动。由于滚轮直径较小，全向轮和麦克纳姆轮最好在坚硬的地面上工作。

(a) 传统轮　　(b) 全向轮　　(c) 麦克纳姆轮

图 2-17　车轮的类型

在排布类型上，轮式机器人依据车轮的多少分为独轮、2 轮、3 轮、4 轮以及多轮机器人。独轮和 2 轮行走机构在实现上的主要障碍是稳定性问题。实际应用的车轮式行走机构多为 3 轮和 4 轮。如图 2-18(a)所示，独轮移动机器人具有整体是一个标准轮、与地面是连续点接触、动态稳定性不好的特点。如图 2-18(b)所示，2 轮移动机器人的特点是：两个固定标准轮左右并列同轴排布，独立驱动逆钟摆方式来实现动态平衡和稳定。如图 2-18(c)所示，3 轮移动机器人的特点是支持域大，静态稳定，通常具有更高的携带能力。如图 2-18(d)所示，4 轮移动机器人在稳定性、负载能力和操控灵活性方面具有一定的优势。

(a) 独轮　　(b) 2轮　　(c) 3轮　　(d) 4轮

图 2-18　轮式机器人车轮的排布

轮式机器人的车轮配置主要取决于机器人的应用需求和设计约束，其主要包括前轮转向和后轮差速驱动[图 2-19(a)]、四轮差动驱动[图 2-19(b)]、三轮全向驱动和四轮全向驱动等。

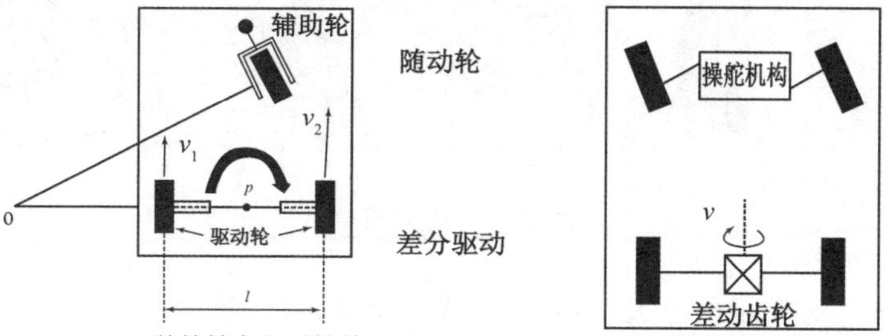

(a) 前轮转向和后轮差驱动　　(b) 四轮差动驱动

图 2-19　轮式机器人的车轮配置

① 前轮转向+后轮驱动轮式机器人底盘主要采用电缸(一种将伺股电机与丝杠一体化设计的产品)、蜗轮蜗杆等形式实现前轮转向。后轮只需一个电机加差速减速器，就可以完成机器人的移动要求。这种机器人具有成本低，控制简单等优点，但具有转弯半径大，使用相对不灵活的缺点。

② 四轮差动驱动配置由两个后置的驱动轮和两个前置的自由转向轮组成。两个后驱轮通过差速驱动实现机器人的前进、后退和转向，而两个前转向轮则用于支撑和稳定机器人。四轮差动驱动具有较好的平衡性和操控性，适合用于中等大小的机器人。

③ 三轮全向驱动配置由一个后置的驱动轮和两个前置的全向轮(如麦克纳姆轮)组成。通过控制三个轮子的转速和方向，机器人可以实现各向移动和转向。三轮全向驱动可以实现非常灵活的运动，适用于需要快速、多方向移动的应用。

④ 四轮全向驱动配置由四个全向轮组成，通常采用麦克纳姆轮或 Omni 轮。通过精确控制四个轮子的转速和方向，机器人可以实现各向移动和旋转。四轮全向驱动具有非常高的机动性和灵活性，适合用于需要精确导航和操纵的场景。

车轮配置的选择要考虑机器人的稳定性、机动性、操控性、通过能力以及对地面的影响等因素。

2.3.2　足式移动机构

足式移动机构的关节一般采用开链连杆机构。关节个数即为机器人的自由度数。足式移动机构的立足点是离散的点，可以在可能到达的地面上选择最优的支撑点。

现有的足式机器人的足数分别为单足、双足、三足、四足、六足、八足甚至更多，如图 2-20所示。足的数目多，适合于重载和慢速运动。双足和四足具有最好的适应性和灵活性，也最接近人类和动物。

多足移动机器人机身的稳定性通过足够数量的足支撑来保证。在行走过程中，机身重心的垂直投影始终落在支撑足着落地点的垂直投影所形成的凸多边形内。这样，即使在运动中的某一瞬时将运动“凝固”，机体也不会有倾覆的危险。为了使足式机器人具备良好的静态稳定性，还需要在下列方面满足条件。

图 2-20　足式机器人

① 支撑面积。支撑面积越大,机器人的稳定性越高。通过增加足式机器人的足底面积或者采用多足设计,可以增加机器人与地面的接触面积,提高其静态稳定性。

② 重心调节。通过调整机器人身体的分布或者利用可调节的重心机构,可以在不同工作条件下调整机器人的重心位置,增强其静态稳定性。

③ 足底摩擦力。足式机器人的足底材料和摩擦系数对其静态稳定性也有影响。合适的足底材料可以提供足够的摩擦力,防止机器人在静止状态下滑动或失去平衡。

④ 负载分配。如果机器人需要携带或操作负载,那么合理的负载分配可以改善气静态稳定性。通过优化负载的位置和分布,可以使机器人在负载工作时保持平衡和稳定。

需要注意的是,静态稳定性只是足式机器人设计中的一个方面。在实际应用中,机器人往往需要具备动态稳定性,在运动、跳跃、行走等复杂动作中能够保持平衡。因此,在设计足式机器人时需要综合考虑其静态稳定性和动态稳定性,并且结合合适的控制算法和传感器系统,以实现机器人在各种工作环境下的稳定运动。

2.3.3 履带式移动机构

履带式移动机构是履带式机器人的移动机构。与轮式移动机构相比,履带式机器人通过履带与地面接触,接地面积较大,可以更好地适应复杂地形和恶劣环境,具有越障能力强、承载能力大、适应性强等特点。

传统履带移动机构仿照履带式工程车辆结构设计,采用方形履带(T 形)作为行走机构,其越障高度与驱动轮和导向轮的直径有关。对于存在较大障碍物的场景,传统履带机器人行走机构自身需要具有较大的体积才可保证良好的通过性能。为解决这个问题,以方形履带为基础进一步衍生出了 W 形、梯形和摆臂履带式行走机构。

W 形和梯形履带行走机构(图 2-21)由两条履带组成。相比方形履带行走机构,W 形和梯形履带行走机构具有更大的履带前角和底盘高度,从而提升这两类机器人行走能力。但是这两类机器人的越障性能受自身尺寸的限制较大。

摆臂履带式行走机构的行走能力最为优越。摆臂履带式行走机构分为摆臂内置式和摆臂外置式两种(图 2-22)。摆臂履带式行走机构可以通过摆臂调整自身姿态以较小的体积跨越较高的障碍,而且在翻倒时可依靠摆臂摆动完成姿态调整进而实现自复位。摆臂内置式行走机构的摆臂位于主履带内部,这种布置方式可以减小机器人的宽度,但相应会减小机身的内部空间以及限制主履带向内侧的拓展。现有摆臂式履带机器人多采用摆臂外置式行走机构。

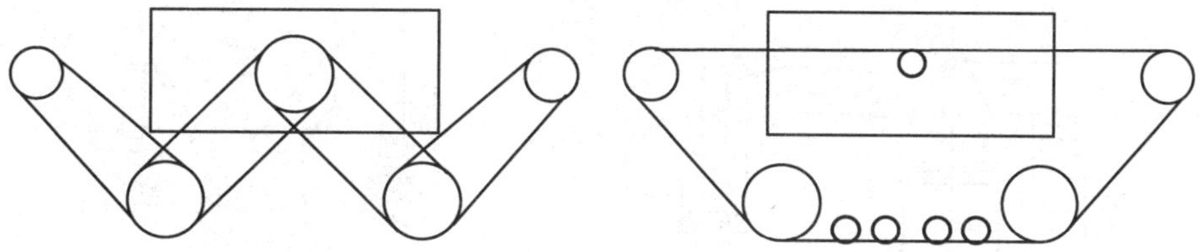

图 2-21 W 形与梯形履带行走机构

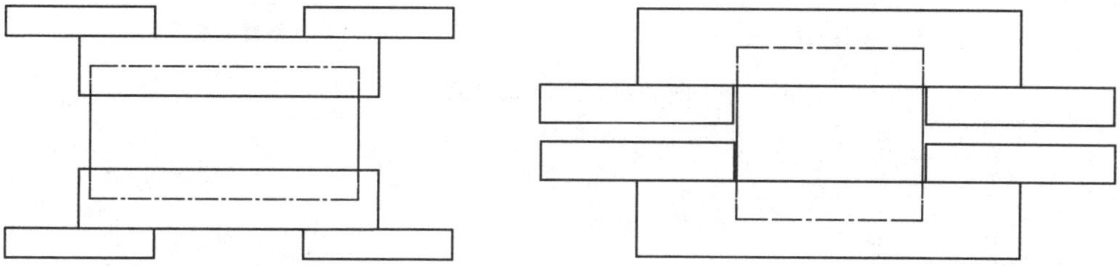

图 2-22 摆臂履带式行走机构

2.4 机器人躯干

机器人躯干(机身)是连接、支承、和传动手臂及移动机构的部件,是机器人的基础部分。通常情况下,实现臂部的升降、回转或俯仰等运动的驱动装置或传动部件都安装在机身上。机身既有固定式,又有行走式。常见的机身结构有升降回转型、俯仰型、直移型和类人机器人型。

机器人臂部和机身的配置形式受运动要求、工作对象、任务功能和场地等因素影响。常用的配置形式有立柱式、机座式和屈伸式三种。

① 立柱式机器人(图 2-23)主要由立柱和多关节手臂和或桁架式手臂组成,其运动形式多为回转型、俯仰型或屈伸型。立柱式机器人通常臂部可以在水平面内回转,占地面积小且工作范围大,运行稳定且精度高,零件少不易坏。立柱既可以固定在空地上,又可以固定在床身上,承担上、下料或转运等工作。

② 机座式机器人(图 2-24)的机身是设计成机座的,是独立的、自成系统的完整装置。可以根据实际生产的需要随意安放和搬动机座。

③ 屈伸式机器人(图 2-25)的臂部由大小臂组成。大小臂(称为屈伸臂)间有相对运动,既可以做平面运动,又可以做空间运动。

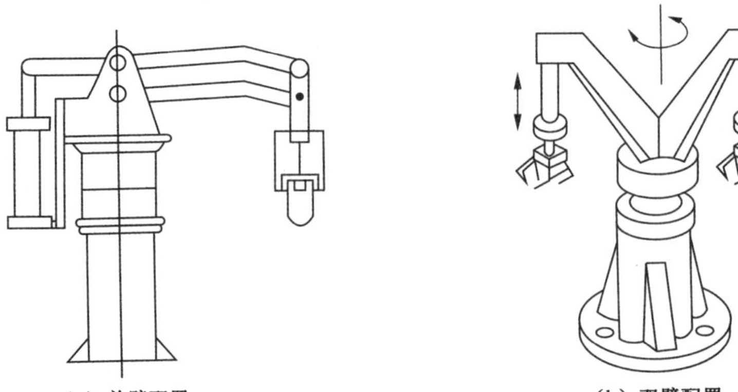

（a）单臂配置　　（b）双臂配置

图 2-23　立柱式机器人

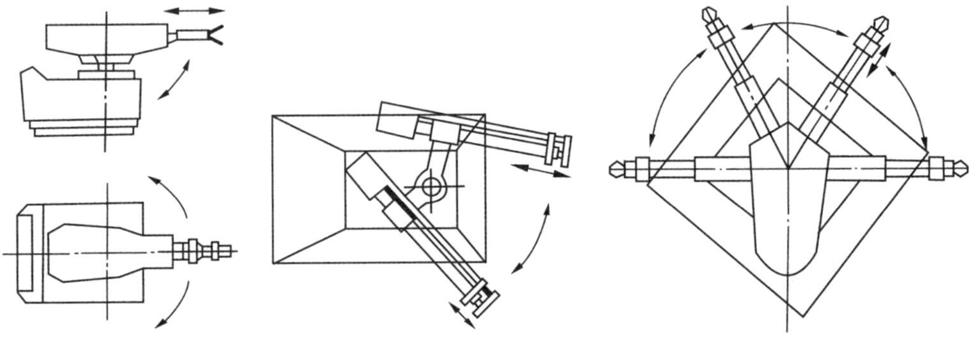

（a）单臂回转式　　（b）双臂回转式　　（c）多臂回转式

图 2-24　机座式机器人

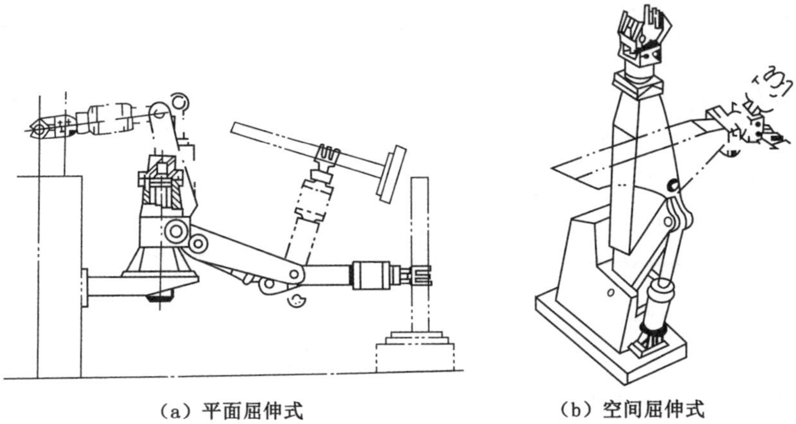

（a）平面屈伸式　　（b）空间屈伸式

图 2-25　屈伸式机器人

2.5 机器人关节

机器人关节是指机器人的传动机构。传动机构用来把驱动部分的运动传递到关节和动作部位，将驱动部分的运动形式、运动及动力参数转变为执行部分所需的运动形式、运动及动力参数。机器人常用的传动机构有齿轮传动机构、同步带传动机构、链传动机构、连杆传动机构、丝杠传动机构、凸轮传动机构和谐波齿轮传动机构等。

机器人传动机构的基本要求包括：转动惯量小，刚度大，阻尼合适，摩擦小，抗振好，间隙小。

2.5.1 齿轮传动机构

齿轮传动机构以齿轮的齿互相啮合来传递动力。齿轮传动工作可靠、传动比恒定、结构成熟，但制作较为复杂，不易实现远距离传动。齿轮传动存在间隙的解决办法包括刚性调整法和柔性调整法。刚性调整法调整后的间隙不能自动补偿，齿轮周节及齿厚要求严格，结构简单，传动刚度好。柔性调整法调整后齿侧间隙能自动补偿，齿轮周节及齿厚不需要严格要求。

根据齿轮的形状和结构，常见的齿轮传动类型与特点有以下几种。

① 正齿轮：较常见，价格低廉，高效；平行轴间传动；回转运动到回转运动；在中、低速精密传动中优先采用。

② 斜齿轮：平行轴间传动；回转运动到回转运动；在中、高速传动中优先采用。

③ 圆锥齿轮：相交轴之间传输动力；适用于低速的直角传动。

④ 蜗轮蜗杆：不相交的轴间传动；高传动比；“自锁”不反转。

⑤ 齿轮齿条：可以把旋转运动转化为直线运动；转矩大；高传动效率；反向间隙小。

齿轮传动机构在机械手手腕的应用非常常见(图 2-26)，可以实现机械手手腕的旋转和倾斜，并能够提供高精度和稳定的传动。

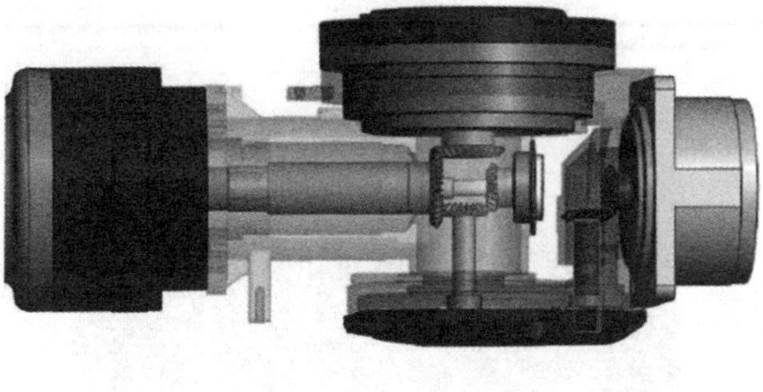

图 2-26　齿轮传动机构在机构手腕部的应用

2.5.2 同步带传动机构

同步带传动机构通过传动带内表面上等距分布的横向齿和带轮上的相应齿槽的啮合来传递运动。同步带传动机构的优点是柔性好、传动平稳；可以用于输入轴和输出轴方向不一致的情况。同步带传动机构的缺点是传动力矩比齿轮链的小。

如图 2-27 所示，机械手末端俯仰和旋转两个自由度是由同步带轮传动机构带动两根长轴实现的。① 俯仰自由度：选择一个同步带轮安装在机械手基座上，并将其与俯仰轴的输出轴连接。另外选择一个同步带轮安装在机械手末端，并将其与俯仰轴的输入轴连接。通过同步带将两个同步带轮连接起来。当俯仰轴旋转时，同步带会传递动力和运动，使得机械手末端能够实现俯仰运动。② 旋转自由度：选择一个同步带轮安装在俯仰轴的输出轴上，并将其与旋转轴的输入轴连接。另外选择一个同步带轮安装在机械手末端，并将其与旋转轴的输出轴连接。通过同步带将两个同步带轮连接起来。当旋转轴旋转时，同步带会传递动力和运动，使得机械手末端能够实现旋转运动。

图 2-27　同步带传动机构在机械手末端运动的应用

2.5.3 链传动机构

链传动机构是由两个具有特殊齿形的链轮和一条挠性的闭合链条所组成的。带传动机构和链传动机构用于传递平行轴之间的回转运动，或把回转运动转换成直线运动。使用链条底盘运动同步的机器人如图 2-28 所示。

图 2-28　链传动机构在机器人中的应用

与带传动机构相比，链传动机构优点为：没有滑动；不需要很大的张紧力，作用在轴上的载荷较小；两链轮间的距离及轴间距离可以比较大。链传动机构的缺点为：只能用于平行轴间的传动；瞬间速度不均匀；在高速运行时不如带传动机构平稳；链条传动会产生很大的摩擦力，传动效率低。

2.5.4　连杆传动机构

连杆传动机构利用连杆机构传递动力。在所有的传动机构中，连杆传动机构功能最多，可以将旋转运动转化为直线运动、往返运动或指定轨迹运动，甚至可以指定经过轨迹上某点时的速度。

足式机器人的膝关节连杆传动机构如图 2-29 所示。此类膝关节采用交叉连杆机构将动力从肩关节传递至膝关节。大腿本体作为其中一根交叉连杆，起主要支撑作用；中间连杆作为动力传输；驱动连杆由电机减速器直接驱动运动；驱动连杆与中间连杆铰接，中间连杆与从动连杆铰接，从动连杆带动小腿摆动，从而完成膝关节的动力传递及动作实现。连杆传动机构刚性好，但实时传动比不唯一，存在力矩损失，会在一定程度上损失电机力矩。

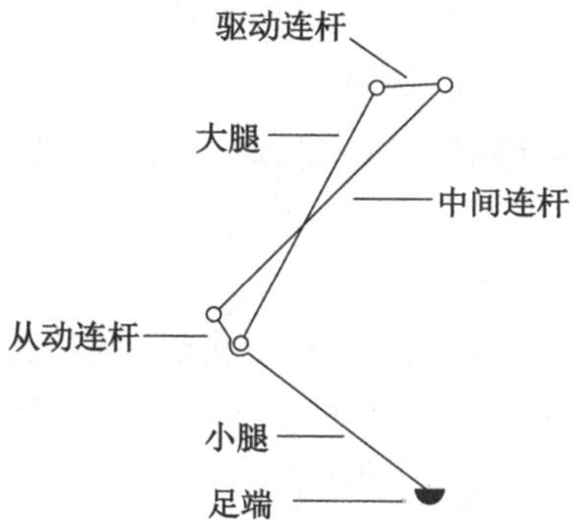

图 2-29　足式机器人膝关节连杆传动机构

2.5.5　丝杠传动机构

2.5.5.1　丝杠传动形式

丝杠传动是一种常见的机械传动方式。丝杠传动机构主要由丝杠和螺母组成。丝杠通常是具有螺纹的细长杆。螺母沿着丝杠的螺纹移动。在形式上，丝杠传动常有滑动式、滚珠式和静压式等。

① 普通丝杠由一个带有螺纹的丝杠和一个与之啮合的螺母组成。通过旋转丝杠使螺母沿着丝杠轴向移动，即将转动运动转化为直线运动。然而，普通丝杠在应用中存在滑动摩擦力大、低速时容易产生爬行现象、回差大等问题。

② 滑动式丝杠螺母机构是连续的面接触，在传动中不会产生冲击，传动平稳，无噪声，能自锁。因丝杠螺旋升角较小，所以用较小的驱动转矩即可获得较大的牵引力。但是，丝杠螺母螺旋面之间的摩擦力为滑动摩擦，故传动效率低。滚珠丝杠（图 2-30）传动效率高，而且传动精度和定位精度均很高，传动时灵敏度和平稳性也很好。由于磨损小，滚珠丝杠使用寿命比较长，但是成本高。

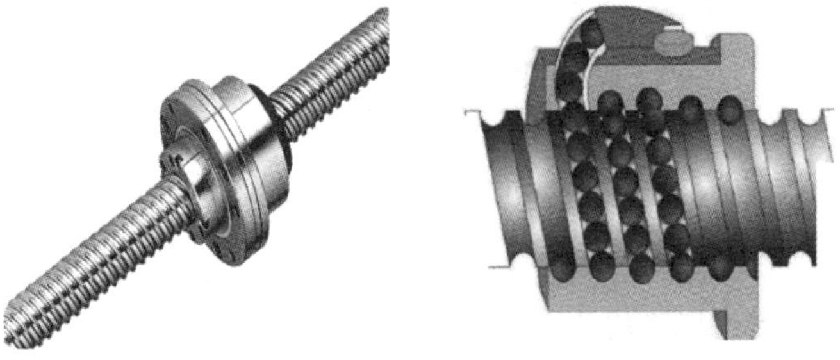

图 2-30　常见滚珠丝杠

③ 静压式丝杠传动是一种基于油液静压原理的机械传动，被广泛应用于高精度、高负载、高速度和长行程的机械结构中。静压式丝杠通常由丝杠、导轨、润滑油等组成，通过液体静压力的作用，在丝杠与导轨之间形成稳定的油膜层，实现高精度的位置控制和平稳的运动。机器人在运动时需要承受较大的载荷和惯性力，且要完成高精度的运动控制，因此，机器人传动所用的丝杠需要具备高精度、高刚度、高负载能力、高速性能、长寿命、低噪声和低振动、防腐蚀能力等条件，以满足机器人的工作要求。

2.5.5.2　丝杠传动机构在机器人中的应用

丝杠传动机构在机器人的结构设计中得到广泛的应用。几种常见的丝杠传动机构在机器人中的应用如下所述。

(1) 关节传动

机器人的关节通常使用丝杠传动机构来实现旋转运动。螺纹丝杠作为主动轴，通过与螺母配合，将电机的旋转运动转换为关节的角度运动。丝杠传动机构能够提供较高的精度和刚性，适用于需要精确控制关节位置的机器人。

(2) 导轨传动

在某些机器人中，丝杠传动机构用于实现平移运动。通常将螺纹丝杠安装在导轨上，通过转动丝杠来推动机器人平台或工具移动。这种传动机构可以提供相对较大的负载承载能力和较高的准确性。

(3) 升降传动

一些机器人需要具备升降功能。例如，机器人在物料搬运或装配过程中需要调整高度。丝杠传动机构可以用于升降机构，通过转动丝杠来实现机器人平台或工具的升降运动。

(4) 夹爪传动

在某些机器人中，丝杠传动机构可以被用于夹爪或末端执行器的开合控制。螺纹丝杠的旋转运动可通过螺母推动夹爪的开合，实现对物体的抓取和释放。

2.5.6　凸轮传动机构

凸轮传动机构通过凸轮与从动件之间的接触来传递运动和动力，是一种常用的高副机构。重复完成简单动作的搬运机器人广泛采用连杆传动与凸轮传动机构。凸轮传动机构一般由凸轮、从动件和机架等组成。根据形状，凸轮可以分为盘形凸轮、平板移动凸轮和圆柱凸轮，如图 2-31所示。

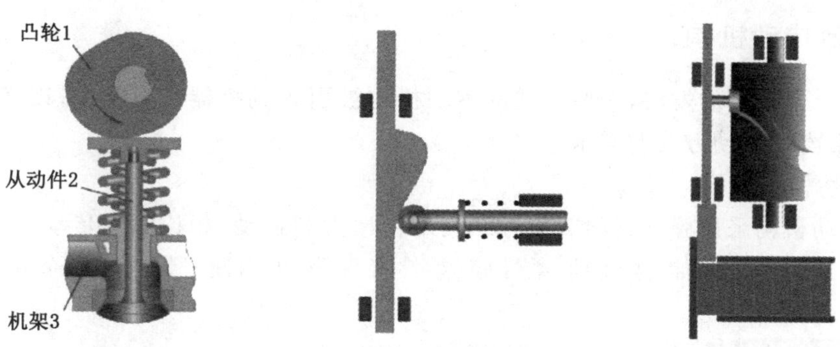

（a）盘形凸轮　　（b）平板移动凸轮　　（c）圆柱凸轮

图 2-31　凸轮种类

2.5.7　谐波齿轮传动机构

谐波齿轮传动机构是一种依靠弹性变形运动来实现传动的新型机构。谐波齿轮传动机构使用一个柔性构件来实现机械传动，从而获得一系列其他传动机构所难以实现的特殊功能。谐波齿轮传动机构主要由刚性齿轮、谐波发生器和柔性齿轮三个零件组成，如图 2-32 所示。刚性齿轮固定安装，柔性齿轮沿刚性齿轮的内齿转动。柔性齿轮比刚性齿轮少两个齿，所以柔性齿轮沿刚性齿轮每转一圈就反方向转过两个齿的相应转角。谐波发生器具有椭圆形轮廓。装在谐波发生器上的滚珠用于支承柔性齿轮。谐波发生器驱动柔性齿轮旋转并使之发生塑性变形。

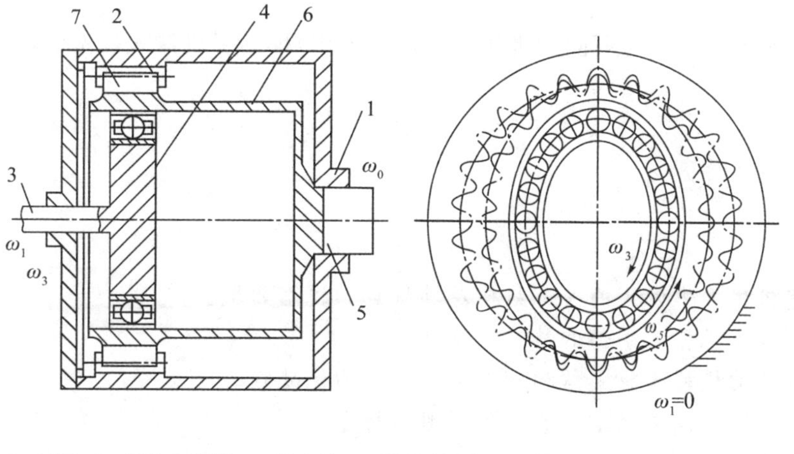

1—刚轮；2—刚轮内齿圈；3—输入轴；4—谐波发生器；5—轴；6—柔轮；7—柔轮齿圈。

图 2-32　谐波齿轮传动机构结构

谐波传动时，谐波发生器连续旋转，导致柔轮也连续发生变形，轮齿在啮入、啮合、啮出和脱开四个不同工作状态中连续变化。谐波发生器每转一周，柔轮依次转过两个齿，从而实现两者之间的运动传递。随着谐波发生器的转动，由变形造成的柔轮圆周上任何一点的位移变化都近似于一个正弦波形，所以称为谐波传动。

2.5.8 其他传动机构

随着机器人技术的发展,一些新式的传动机构被引入到机器人系统中,以满足更高效、更灵活、更紧凑的传动方式的需求。

(1) 柔性传动机构

柔性传动机构采用弹性材料或柔性结构来传递力和运动,相比刚性传动机构具有更好的柔顺性和适应性。例如,柔性轴、柔性腔、柔性接头等,可以使机器人在复杂环境中更好地适应和执行任务。

(2) 器官级传动机构

受生物学启发,器官级传动机构模拟生物体内的某些组织,如肌肉、骨骼等,以实现更加灵活的运动。这种传动机构常用于仿生机器人中,提高了机器人的可靠性、适应性和人机交互性。

(3) 海绵传动机构

海绵传动机构利用软性材料制成的海绵传动结构,使机器人具备变形和柔软特性。通过改变海绵传动结构的形状和运动方式,可以实现机器人的精确控制和形变操作。

(4) 磁力传动机构

磁力传动机构利用磁场作用传递力和运动,具有无接触、无磨损、无摩擦的特点。磁力传动机构可以实现高速度、高扭矩的传递,适用于一些对摩擦和磨损要求较高的应用场合。

(5) 气压传动机构

气压传动机构利用气体的压力差来传递力和运动。常见的气压传动机构是气动驱动系统。气压传动机构具有响应速度快、结构简单、可靠性高等特点,广泛应用于自动化设备和机器人中。

这些新式传动机构在不同的机器人中都有应用,推动了机器人技术的不断创新和发展。

思考与练习题

1. 简述机器人中常用的关节结构及其特点和适用领域。
2. 简述各类机器人手部的结构和特点。
3. 比较移动机器人轮式结构和履带式结构的优缺点。
4. 简述谐波齿轮传动结构的工作原理和特点。
5. 除了传统的机械传动结构,还有哪些新式传动机构?

第 3 章　机器人传感器

机器人是由计算机控制的复杂机器。传感器在机器人控制中起了十分重要的作用。有了传感器,机器人才具备了类似于人的知觉功能和反应能力。

机器人传感器是一种能将机器人目标物特性或参数变换为与之有确定对应关系电量的输出装置。在选用机器人传感器时常考虑检测条件、传感器性能、使用条件等因素。

① 检测条件,主要包括测量目的、被测试物理量特性、测量范围、输入信号最大值和频带宽度、测量精度要求、测量所需时间要求等。

② 传感器性能,主要包括精度、稳定性、响应速度、输出量类型(模拟量还是数字量)、对被测物体产生的负载效应、校正周期等。

③ 使用条件,主要包括设置场地的环境条件(温度、湿度、振动等)、测量时间、所需功率容量、与其他设备的连接与维修服务等。

与一般传感器相比,机器人传感器具有以下特点:① 种类众多、高度集成化和综合化;② 各种传感器之间联系密切;③ 传感器和信息处理之间联系密切;④ 不仅要求体积小,易于安装,而且对敏感材料的柔性和功能有特定的要求。

3.1　机器人传感器发展历程和分类

3.1.1　机器人传感器发展历程

机器人中传感器的发展历史可以追溯到 20 世纪的早期。

20 世纪 50 年代　早期机器人主要使用简单的接触传感器,如机械开关和压力传感器。这些传感器能够检测到物体的接触或压力,并对机器人的操作进行基本控制。

20 世纪 60 年代　在这一时期,机器人开始使用基于电子技术的传感器。例如,光电传感器和光电二极管被广泛应用于检测物体的存在和距离。温度传感器被用于监测环境温度。

20 世纪 70 年代　随着计算能力的提升,机器人传感器进入了一个新的阶段。红外传感器被引入,用以检测物体的距离和位置。声音传感器和摄像头等开始应用于机器人的感知和识别。

20 世纪 80 年代　在这一时期,机器人开始使用更高级的传感器。例如,激光雷达(LI-

DAR)被应用于测量距离和生成环境地图。数码相机的发展使得机器人能够进行图像处理和计算机视觉。

20 世纪 90 年代　随着传感器技术的进一步发展,机器人传感器变得更加智能化和多样化。新型传感器(如惯性测量单元、陀螺仪和加速度计等)被应用于姿态检测和导航控制。声呐传感器和电容传感器等也开始被使用。

2000 年至今　随着物联网和人工智能的兴起,机器人传感器迎来了新的发展机遇。传感器网络和互联传感器系统的出现使得机器人能够通过多个传感器进行协同感知和决策。

总体而言,机器人传感器的发展经历了从简单的接触传感器到复杂的多功能传感器的演变过程。

3.1.2　机器人传感器分类

机器人传感器主要可以分为视觉传感器、听觉传感器、触觉传感器、力觉传感器和接近觉传感器五大类。不过从人类生理学观点来看,人的感觉可分为内部感觉和外部感觉。类似的,机器人传感器也可分为内部传感器和外部传感器。机器人传感器分类如图 3-1 所示。

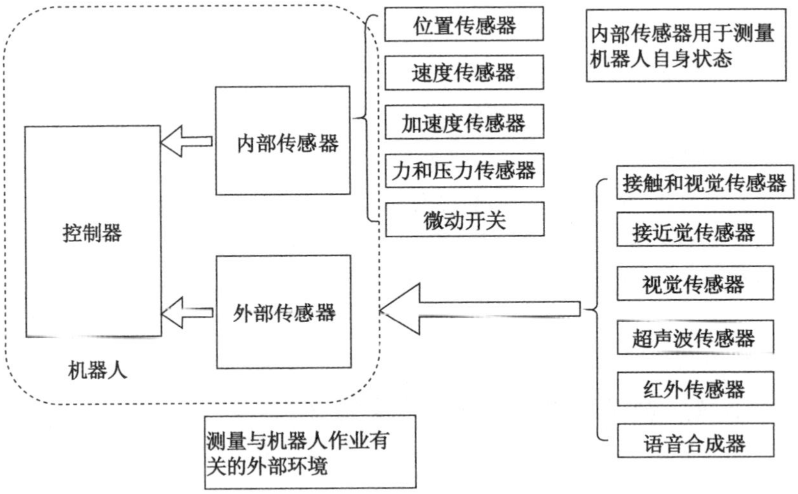

图 3-1　机器人传感器分类

(1) 内部传感器

内部传感器主要用于检测机器人自身的状态和运行情况。具体的检测对象有:关节的线位移、角位移等几何量;速度、加速度等运动量;倾斜角和振动等物理量。内部传感器常用于控制系统中作为反馈元件,检测机器人自身的各种状态参数,如关节的运动位置、速度、加速度、力和力矩等。

(2) 外部传感器

外部传感器用于感知和获取周围环境的信息,以便机器人能够与外界进行交互和导航。例如:视觉传感器能够捕捉图像或者深度信息,实现物体识别、目标跟踪、障碍物检测等功能。激光雷达通过发射激光束并测量其返回时间,来获取环境中物体的位置和距离信息。超声波传感器通过发射超声波并测量其反射时间,来测定机器人与周围物体的距离。红外线传感器能够侦测物体的热量辐射或反射，用于检测距离、识别物体和进行人体检测等。气体传感器用于检测环境中的气体成分和浓度。接触传感器能够感知机器人与物体之间的接触力、压力和碰撞等信息。温湿度传感器用于监测环境的温度和湿度。

3.2　机器人内部传感器

机器人内传感器包括位移（位置）传感器、速度传感器、加速度传感器等。

3.2.1　位移传感器

按照位移的特征，位移分为线位移和角位移。线位移传感器是一种用于测量物体或结构在某个方向的位移或运动的传感器，可以将机械运动转化为电信号输出。角位移传感器检测的是角度的变化。

3.2.1.1　电位器式位移传感器

电位器式位移传感器是由一对相对运动的电阻元件组成。当物体发生位置或角度变化时，电阻元件之间的接触点位置会相应改变，从而改变了电阻值和电压值。通过测量电压的变化，可以得到角度变化的信息。电位器式位移传感器工作原理如图 3-2 所示。

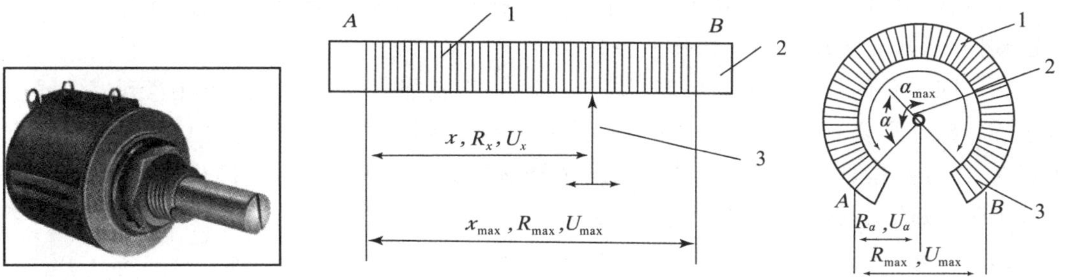

图 3-2　电位器式位移传感器工作原理

在机器人的关节中，通常使用电位器式位移传感器作为角度传感器。这对于机器人的姿态控制、运动规划和路径规划等非常重要。例如，在机械臂的关节中使用电位器式位移传感器进行角度测量，可以精确地控制机械臂的各个关节的运动，实现精准的抓取和操作。电位器式传感器还可以应用于其他机器人部件的位置检测，如机器人手爪的开闭程度、机器人末端执行器的位置等。

需要注意的是，电位器式位移传感器的测量范围通常较小，且受到摩擦、磨损和线性度等因素的影响。因此，在实际应用中，需要根据具体需求选择合适类型和规格的电位器式位移传感器，并结合校准和补偿技术来提高测量的准确性和稳定性。

3.2.1.2　感应同步器

感应同步器是一种通过感应电磁场变化来检测物体运动状态的传感器，在结构上分为直线型和圆型两种，分别用来测量线位移和角位移。感应同步器通常由一个固定的感应器和一个旋转的磁铁或磁极组成。当旋转部件带有磁铁或磁极经过感应器时,感应器会感知到磁场的变化,并将其转化为相应的电信号输出。感应同步器结构和原理如图 3-3 所示。

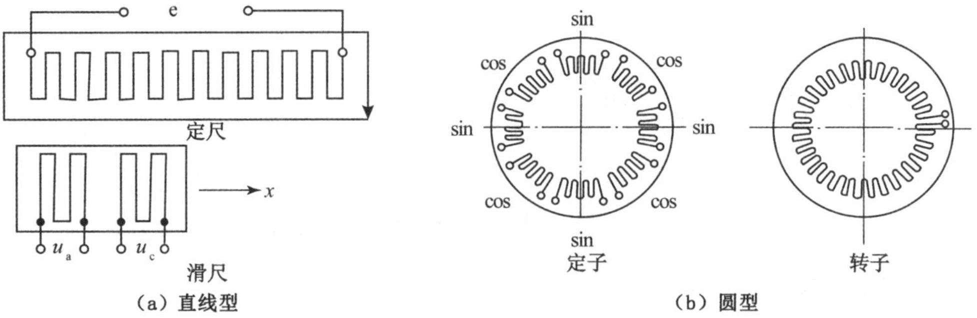

图 3-3　感应同步器结构和原理

感应同步器在机器人主要应用在:① 位置检测。通过感应同步器可以实时监测旋转部件的位置信息。例如,在机器人关节上安装感应同步器,可以获得关节位置的准确反馈,从而实现精确的位置控制和姿态调整。② 速度检测。感应同步器可以用于测量旋转部件的角速度或线速度。通过检测感应器输出信号的频率变化,可以计算出旋转部件的转速或线速度。③ 同步控制。在多关节机器人系统中,感应同步器可以用于实现关节之间的同步控制。通过将感应同步器安装在不同关节上,并进行合理的信号处理,可以保证各个关节之间的运动同步,从而实现复杂的协作任务。

感应同步器的优点包括高精度、快速响应、抗干扰能力强等。但需要注意到感应同步器对于旋转部件需要有一定的设计和结构要求,以确保精确的检测效果。因此,在使用感应同步器时,需要根据具体机器人系统的需求选择适当类型和规格的感应同步器,并进行校准和调试工作,以确保其性能和稳定性。

3.2.1.3　光电编码器

光电编码器有增量式和绝对式两种基本形式。

(1) 增量式编码器

增量式编码器也称为旋转编码器,将旋转运动转换为脉冲信号输出。增量式编码器主要由光电传感器、光栅盘和读取头等组成,其工作原理如图 3-4 所示。

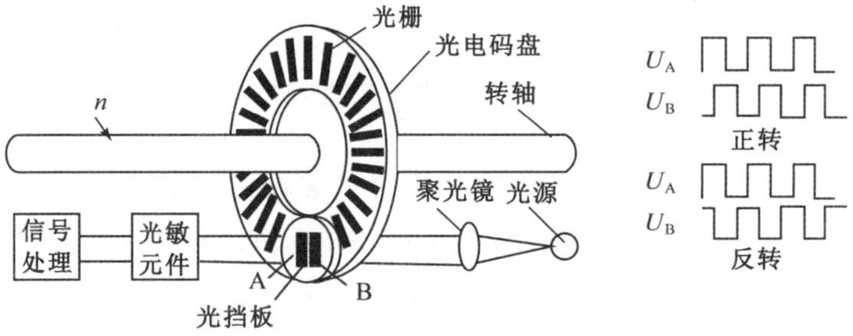

图 3-4　增量式编码器工作原理

当增量式编码器旋转时，光栅盘上的光栅通过读取头上的光电传感器进行扫描。根据光栅上条纹的变化，读取头会产生相应的脉冲信号。脉冲的数量和方向取决于旋转的角度和方向。通过计数这些脉冲信号，就可以确定旋转的运动状态和角度。

(2) 绝对式编码器

绝对式编码器可以直接提供当前位置的绝对数值信息，无须进行计数，主要由光栅带和读取头组成，其工作原理如图 3-5 所示。光栅带是一个条形的码带。每个码带上都有独特的编码模式。读取头通过光电传感器来读取光栅带上的编码模式，并将其转换为相应的数字信号。

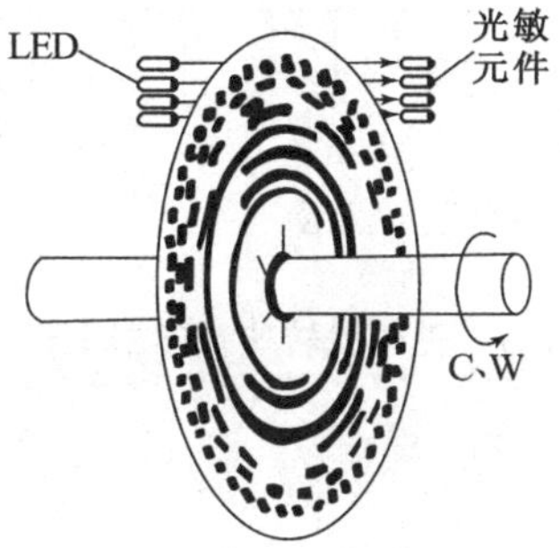

图 3-5　绝对式编码器工作原理

绝对式编码器的每一个位置对应一个确定的数字码，因此它的示值只与测量的起始和终止位置有关，而与测量的中间过程无关。

光电编码器在机器人中主要用于检测旋转部件的位置和转速。通过光电编码器的信号输出，可以确定旋转部件当前的位置和运动状态，从而实现精确的位置控制和动态调整。

光电编码器的优点包括高精度、快速响应、广泛的适用范围等。但需要注意，光电编码器的性能和精度受到多种因素的影响，如分辨率、噪声干扰、温度变化等。因此，在使用光电编码器时，需要选用合适的型号和规格，并进行定期的校准和维护，以确保其稳定和可靠性。

3.2.2　速度传感器

速度传感器是机器人中较重要的传感器之一，是闭环控制系统中不可缺少的重要组成部分，用来测量机器人关节的运动速度。

3.2.2.1　模拟式速度传感器

测速发电机是最常用的一种模拟式速度测量传感器。其工作原理是当励磁磁通恒定时，其输出电压和转子转速成正比；测速发电机与驱动电动机同轴连接，这样就可测出驱动电动机瞬时速度。

3.2.2.2　数字式速度传感器

在机器人控制系统中，增量式编码器一般用作位置传感器，也可以用作速度传感器。当把一个增量式编码器用作速度检测元件时，常采用 M 法、T 法和 M/T 法测速。电涡流式传感器和霍尔传感器也可用来测量机器人的转速。

① 电涡流式转速传感器：若金属转轴表面有槽或齿，则可在其旁边非接触地安装电涡流式传感器用于转轴的转速测量。当转轴转动时，传感器周期地改变着与转轴表面之间的

距离，于是传感器输出频率也周期性地发生变化，可以用频率计测量出变化的重复频率，从而测出转轴的转速。

② 霍尔式转速传感器：当齿对准霍尔元件时，磁力线集中穿过霍尔元件，可产生较大的霍尔电动势，放大、整形后输出高电平；反之，当齿轮的空挡对准霍尔元件时，输出为低电平。霍尔式转速传感器工作原理如图 3-6 所示。

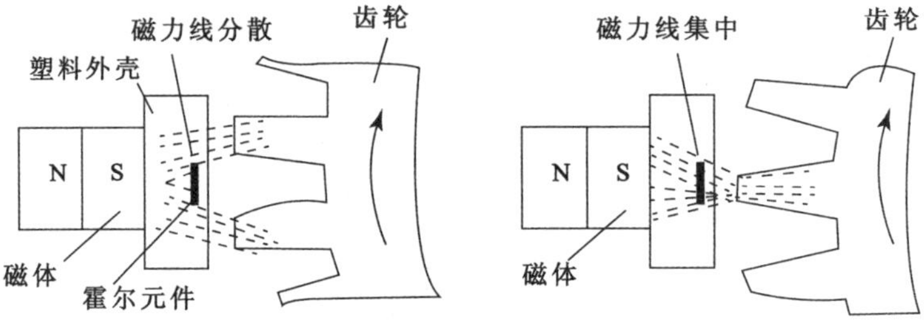

图 3-6　霍尔式转速传感器工作原理

3.2.3　加速度传感器

随着机器人高速化和高精度化，由机械运动部分刚性不足所引起的振动问题开始受到关注。作为抑制振动问题的对策，有时在机器人的各杆件上安装加速度传感器，测量振动加速度，并把它反馈到杆件底部的驱动器上；有时把加速度传感器安装在机器人末端执行器上，将测得的加速度进行数值积分获得速度，并将它加到反馈环节中，以改善机器人的性能。

3.2.3.1　压电式振动加速度

压电式振动加速度传感器是一种接触式测量的传感器。当传感器与被测振动加速度的机件紧固在一起后，传感器受机械运动的振动加速度作用，压电晶片受到质量块惯性引起的压力作用在压电晶片上产生电荷，电荷由引出电极输出，由此将振动加速度转换成电参量。

3.2.3.2　应变片加速度传感器

应变片加速度传感器的工作原理基于应变片的应力-应变关系。当受到加速度作用时，应变片会发生微小的形变，导致材料内部的原子结构发生微小的位移和变形，从而导致电阻值的变化，然后通过测量桥路电路的输出电压变化来获得加速度信号。

3.2.3.3　电容式加速度传感器

电容式加速度传感器的结构和工作原理如图 3-7 所示。通过表面微加工技术，在硅衬底上制造出三个多晶硅电极，组成差动电容。底层和顶层多晶硅固定不动，中间层多晶硅是一个可以上下振动的振动片。当电容加速度传感器受到上下振动时，电容差动变化，与加速度测试单元封装在一起的信号处理电路将电容变化量转换成电压输出参数。

利用加速度传感器可以实现机器人的姿态感知、动态运动检测、环境感知与导航、碰撞检测与安全保护等功能。

3.2.4　角速度传感器

角速度传感器是一种用于测量物体绕某一轴线旋转的角速度的传感器，其工作原理基于角动量守恒定律。当物体绕某一轴线旋转时，它的角动量会发生变化，那么，角速度传感

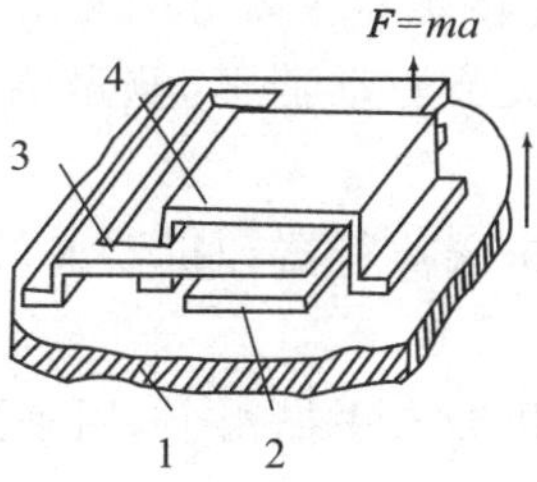

1—衬底；2—下极板；3—悬臂梁；4—上极板。

图 3-7 电容式加速度传感器工作原理

器通过测量这种角动量的变化来确定物体的角速度。角速度传感器在机器人中具有重要的作用和广泛的应用。

① 陀螺仪。陀螺仪是一种用于测量角速度的传感器。陀螺仪基于陀螺效应原理，能够感知旋转物体的角速度。在机器人中，陀螺仪通常用于检测机器人的旋转、转动或姿态变化。

② 旋转变压器。旋转变压器是一种常用于测量角度和角速度的传感器。旋转变压器通过感应磁场的变化来测量机器人关节或驱动轴的旋转位置和速度。

③ 霍尔传感器。霍尔传感器利用霍尔效应测量磁场的变化，从而间接测量角速度。霍尔传感器常用于检测机器人关节或驱动轴的转动，并输出相应的角速度信号。

这些角速度传感器在机器人中起着关键的作用，用于感知机器人的旋转和姿态变化。

3.3 机器人外部传感器

常用的机器人外部传感器多种多样，用于感知环境和与外界进行交互。机器人外部传感器包括力觉传感器、触觉传感器、听觉传感器和视觉传感器等。

3.3.1 力觉传感器

力觉传感器是一种用于测量和感知物体施加在机器人上的力和力矩的装置。力觉传感器可以实时测量和反馈机器人末端执行器与外界环境之间的接触力、摩擦力以及扭矩等信息。力觉传感器通常应用于机器人操作、力控制、装配、接触感知等领域，为机器人提供了对外界力的感知和反馈能力。力觉传感器的工作原理通常基于以下几种技术。

① 应变效应。使用应变计或应变片来测量物体的形变，进而推断出施加在物体上的力大小。

② 压电效应。利用压电材料的特性，当施加力或压力时，压电材料会产生电荷，从而推断出力的大小。

③ 电容式传感器。通过测量电容之间的变化来检测施加的力或力矩。

④ 磁阻式传感器。利用磁场的变化来测量施加在物体上的力或力矩。

力觉传感器将测量到的力信号转化为电信号，并通过接口传输给机器人控制系统进行处理。控制系统可以根据力觉传感器的反馈信息进行实时调整，以实现精确的力控制、力交互或接触感知。机器人常用的力觉传感器主要分为三类。

① 关节传感器。传感器装在关节驱动器上，测量驱动器本身的输出力和力矩，用于控制中的力反馈。

② 腕力传感器。传感器装在末端执行器和机器人最后一个关节之间，直接测出作用在末端执行器上的力和力矩。

③ 指力传感器。传感器装在机器人手抓指上，用来测量加持物体的受力情况。

图 3-8(a)为挠性十字梁式腕力传感器的结构。四个弹性梁 1～4 与外环法兰 6 和施加载荷的六面体块 5 连接。弹性梁与外法兰之间的连接部分被设计为一块比外法兰的其他部分更薄的柔性板，通常称为薄板弹簧结构 7。这种薄板弹簧增强了弯曲变形，并增加了水平横向力的敏感性。应变计附着在每个弹性横梁的多个点上，以测量施加力和力矩产生的应变。使用了由 4 个应变片组成的 6 个桥式电路，共 24 个应变片，如图 3-8(b)所示。

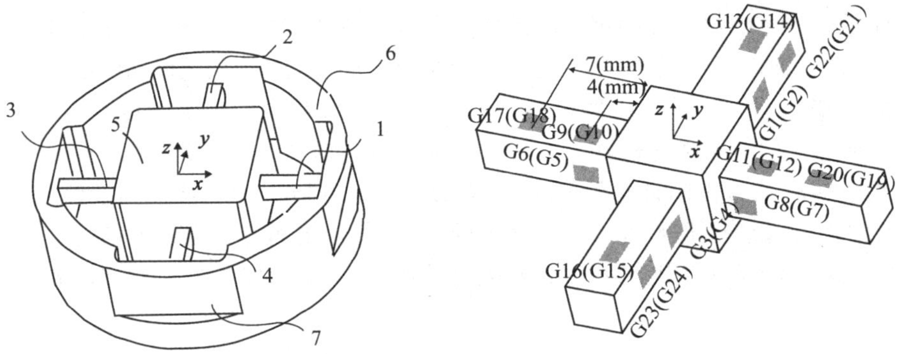

(a) 挠性十字梁式腕力传感器结构　　(b) 应变片的位置

图 3-8　十字梁式腕力传感器的结构及应变片的位置

3.3.2　触觉传感器

触觉传感器是一种能够模拟人类触觉感知能力的装置，用于测量和感知物体表面的触摸、压力、力度等信息。触觉传感器可以帮助机器人实现触觉反馈，增强对物体的感知和交互能力。触觉传感器主要包括接触觉、压力觉、滑觉和接近觉等传感器。

(1) 接触觉传感器

接触觉传感器是一类专门用于感知机器人与物体之间接触的传感器。能够提供关于接触力度、接触面积、接触位置和接触形状等信息，帮助机器人实现触摸感知、物体识别和精确操作等功能。最简单的接触传感器就是微动开关。当接触发生时，微动开关就接通或关断。一种由光电传感器矩阵阵列组成的简单触觉传感器如图 3-9 所示。

除了用光学传感器来感知物体表面的接触，还有以下几种常见的接触觉传感器。

① 压敏传感器。压敏传感器是一种基于电阻、电容或电压变化原理的传感器。当传感器受到外力压缩时，其电阻、电容或电压数值会发生相应变化，从而感知到机器人与物体之间的接触力度和位置。

② 弯曲传感器。弯曲传感器通常由柔性材料制成。当该传感器弯曲或受到压力时，其内部电阻或电容发生变化。通过测量这种变化，可以判断机器人与物体之间的接触状态和形状。

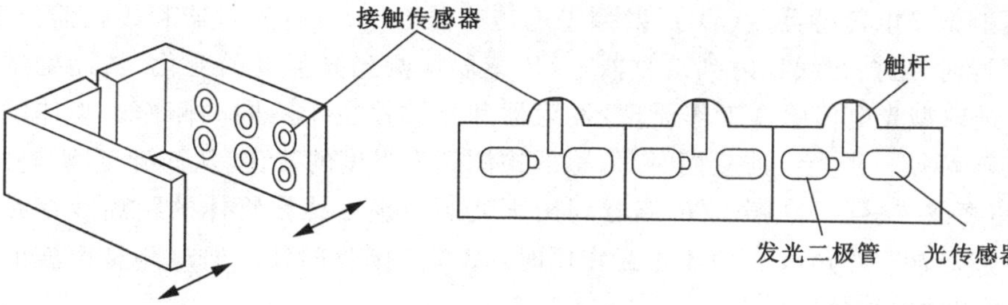

图 3-9 简单接触式传感器

③ 声学传感器。声学传感器使用声波进行接触感知。当机器人与物体发生接触时，声波传播的路径和时间会发生变化。通过测量这些变化可以获得接触的信息。

④ 电容传感器。电容传感器利用物体的电容特性来感知接触。当机器人与物体接触时，电容传感器能够检测到电容值的变化，从而感知到机器人与物体的接触力度和接触面积。

(2) 压力觉和滑觉传感器

压力觉和滑觉传感器都是机器人感知周围环境的重要传感器。这些传感器能够感知物体与机器人之间的接触情况，从而实现更加精准的姿态控制、力量控制和交互。

压力觉传感器是一种用于感知机器人与物体之间压力的传感器。压力觉传感器可以测量机器人施加在物体上的压力大小，并将其转换为相应的电信号进行反馈和处理。常用的压力觉传感器元件有电阻应变片、压电晶体、电容和光纤等。

滑觉传感器是一种用于感知物体表面滑动或运动状态的触觉传感器。机器人在抓取未知属性的物体时，滑觉传感器自身应能确定最佳握紧力的给定值。常见的滑觉传感器包括电阻式和电容式等。

压力觉传感器和滑觉传感器在机器人中有广泛的应用。

① 姿态控制和力量控制。机器人可以利用压力觉传感器和滑觉传感器来感知物体施加在自身表面上的压力和摩擦力，从而实现更加精准的姿态控制和力量控制。例如，机器人可以利用压力觉传感器来感知手指与物体之间的接触情况，从而实现更加精准的抓取和放置操作。

② 交互和触感反馈。机器人可以利用压力觉传感器和滑觉传感器来感知人体的接触情况，从而实现更加自然和精准的交互和触感反馈。例如，机器人可以利用滑觉传感器来感知手指在屏幕上的滑动方向和速度，从而实现更加自然的手势交互。

③ 物体识别和分类。机器人可以利用压力觉传感器和滑觉传感器来感知物体的形状、大小和硬度等特征，从而实现更加精准的物体识别和分类。例如，机器人可以利用压力觉传感器来感知物体的硬度和弹性，从而区分不同种类的水果。

(3) 接近觉传感器

接近觉传感器也称为接近开关，是一种用于检测物体距离、位置或存在的传感器。接近觉传感器能够感知物体与传感器之间的接近程度，并将这一信息转化为电信号输出。常见的接近触觉传感器有以下几种。

① 光电传感器。光电传感器利用光的原理来感知物体的存在，主要包括反射型光电传

感器和透射型光电传感器。(a) 反射型光电传感器工作原理:发射器和接收器位于同一侧。当物体靠近时,阻挡光线反射到接收器上,传感器检测到光强度的变化,从而确定物体的存在。(b) 透射型光电传感器工作原理:发射器和接收器位于不同的侧面。物体的存在会遮挡光线传输路径。当光线被遮挡时,传感器检测到光强度的变化,从而确定物体的存在。

② 超声波传感器。超声波传感器利用声波的原理来感知物体的距离或存在。传感器发射超声波脉冲。当声波与物体相互作用时,传感器接收回波。通过测量声波的传播时间和强度,可以确定物体的距离。

③ 静电感应传感器。静电感应传感器通过测量电容值的变化来感知物体的存在。物体靠近传感器,会改变传感器周围电场的分布,从而导致电容值的变化。

④ 磁感应传感器。磁感应传感器利用磁场的原理来感知物体的存在。物体靠近传感器,会改变磁场的分布,从而产生可以检测到的磁场变化。

在机器人中,接近觉传感器被广泛应用于检测物体的距离或存在,从而实现自主感知和导航、环境交互、物体控制等功能。

3.3.3 听觉传感器

听觉传感器采集声音信号,经声卡将其输入机器人的大脑。听觉传感器基本形态与麦克风的相同。

听觉传感器的种类和技术有很多,包括实时声音传感器、声呐传感器、MEMS 麦克风传感器等。选择合适的听觉传感器取决于机器人的应用场景和需求。在机器人中听觉传感器常应用于以下几个方面。

① 语音识别。听觉传感器可以用于机器人的语音识别任务。通过接收并分析来自外部环境或用户的语音信号,机器人可以理解并解释人的语言指令,从而实现人机交互和语音控制。

② 环境感知。听觉传感器可以帮助机器人感知环境中的声音。例如,机器人检测环境中的噪声水平、识别特定的声音模式或警报信号。这使得机器人能够在特定声音出现时采取相应的行动,比如报警、安全保护等。

③ 声源定位。通过使用多个听觉传感器或者利用时间差计算,机器人可以实现声源定位功能。这使得机器人能够确定声音的来源位置,从而可以追踪声源、定位用户或其他物体,并做出相应的行动。

④ 环境分析。听觉传感器可以用于机器人的环境分析任务。例如,机器人检测环境中的特定声音模式、声音频率或声波振幅等。这有助于机器人对其周围环境进行理解和分类,从而识别特定的声音事件或情景。

⑤ 情感识别。在一些高级机器人中可以使用听觉传感器进行情感识别。通过分析声音语调、情绪色彩和声音特征,机器人可以推断用户或其他声源的情感状态,从而更好地与人类进行互动和响应。

3.3.4 视觉传感器

在机器人中,视觉传感器用于获取和处理关于周围环境的视觉信息。视觉传感器模拟人类的视觉系统,可以提供图像、深度感知和颜色等信息。机器人中常见的视觉传感器有以下几种。

① 摄像头。摄像头可以捕捉静态图像或连续的视频流，为机器人提供视觉感知能力。根据需要，可以选择不同类型的摄像头，如全景摄像头、高分辨率摄像头等。

② 深度相机。深度相机或深度传感器可以提供场景中物体的距离和深度信息。通过使用红外光、结构光方式或按照时间飞行原理来测量物体与相机之间的距离，从而实现三维空间感知。

③ 红外传感器。红外传感器可以检测和感知环境中的红外辐射。红外传感器可用于测量温度、检测物体的热图案、跟踪运动等。红外传感器在无光或低光条件下也可以提供视觉信息。

④ 激光雷达。激光雷达利用激光束对周围环境进行扫描和距离测量，以创建三维点云地图。这些点云可以提供物体的准确位置、形状和距离信息，对于机器人导航、障碍物避免等非常有用。

⑤ 立体视觉传感器。立体视觉传感器使用两个或多个摄像头模拟人类的双眼视觉系统，以获取场景中物体的三维结构和深度信息。通过比较不同摄像头之间的视差，可以计算出物体的距离和立体视觉效果。

⑥ 边缘检测传感器。边缘检测传感器可以检测和识别物体的边界和轮廓。通常使用光电、超声波或其他方法来检测物体边缘的变化，从而提供物体识别和定位的信息。

3.3.5 其他外部传感器

除了上述传感器，还有许多其他类型的外部传感器。

(1) 距离传感器

距离传感器用于测量机器人到障碍物或其他物体的距离。常见的距离传感器包括超声波传感器、激光传感器、红外线传感器和时间飞行传感器。

① 超声波传感器。超声波传感器利用超声波的回波时间来测量物体与传感器之间的距离。超声波传感器发射出超声波脉冲，然后计算回波时间以确定物体的距离。超声波传感器广泛应用于避障、距离测量和定位等。

② 红外线传感器。红外线传感器使用红外线光束来测量物体与传感器之间的距离。它通过测量光束的反射或被阻挡程度来推断物体的距离。红外线传感器在近距离测量和避障等应用中常被使用。

③ 激光传感器。激光传感器利用激光束测量物体与传感器之间的距离。激光传感器可以提供高精度和远距离测量能力。常见的激光传感器包括激光雷达和激光测距仪。

④ 时间飞行传感器。时间飞行传感器利用光的传播时间来测量物体与传感器之间的距离。时间飞行传感器发射一个非常短暂的光脉冲，然后测量光脉冲从传感器到物体返回的时间；根据光的传播速度，可以计算出物体的距离。

这些距离传感器通常用于机器人的定位、避障、导航和环境感知等。通过使用不同类型的距离传感器，并结合适当的数据处理和算法，机器人可以获取物体的位置、形状、尺寸和环境结构等信息，从而更好地感知和理解周围环境。

(2) 嗅觉传感器

在机器人中，嗅觉传感器使用相对较少。因为模拟人类嗅觉系统是一项具有挑战性的任务。然而，研究人员正在积极探索和开发新的嗅觉传感器技术，以赋予机器人嗅觉感知能力。在研发的嗅觉传感器主要有以下几种。

① 电化学气体传感器。电化学气体传感器基于化学反应来检测和识别特定气体分子。通过测量气体分子与电极之间的电位差变化来检测气体的存在和浓度。这种传感器可以用于检测有害气体、识别气味或监测环境中的气体成分。

② 气体阵列传感器。气体阵列传感器利用多个传感器单元组成的阵列来感测气体。每个传感器单元对不同的气体具有选择性响应。通过测量各个传感器单元的响应模式，就可以区别不同气体。

③ 光纤传感器。光纤传感器利用光纤的波导效应来检测气体的存在和浓度变化。当气体分子与光纤表面相互作用，会导致光信号的相位或强度发生变化。通过检测这些变化，可以识别气体的浓度。

④ 生物传感器。生物传感器利用生物体（如昆虫、细菌或生物酶）来感知特定气味或气体。这些传感器通过监测生物体的反应或生物体释放的化学物质来检测气体。

需要注意的是，在嗅觉传感器领域仍然存在挑战，如传感器灵敏度、选择性、稳定性和快速响应等方面仍存在问题。在机器人中使用嗅觉传感器时，还需要处理复杂的数据分析和模式识别算法，以实现气味的识别和分类。

（3）味觉传感器

在机器人中，味觉传感器的应用相对较少。与嗅觉传感器相比，模拟人类的味觉系统要困难得多，因为味觉涉及复杂的化学反应和感知机制。目前主要的味觉传感器是化学传感器阵列和生物传感器。

化学传感器阵列利用多个化学传感器单元来感知不同化学物质的存在和浓度。这些传感器单元可以对特定化学物质产生选择性响应，并通过模式识别算法将响应模式转化为特定的味道。

利用某些生物传感器可以通过检测特定化学物质与生物组织之间的相互作用来感知味道。例如，使用专门设计的受体蛋白来识别和结合特定化学物质，然后通过测量蛋白结合的变化来确定味道。

需要注意的是，机器人味觉传感器技术仍处于早期研究阶段，并且在复现人类味觉感知方面仍存在很大的挑战。然而，味觉传感器在某些应用领域，如食品行业、餐饮业和药物研发等，可能具有潜在的应用价值。

3.4 多传感器信息融合

3.4.1 多传感器信息融合的定义和特点

多传感器信息融合，是指把分布在不同位置、处于不同状态的多个同类或不同类型的传感器所提供的局部不完整观察量加以综合处理，消除多传感器信息之间可能存在的冗余和矛盾，利用信息互补，降低不确定性，以形成对系统环境相对完整一致的理解，从而提高智能系统决策、规划的科学性，反应的快速性和正确性，进而降低决策风险的过程。简单地说，多传感器信息融合是指对来自多个传感器的数据进行多级别、多方面、多层次的处理，从而产生新的有意义的信息，而这种新信息是任何单一传感器所无法获得的。

信息融合具有以下三个核心特征。① 信息融合是在多个层次上完成对多源信息处理的过程。其中每一个层次都表示不同级别的信息抽象。② 信息融合包括探测、互联、相关、估计以及信息组合。③ 信息融合的结果包括较低层次上的状态估计以及较高层次上的整个系统的状态估计。

3.4.2 多传感器信息融合的分类

多传感器信息融合的分类方法有多种。

3.4.2.1 按信息传递方式分类

按信息传递方式不同，多传感器信息融合分为串联型多传感器信息融合、并联型多传感器信息融合或串并混合型多传感器信息融合。

(1) 串联型多传感器信息融合

串联型多传感器信息融合指先将两个传感器数据进行一次融合，再把融合的结果与下一个传感器数据进行融合，依次进行下去，直至所有的传感器数据都融合完为止。串联融合时，每个传感器既具有接收数据、处理数据的功能，又具有信息融合的功能。各传感器的处理同前一级传感器输出的信息形式有很大的关系。最后一个传感器综合了所有前级传感器输出的信息，得到的输出将作为串联融合系统的最终结果。因此，串联融合时，前级传感器的输出对后级传感器输出的影响较大。串联型多传感器信息融合结构如图 3-10 所示。

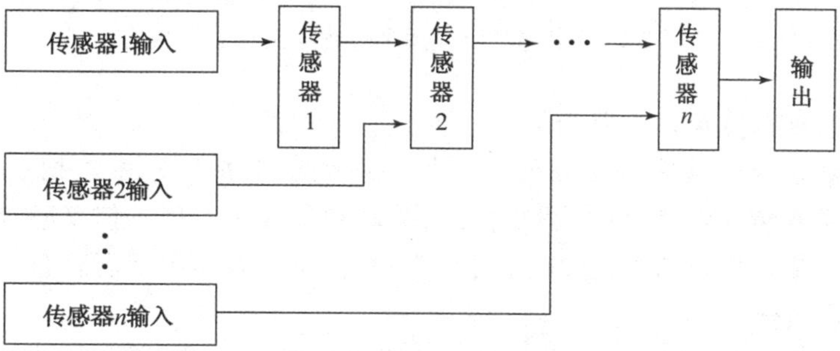

图 3-10 串联型多传感器信息融合结构

(2) 并联型多传感器信息融合

并联型多传感器信息融合指所有传感器输出数据都同时输入给数据融合中心，传感器之间没有影响。数据融合中心对各种类型的数据按适当的方式进行综合处理，最终输出结果。并联融合时，各传感器的输出之间不会相互影响。并联型多传感器融合结构如图 3-11 所示。

(3) 串并联混合型多传感器信息融合

串并联混合型多传感器信息融合指串联型多传感器信息融合和并联型多传感器信息融合两种形式的综合。这种信息融合方式在机器人中有广泛的应用，可以提高机器人的感知能力、决策能力和执行能力。串并联混合型多传感器信息融合结构如图 3-12 所示。

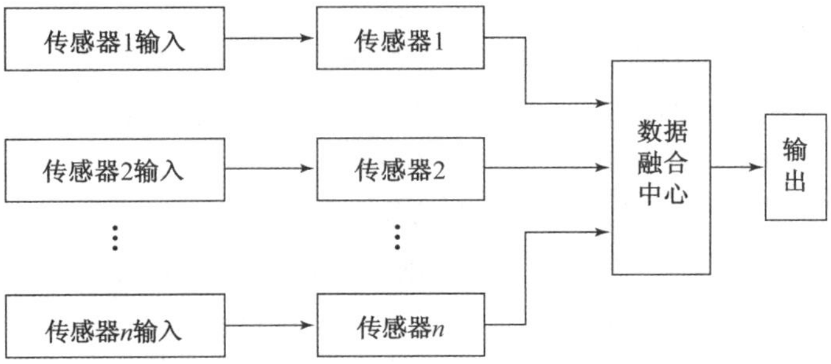

图 3-11　并联型多传感器信息融合结构

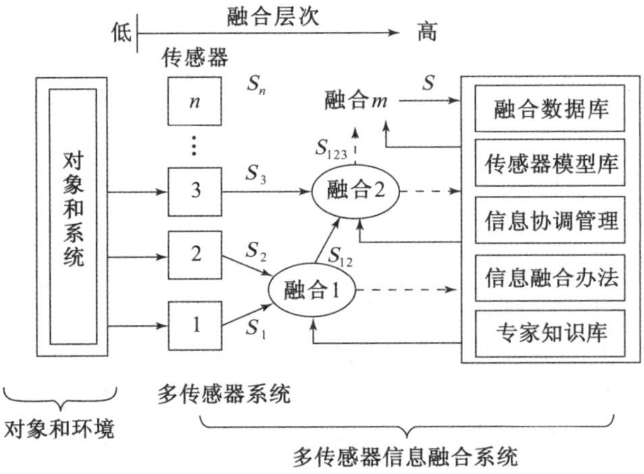

图 3-12　串并联混合型多传感器信息融合结构

3.4.2.2　按处理对象的层次不同分类

信息融合对多源信息进行多级处理。每一级处理都是对原始数据一定程度上的抽象化。信息融合主要包括对信息的检测、校准、关联和估计等处理。信息融合按其在融合系统中信息处理的抽象程度，可以分为像素层融合、特征层融合和决策层融合三个层次。

(1) 像素层融合

像素层融合如图 3-13 所示。像素层融合层次较低，故也称其为低级融合。它是直接在传感器采集到的原始观测信息层上进行融合，即在原始信息未经预处理前就进行信息的综合分析和处理，然后从融合的信息中进行特征向量的提取，进行目标识别。像素层融合要求传感器必须是同质的，即传感器观测的对象是同一物理量或现象。

像素层融合的主要优点在于它能保持尽可能多的现场数据，提供其他融合层次不能提供的细微信息。由于没有信息损失，因此它具有较高的融合性能。但是此类融合在底层进行，因此存在信息的稳定性差、不确定性和不完全性严重、处理的信息量大、要求数据类别相同、数据通信量大及抗干扰能力差等缺陷。

(2) 特征层融合

特征层融合如图 3-14 所示。特征层融合属于中间层次，一般称其为中级融合。该层融合首先对采集到的原始信息提取一组特征信息，形成特征矢量，并在对目标进行分类或其他处理前对各组信息进行融合。

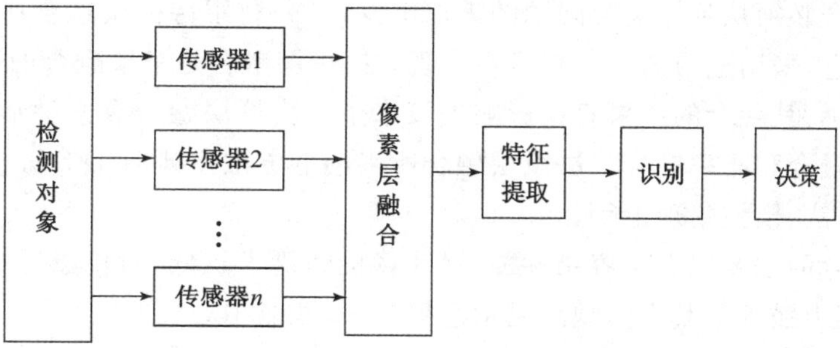

图 3-13　像素层融合

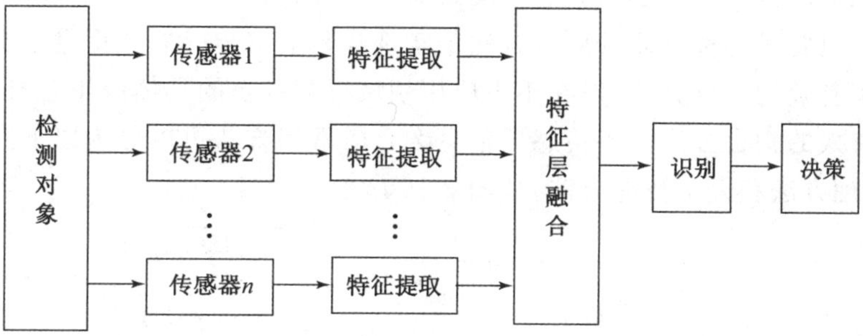

图 3-14　特征层融合

特征层融合可细分目标状态信息融合和目标特性信息融合。目标状态信息融合主要实现状态向量估计、参数估计，多用于多传感器目标跟踪领域。目标特性信息融合实质上就是识别问题。特征层融合所采用的方法有神经网络、K 阶最近邻法、特征压缩和聚类方法等。在融合前必须先对特征进行处理，把特征向量分类成有意义的组合。

特征层融合的优点在于实现了可观的信息压缩，有利于实时处理。由于提取的特征直接与决策分析有关，因而特征层融合结果能最大限度地给出决策分析所需的特征信息。

(3) 决策层融合

决策层融合如图 3-15 所示。决策层融合是一种高层次融合，也称为高层融合。首先每个传感器完成对原始信息处理（预处理、特征抽取、识别或判决），建立对所观察对象的初步结论，然后通过各个传感器关联进行局部决策层的融合处理，最后获得融合结果。决策层融合结果为控制决策提供依据。

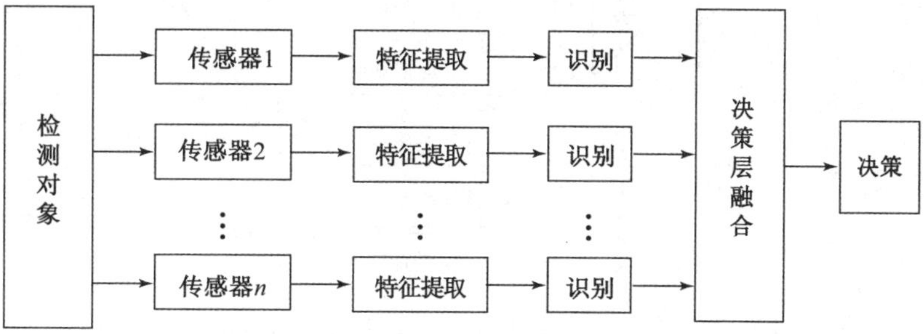

图 3-15　决策层融合

决策层融合必须从具体决策问题的需求出发，充分利用特征层融合所提取得测量对象的各类特征信息，采用适当的融合技术来实现。决策层融合是三层融合的最终结果，直接针对具体决策目标，其融合的结果直接影响决策水平。决策层融合有三种形式：决策融合、决策及其可信度融合和概率融合。决策层融合所采用的方法主要有 D-S 证据理论、贝叶斯推理、专家系统方法、模糊集理论等。

决策层融合的主要优点是容错性强，对计算机的要求较低，对传感器的依赖性小，通信量小，抗干扰能力强等。其主要缺点是信息损失大，性能相对较差。

3.4.3 多传感器信息融合的方法

多个传感器所获取的关于对象和环境全面、完整的信息，主要体现在融合算法上。多传感器信息融合也要靠各种具体的融合方法来实现。目前多传感器数据融合虽然未形成完整的理论体系和有效的融合算法，但在不少应用领域根据各自的具体应用背景，已经提出了许多成熟并且有效的融合方法。多传感器信息融合的常用方法可以分为以下四类：估计方法、分类方法、推理方法和人工智能方法，如图 3-16 所示。

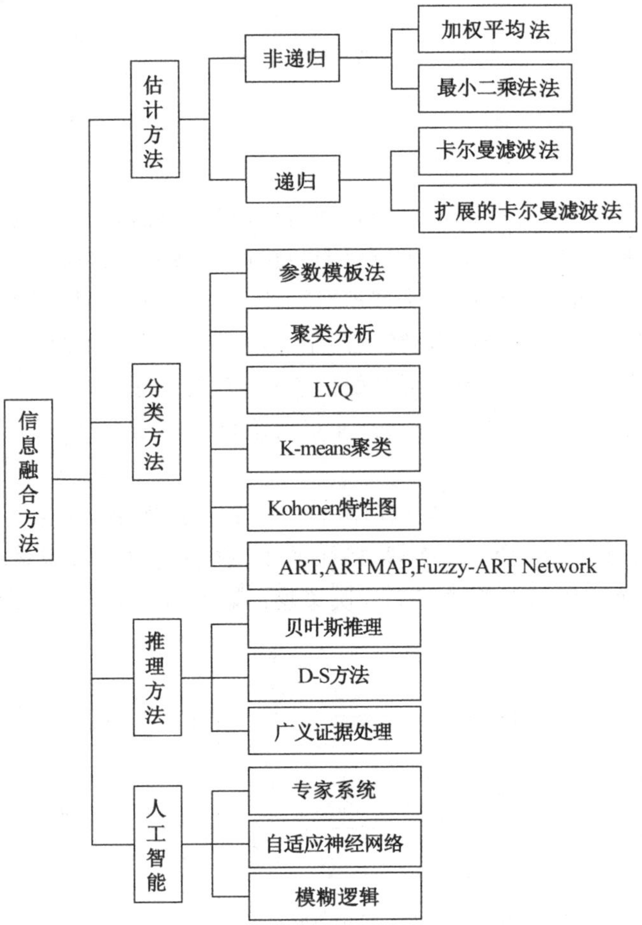

图 3-16　多传感器信息融合常用方法

常用的信息融合方法及特征比较如表3-1所示。通常使用的信息融合方法依具体的应用而定。并且由于各种方法之间的互补性,实际上,常将两种或两种以上的方法进行多传感器信息融合。

表3-1　常用的信息融合方法及特征比较

融合方法	运行环境	信息类型	信息表示	不确定性	融合技术	适用范围
加权平均	动态	冗余	原始读数据		加权平均	低层数据融合
卡尔曼滤波	动态	冗余	概率分布	高斯噪声	系统模型滤波	低层数据融合
贝叶斯估计	静态	冗余	概率分布	高斯噪声	贝叶斯滤波	高层数据融合
统计决策理论	静态	冗余	概率分布	高斯噪声	极值决策	高层数据融合
证据推理	静态	冗余互补	命题		逻辑推理	高层数据融合
模糊推理	静态	冗余互补	命题	隶属度	逻辑推理	高层数据融合
神经网络	动/静态	冗余互补	神经元输入	学习误差	神经元网络	低/高层
生产式规则	动/静态	冗余互补	命题	置信因子	逻辑推理	高层数据融合

3.5　多传感器在装配机器人中应用

3.5.1　多传感器信息融合系统

在自动生产线上,被装配的工件初始位置时刻在运动,属于环境不确定的情况。机器人进行工件抓取或装配时,使用力和位置的混合控制是不可行的。一般使用位置、力反馈和视觉融合的控制来进行抓取或装配工作。

多传感器信息融合装配系统由末端执行器、CCD视觉传感器、超声波传感器、柔性腕力传感器及相应的信号处理单元等构成。CCD视觉传感器安装在末端执行器上,构成手眼视觉。超声波传感器的接收和发送探头也固定在机器人末端执行器上。CCD视觉传感器获取待识别和抓取物体的二维图像,并引导超声波传感器获取深度信息。柔性腕力传感器安装于机器人的腕部。多传感器信息融合装配系统结构如图3-17所示。

图像处理主要完成对物体外形的准确描述,包括图像边缘提取、周线跟踪、特征点提取、曲线分割及分段匹配、图形描述与识别。CCD视觉传感器获取的物体图像经处理后,可提取对象的某些特征,如物体的形心坐标、面积、曲率、边缘、角点及短轴方向等。根据这些特征信息,可得到对物体形状的基本描述信息。

由于CCD视觉传感器获取的图像不能反映工件的深度信息,因此对于二维图形相同,仅高度略有差异的工件,只用视觉信息不能正确识别。在图像处理的基础上,由视觉信息引导超声波传感器对待测点的深度进行测量,获取物体的深度(高度)信息,或沿工件的待测面移动,超声波传感器不断采集距离信息,扫描得到距离曲线,根据距离曲线分析出工件的边缘或外形。计算机将视觉信息和深度信息融合推断后,进行图像匹配、识别,并控制机械手以合适的位姿准确地抓取物体。

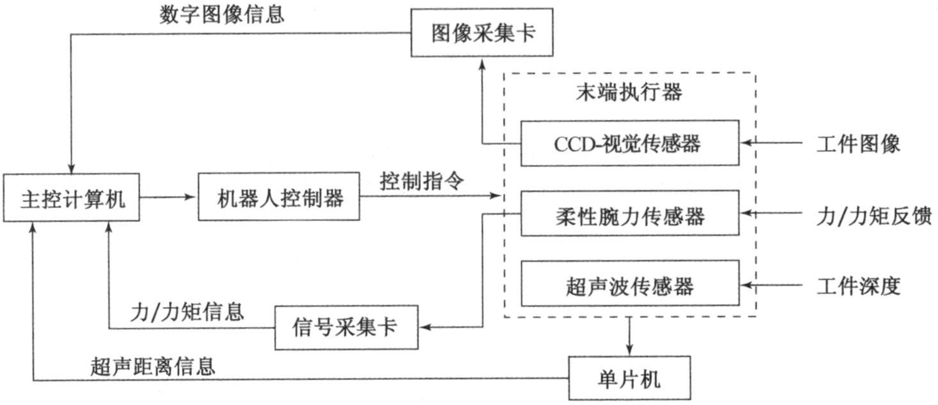

图 3-17　多传感器信息融合装配系统结构

安装在机器人末端执行器上的超声波传感器由发射和接收探头构成，根据声波反射的原理，检测由待测点反射回的声波信号，经处理后得到工件的深度信息。为了提高检测精度，在接收单元电路中，采用可变阈值检测、峰值检测、温度补偿和相位补偿等技术，可获得较高的检测精度。

柔性腕力传感器测试末端执行器所受力/力矩的大小和方向，从而确定末端执行器的运动方向。

3.5.2　位姿传感器

3.5.2.1　远程中心柔顺装置

远程中心柔顺(Remote Center Compliance，RCC)装置不是实际的传感器，在发生错位时起到感知设备的作用，并为机器人提供修正的措施。RCC 装置完全是被动的，没有输入和输出信号，也称为被动柔顺装置。RCC 装置是机器人腕关节和末端执行器之间的辅助装置，使机器人末端执行器在需要的方向上增加局部柔顺性，而不会影响其他方向的精度。

RCC 装置组成如图 3-18 所示。该装置由两块刚性金属板组成。剪切柱在提供横侧向柔顺的同时，将保持轴向的刚度。实际上，一种装置只在横侧向和轴向或者在弯曲和翘起方向提供一定的刚性(或柔性)。每种装置都有一个给定的中心到中心的距离，此距离决定远程柔顺中心相对柔顺装置中心的位置。因此，若有多个零件或许多操作需有多个 RCC 装置，则要分别选择。

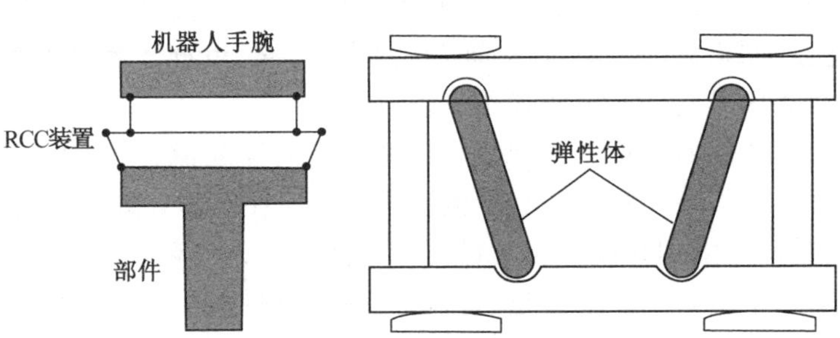

图 3-18　RCC 装置组成

RCC的实质是机械手夹持器具有多个自由度的弹性装置，通过选择和改变弹性体的刚度可获得不同程度的适从性。RCC部件间的失调引起力矩和力，通过RCC装置中不同类型的位移传感器可获得跟力矩和力成比例的电信号，使用该电信号作为力或力矩反馈的RCC称为IRCC(Instrument Remote Control Centre)。BarryWright公司的6轴IRCC提供跟3个力和3个力矩成比例的电信号，内部有微处理器、低通滤波器以及12位数模转换器，可以输出数字和模拟信号。

3.5.2.2 主动柔顺装置

根据传感器反馈的信息对机器人末端执行器或工作台进行调整，补偿装配件间的位置偏差。根据传感方式的不同，主动柔顺装置可分为基于力传感器的柔顺装置、基于视觉传感器的柔顺装置和基于接近度传感器的柔顺装置。

(1) 基于力传感器的柔顺装置

使用力传感器的柔顺装置的目的，一方面是有效控制力的变化范围，另一方面是通过力传感器反馈信息来感知位置信息，进行位置控制。就安装部位而言，力传感器可分为关节力传感器、腕力传感器和指力传感器。关节力/力矩传感器使用应变片进行力反馈，由于力反馈是直接加在被控制关节上，且所有的硬件用模拟电路实现，避开了复杂计算难题，提高了响应速度。腕力传感器安装于机器人与末端执行器的连接处，它能够获得机器人实际操作时的大部分的力信息，精度高，可靠性好，使用方便。常用的结构包括十字梁式、轴架式和非径向三梁式，其中十字梁结构应用最为广泛。指力传感器一般通过应变片测量而产生多维力信号，常用于小范围作业，精度高，可靠性好，但多指协调复杂。

(2) 基于视觉传感器的柔顺装置

基于视觉传感器的主动适从位置调整方法是通过建立以注视点为中心的相对坐标系，对装配件之间的相对位置关系进行测量，测量结果具有相对的稳定性，其精度与摄像机的位置相关。螺纹装配采用力和视觉传感器，建立一个虚拟的内部模型，该模型根据环境的变化对规划的机器人运动轨迹进行修正；轴孔装配中用二维位置传感器(PSD)来实时检测孔的中心位置及其所在平面的倾斜角度，PSD上的成像中心即为检测孔的中心。当孔倾斜时，PSD上所成的像为椭圆，通过与正常没有倾斜的孔所成图像的比较就可获得被检测孔所在平面的倾斜度。

(3) 基于接近度传感器的柔顺装置

装配作业需要检测机器人末端执行器与环境的位姿，多采用光电接近度传感器。光电接近度传感器具有测量速度快、抗干扰能力强、测量点小和使用范围广等优点。用一个光电传感器不能同时测量距离和方位的信息，往往需要用两个以上的传感器来完成机器人装配作业的位姿检测。

3.5.2.3 光纤位姿偏差传感系统

图3-19所示为集螺纹孔方向偏差和位置偏差检测于一体的位姿偏差传感系统原理。该系统采用多路单纤传感器，光源发出的光经1×6光纤分路器，分成6路光信号进入6个单纤传感点，单纤传感点同时具有发射和接收功能。传感点为反射式强度调制传感方式，反射光经光纤按一定方式排列，由固体光电二极管阵列(Solid-State Photodetector Array, SSPD)光敏器件接收，最后进入信号处理。检测螺纹孔方向的三个传感器(1、2、3)分布在螺纹孔边缘圆周(2～3 cm)上，传感点4、5、6检测螺纹位置，垂直指向螺纹孔倒角锥面，传感点

2、3、5、6 与传感点 1、4 垂直。

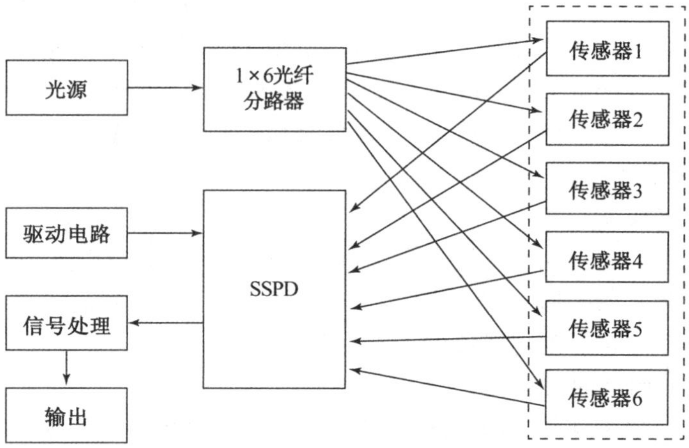

图 3-19　位姿偏差传感系统原理

3.5.2.4　电涡流位姿检测传感系统

电涡流位姿检测传感系统通过确定由传感器构成的测量坐标系和测量体坐标系之间的相对坐标变换关系来确定位姿。当测量体安装在机器人末端执行器上时，通过比较测量体的相对位姿参数的变化量，可完成对机器人的重复位姿精度检测。

为了能用测量信息计算出相对位姿，由 6 个电涡流传感器组成的特定空间结构来提供位姿和测量数据。传感器的测量空间结构如图 3-20 所示。6 个传感器构成三维测量坐标系，其中传感器 1、2、3 对应测量面 xoy，传感器 4、5 对应测量面 xoz，传感器 6 对应测量面 yoz。每个传感器在坐标系中的位置固定，这 6 个传感器所标定的测量范围就是该测量系统的测量范围。当测量体相对于测量坐标系发生位姿变化时，电涡流传感器的输出信号会随测量距离成比例地变化。

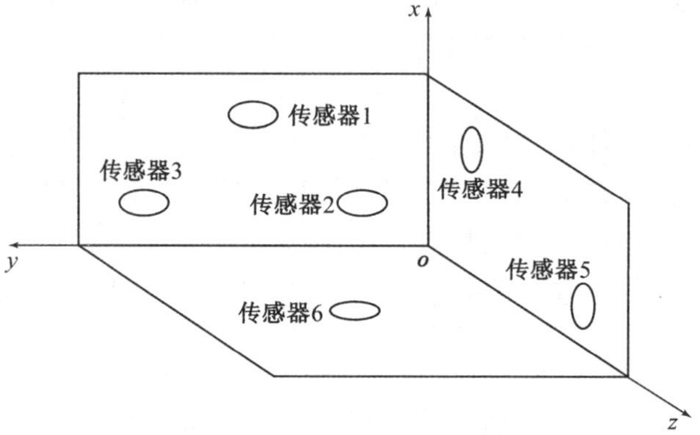

图 3-20　传感器的测量空间结构

3.5.3　柔性腕力传感器

装配机器人在作业过程中需要与周围环境接触，在接触的过程中往往存在力和速度的不连续问题。腕力传感器安装在机器人手臂和末端执行器之间，更接近力的作用点，受其他附加因素的影响较小，可以准确地检测末端执行器所受外力/力矩的大小和方向，为机器人提供力感信息，有效地扩展了机器人的作业能力。

在装配机器人中除使用应变片 6 维筒式腕力传感器和十字梁腕力传感器外，还大量使用柔性腕力传感器。柔性手腕能在机器人的末端操作器与环境接触时产生变形，并且能够吸收机器人的定位误差。柔性腕力传感器将柔性手腕与腕力传感器有机地结合在一起，不但可以为机器人提供力/力矩信息，而且本身又是柔顺机构，可以产生被动柔顺，吸收机器人产生的定位误差，保护机器人、末端操作器和作业对象，提高机器人的作业能力。

柔性腕力传感器一般由固定体、移动体和连接二者的弹性体组成。固定体和机器人的手腕连接，移动体和末端执行器相连接。弹性体采用矩形截面的弹簧，其柔顺功能由能产生弹性变形的弹簧完成。柔性腕力传感器利用测量弹性体在力/力矩的作用下产生的变形量来计算力/力矩。柔性腕力传感器的工作原理如图 3-21 所示。柔性腕力传感器的内环相对于外环的位置和姿态的测量采用非接触式测量。传感元件由 6 个均布在内环上的红外发光二极管(LED)和 6 个均布在外环上的线型位置敏感元件(PSD)构成。PSD 通过输出模拟电流信号来反映照射在其敏感面上光点的位置，具有分辨率高、信号检测电路简单、响应速度快等优点。

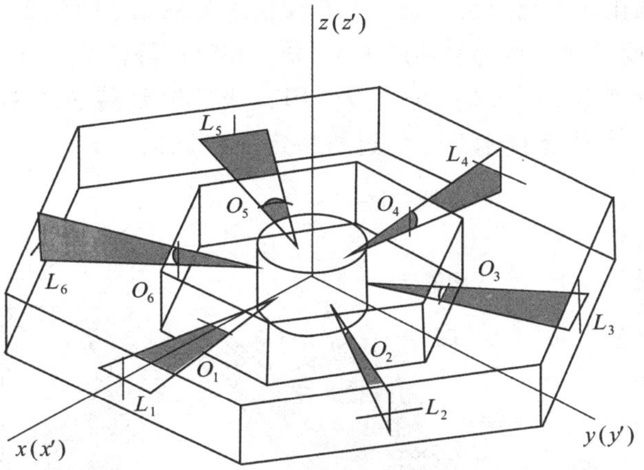

图 3-21　柔性腕力传感器工作原理

为了保证 LED 发出的红外光形成一个光平面，在每一个 LED 的前方安装了一个狭缝。狭缝按照垂直和水平方式间隔放置，与之对应的线型 PSD 则按照与狭缝相垂直的方式放置。6 个 LED 所发出的红外光通过其前端的狭缝形成 6 个光平面 $O_i(i=1,2,\cdots,6)$，与 6 个相应的线型 PSD $L_i(i=1,2,\cdots,6)$形成 6 个交点。当内环相对于外环移动时，6 个交点在 PSD 上的位置发生变化，引起 PSD 的输出变化。根据 PSD 输出信号的变化，可以获得内环相对于外环的位置和姿态。内环的运动将引起连接弹簧的相应变形。考虑到弹簧的作用力与形变的线性关系，可以通过内环相对于外环的位置和姿态关系解算出内环上所受到的力和力矩的大小，从而完成柔性腕力传感器的位姿和力/力矩的同时测量。

3.5.4 工件识别传感器

装配机器人通常需要对装配的零部件进行自动识别和定位，以实现自动化装配任务。工件识别指通过图像处理和特征提取技术，将待识别的工件与已知的模板或数据库进行匹配，从而确定工件的类别或标识。工件识别的主要方法有接触识别、采样式测量、邻近探测、距离测量、机械视觉识别等。

① 接触识别。在一点或几点上接触以测量力，这种测量一般精度不高。

② 采样式测量。在一定范围内连续测量，比如测量某一目标的位置、方向和形状。在装配过程中的力和力矩的测量都可以采用这种方法，这些物理量的测量对于装配过程非常重要。

③ 邻近探测。邻近探测属非接触测量，测量附近的范围内是否有目标存在。一般安装在机器人的抓钳内侧，探测被抓的目标是否存在以及方向、位置是否正确。测量原理可以是气动的、声学的、电磁的和光学的。

④ 距离测量。距离测量也属非接触测量。测量某一目标到某一基准点的距离。例如，一只在抓钳内装的超声波传感器就可以进行这种测量。

⑤ 机械视觉识别。机械视觉识别方法是指利用计算机和相关的图像处理技术，对物体、场景或图像进行自动化的视觉分析和识别。它模仿人类视觉系统的工作原理，通过获取、处理和解释图像信息，从而实现对目标物体的识别、分类和定位等任务。例如：图 3-22(a)为使用探针矩阵对工件进行粗略识别；图 3-22(b)为使用直线性测量传感器对工件进行边缘轮廓识别；图 3-22(c)为使用点传感技术对工件进行特定形状识别。

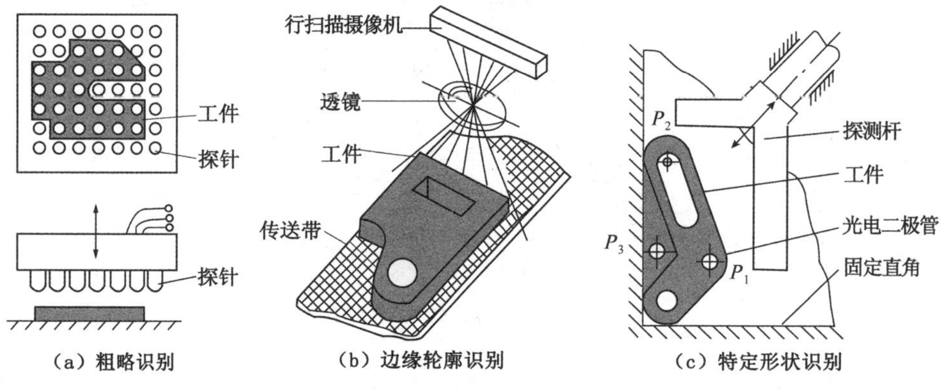

图 3-22 机械视觉识别

3.5.5 视觉传感系统

(1) 视觉传感系统组成

装配过程中，机器人使用视觉传感系统可以解决零件平面测量、字符识别(文字、条码、符号等)、完善性检测、表面检测(裂纹、刻痕、纹理)和三维测量。类似人的视觉系统，机器人的视觉系统是通过图像和距离等传感器来获取环境对象的图像、颜色和距离等信息，然后传递给图像处理器，利用计算机从二维图像中理解和构造出三维世界的真实模型。

机器人视觉传感系统工作原理如图 3-23 所示。摄像机获取环境对象的图像，经 A/D 转换器转换成数字量，从而变成数字化图形。通常一幅图像划分为 512×512 或者 256×256 个点。各点亮度用 8 位二进制表示，即可表示 256 个灰度。图像输入以后进行各种处理、识别以及理解。通过距离测定器得到距离信息，经过计算机处理得到物体的空间位置和方位。通过彩色滤光片得到颜色信息。上述信息经图像处理器进行处理，提取特征，处理的结果再输出到机器人，以控制它进行动作。另外，作为机器人的眼睛不但要对所得到的图像进行静止处理，而且要积极地扩大视野，根据所观察的对象，改变眼睛的焦距和光圈。因此，机器人视觉系统还应具有调节焦距、光圈、放大倍数和摄像机角度的装置。

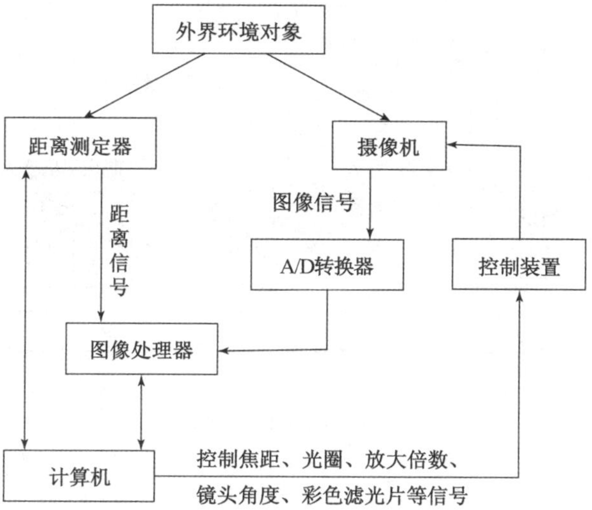

图 3-23　机器人视觉传感系统

(2) 图像处理过程

视觉系统首先要做的工作是摄入实物对象的图形，即解决摄像机的图像生成模型。包含两个方面的内容：一是摄像机的几何模型，即实物对象从三维景物空间转换到二维图像空间，关键是确定转换的几何关系；二是摄像机的光学模型，即摄像机的图像灰度与景物间的关系。因图像的灰度是摄像机的光学特性、物体表面的反射特性、照明情况、景物中各物体的分布情况(产生重复反射照明)的综合结果，所以从摄入的图像分解出各因素在此过程中所起的作用是不容易的。

视觉系统要对摄入的图像进行处理和分析。摄像机捕捉到的图像不一定是图像分析程序可用的格式，有些需要进行改善以消除噪声，有些则需要简化，还有的需要增强、修改、分割和滤波等。图像处理指的就是对图像进行改善、简化、增强或者其他变换的程序和技术的总称。图像分析是对一幅捕捉到的并经过处理后的图像进行分析，从中提取图像信息，辨识或提取关于物体或周围环境特征。

(3) In-Sight 视觉系统

图 3-24 所示 In-Sight 视觉系统用于美国通用汽车公司的制造装置中，能在噪声环境下利用视觉识别抓取工件。

该系统为了从零件的外形获得准确、稳定的识别信息，巧妙地设置照明光，从倾斜方向向传送带发送两条窄条缝隙光，用安装在传送带上方的固态线性传感器摄取图像，而且预先把两条缝隙光调整到刚好在传送带上重合的位置。这样，当传送带上没有零件时，缝隙光合成了一条直线；当零件随传送带通过时，缝隙光变成两条线，其分开的距离同零件的厚度成正比。因光线的分离之处正好就是零件的边界，所以利用零件在传感器下通过的时间就可以取出准确的边界信息。主计算机可处理装在机器人工作位置上方的固态线性阵列摄像机所检测的工件，有关传送带速度的数据也送到计算机中处理。当工件从视觉系统位置移动到机器人工作位置时，计算机利用视觉和速度数据确定工件的位置、取向和形状，并把这种信息经接口送到机器人控制器。根据这种信息，工件仍在传送带上移动时，机器人便能成功地接近和拾取工件。

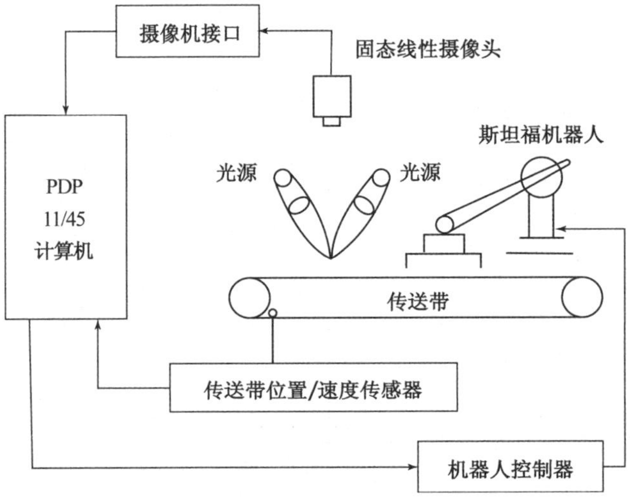

图 3-24　In-Sight 视觉系统

思考与练习题

1. 机器人传感器有哪些分类？
2. 机器人内部传感器有哪些分类？
3. 机器人的分辨率有哪几种？其各自受哪些因素影响？
4. 机器人的力觉传感和触觉传感有哪些异同？电容式传感器能否感知机器人的触觉？
5. 在视觉检测中，激光雷达有哪些作用？
6. 多传感器信息融合有哪些方法和技术？
7. 建立视觉、超声波测距、红外接近觉、触觉、力觉等多传感融合的自主移动机器人多传感器信息融合感知系统。说明实现过程和技术路线。

第 4 章　机器人驱动与控制

如果把连杆和关节想象为机器人的骨骼，那么驱动器就起着肌肉的作用。驱动器通过移动或转动连杆来改变机器人的构型。机器人驱动器可将电能、液压能和气压能转化为机器人的动力，是机器人本体硬件的核心部件之一。驱动器和控制器在机器人中都是非常重要的组成部分，它们共同实现了机器人的动作控制和执行任务的能力。

4.1　机器人驱动方式

机器人驱动方式有多种，主要根据其应用场景、工作任务和设计要求等因素而有所不同。根据驱动力的传递方式，机器人的驱动方式分为直接驱动和间接驱动两种。

4.1.1　直接驱动方式

直接驱动方式是驱动器的输出轴和机器人手臂的关节轴直接相连的方式，采用这种驱动方式驱动器和关节之间的机械系统较少，能够减少摩擦等非显性因素的影响，设备寿命较高，控制性能比较好。此外，直接驱动方式没有间接机械传动，节约零件原材料，从而降低设备整体成本。但是，为了直接驱动手臂的关节，驱动器输出转矩必须很大，因此必须考虑手臂的运动学问题。机器人直接驱动的应用案例有很多，以下是几个常见的应用示例。

① 关节式机器人。关节式机器人是由多个关节组成的机械臂，每个关节都使用直接驱动方式。该驱动方式可以提供快速响应和高精度的运动控制，使机械臂能够准确地完成各种复杂任务。这种机器人常用于工业自动化、装配线操作、物料处理等。

② 人形机器人。人形机器人模仿人类的外形和动作，其关节通常采用直接驱动方式。通过直接驱动，人形机器人可以实现更加自然和流畅的运动，如行走、抓取等动作。

③ 切割和焊接机器人。在工业制造中，常常需要进行金属切割和焊接操作。这些机器人通常采用直接驱动方式来控制切割工具或焊接枪的运动，且可以提供精确的位置和速度控制，使得切割和焊接过程更加稳定和高效。

④ 仿生机器人。仿生机器人是受生物学启发设计的机器人，其外形和运动方式与生物的相似。某些仿生机器人使用直接驱动方式来实现类似生物肌肉的柔软和灵活。

4.1.2 间接驱动方式

间接驱动方式是把电动机的动力经过减速器或钢丝绳、传送带、平行连杆等传动装置传递给机器人关节，从而实现机器人关节运动的方式。间接驱动方式具有能够提供更大的扭矩、占用空间较小等优点，但同时存在传动装置损耗大、精度受到传动装置影响等缺点。机器人间接驱动的应用案例有很多，以下是几个常见的应用示例。

① 自主驾驶车辆。自主驾驶车辆是一种使用电动驱动和传动装置驱动轮胎运动的车辆机器人。由各类传感器收集周围环境信息，通过自主算法实现路径规划、障碍物避让等功能，从而实现无人驾驶。

② 医疗机器人。医疗机器人使用液压、气动等驱动方式，通过机械臂或其他运动部件实现手术操作、康复训练等。其中一些医疗机器人采用外科医生的手动输入作为驱动信号，将手术操作放大到微米级别，从而提高手术精度和安全性。

③ 农业机器人。农业机器人使用各种驱动方式，如电动驱动、气动驱动等，通过机械臂、传送带等部件完成农业生产中的各种作业，如播种、除草、收割等。

在机器人应用中，直接驱动方式和间接驱动方式各有优劣。选择哪种驱动方式取决于具体的应用场景和需求。例如，对于需要高速响应和较高精度的应用场景，可以选择直接驱动方式；而对于需要高扭矩和高可靠性的应用场景，可以选择间接驱动方式。在某些特定应用场景中，也会采用直接驱动和间接驱动结合的方式，来克服各种驱动方式的缺点，实现更好的驱动效果。

4.2 机器人驱动系统分类

机器人的驱动系统是指控制机器人运动的组成部分，包括驱动器、传感器、控制器和执行器等。机器人通过各种传感器完成对周围环境的探测，再经过控制器将环境信息融合选择并得出一个结果(通常是电信号)，利用电、液压和气压等驱动方式将不同能源的能量转换成旋转运动、直线运动等，进而带动执行器工作使机械运动部件按照控制命令的要求进行运动。按照动力源，驱动系统主要分为液压驱动系统、气动驱动系统和电驱动系统。这三类驱动系统各有其特点，如表 4-1 所示。

表 4-1 三类驱动系统主要性能特点

参数	液压驱动	气压驱动	电动驱动
输出功率	很大，压力范围为：50～1 400 N/cm^2，气体不可压缩	很大，压力范围为：40～60 N/cm^2，液体不可压缩	较大
控制性能	控制精度较高，可无级调速，反应灵敏，可实现连续轨迹控制	气体压缩性大，精度低，阻尼效果差，低速不易控制，难以实现伺服控制	控制精度高，能精确定位，反应灵敏；可实现高速、高精度的连续轨迹控制，伺服特性好，控制系统复杂
响应速度	很高	很高	很高

表4-1(续)

参数	液压驱动	气压驱动	电动驱动
结构性能及体积	执行机构可标准化、模块化，易实现直接驱动，体积小、结构紧凑，但密封问题较大	执行机构可标准化、模块化、易实现直接驱动，体积小、结构紧凑，密封问题较小	伺服电动机易于标准化。结构性能好，噪声低；电动机一般需配置减速装置；除 DD 电动机外，难以进行直接驱动，结构紧凑，无密封问题
安全性	防爆性能较好，用液压油做传动介质，在一定条件下有火灾危险	防爆性能好，1 000 kPa(约 10 个大气压)时应注意设备的抗压性	设备自身无爆炸和火灾危险；但直流有刷电动机换向时会有火花

随着科技不断进步和创新，新型驱动器不断涌现，如声波驱动器、磁悬浮驱动器、人工肌肉驱动器、智能材料驱动器和静电驱动器等。

① 声波驱动器利用超声波振动原理来驱动机械运动。它通过产生高频声波信号，使设备表面或介质发生振动，从而实现驱动效果，具有非接触、无摩擦、高精度等特点，常用于微操纵、声波聚焦等领域。

② 磁悬浮驱动器利用磁场的力作用来实现物体的悬浮和驱动。它利用电磁感应原理产生磁场，与物体上的磁性元件相互作用，实现悬浮和运动控制。具有无接触、低摩擦、高精度等优点，广泛应用于高速列车、磁浮飞行器等领域。

③ 人工肌肉驱动器利用柔性材料(如橡胶)的收缩和膨胀特性来实现驱动。它通过电刺激或温度变化等方式刺激人工肌肉材料，使其发生收缩或膨胀，从而产生机械运动。具有质量轻、柔性、高响应速度等特点，常用于仿生机器人和可穿戴设备中。

④ 智能材料驱动器利用智能材料的特殊性质来实现驱动。智能材料包括形状记忆合金、电致活性陶瓷、氢气吸留合金、高分子材料以及流体材料(如磁流体和 ER 流体)等。在受到外界刺激时，智能材料能够改变自身形状或产生力学响应，使驱动器能够实现形变、振动、控制等功能，被广泛应用于柔性机器人、医疗器械等。

⑤ 静电驱动器通过控制静电场的强弱和方向来实现物体的运动。静电场与被驱动物体的电荷相互作用，会产生静电力。通过调节静电场的参数(如电场强度、电荷分布等)可以控制静电力的大小和方向，从而实现被驱动物体的运动。静电驱动器在一些特定的应用中具有无接触、无摩擦、高精度、快速响应等优点。然而，静电驱动器也面临一些挑战，如对环境的敏感性、电荷的衰减等。因此，在设计和应用静电驱动器时需要综合考虑材料选择、电场控制、环境因素等多个方面。

这些新型驱动器技术正在不断推动驱动系统的进步和创新，形成各种新型驱动系统。将不同类型的驱动器结合在一起使用形成复合驱动系统，可以克服单一驱动器存在的缺陷，实现更高效的能量利用和更精确的运动控制，提升机器人的自主性和自适应性。

4.3　机器人驱动器

机器人的驱动器是指将输入信号转换为对应输出力或扭矩的装置，是机器人的关键部件之一，用于控制机器人的运动和执行等任务。

4.3.1 电动驱动器

电动驱动是一种将电信号转换成角位移或线位移的驱动方法。在电动执行装置中，机器人的能源是由电动机提供的。通过电动机的转动达到完成机器人一系列操作（如移动、抓取、搬运等）。电动机按原理和用途可分为直流电动机、交流电动机和步进电动机。

4.3.1.1 直流电动机

（1）有刷直流电动机

有刷直流电动机原理如图 4-1 所示。当直流电源通过电刷向电枢绕组供电时，电枢表面的 N 极下导体可以流过相同方向的电流，根据左手定则导体将受到逆时针方向的力矩作用；电枢表面 S 极下部分导体也流过相同方向的电流，同样根据左手定则导体也将受到逆时针方向的力矩作用。通过不断地交替反转电流方向和洛伦兹力的作用，直流电动机可以持续地将电能转化为机械能，实现旋转运动。通过控制电流的大小和方向，可以精确地控制直流电动机的速度和转矩，从而满足不同应用需求。

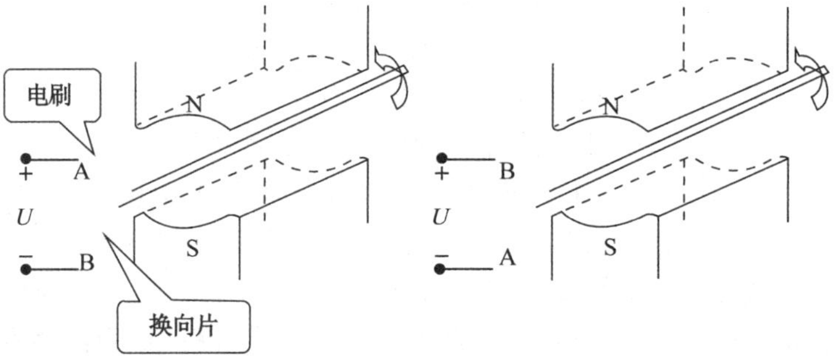

图 4-1 有刷直流电动机原理

有刷直流伺服电动机稳定性好、可靠性高、响应快、转矩大、控制功率低，但是换向器与电刷滑动接触，电刷的火花、接触电阻的变化都会影响其工作性能，而且不能在易爆环境中使用，有些元件复杂笨重。

（2）无刷直流电动机

无刷直流电动机控制原理如图 4-2 所示。在无刷直流电动机中，用转子位置检测器和相应的控制电路替代有刷直流电动机中的电刷和换向器，使无刷直流电动机定子绕组中的电流换向，使之具有和有刷直流电动机相同的运行特性。这里所说的“无刷”是指没有了直流电动机中机械式的电刷和换向器，取而代之的是电子式的电刷和换向器。安装在无刷直流电动机轴端的位置检测器通常由霍尔开关或光电开关组成。利用 PWM（Pulse Width Modulation）对大功率晶体管开关放大器的开关时间进行控制，将直流电压转换成某一频率的矩形波电压并加到直流电动机的电枢两端，通过对矩形波脉冲宽度的控制，改变电枢两端的平均电压，达到调节电动机转速的目的。

（3）直流伺服电动机

直流伺服电动机的基本结构与工作原理与一般直流电动机的类似。直流伺服电动机的

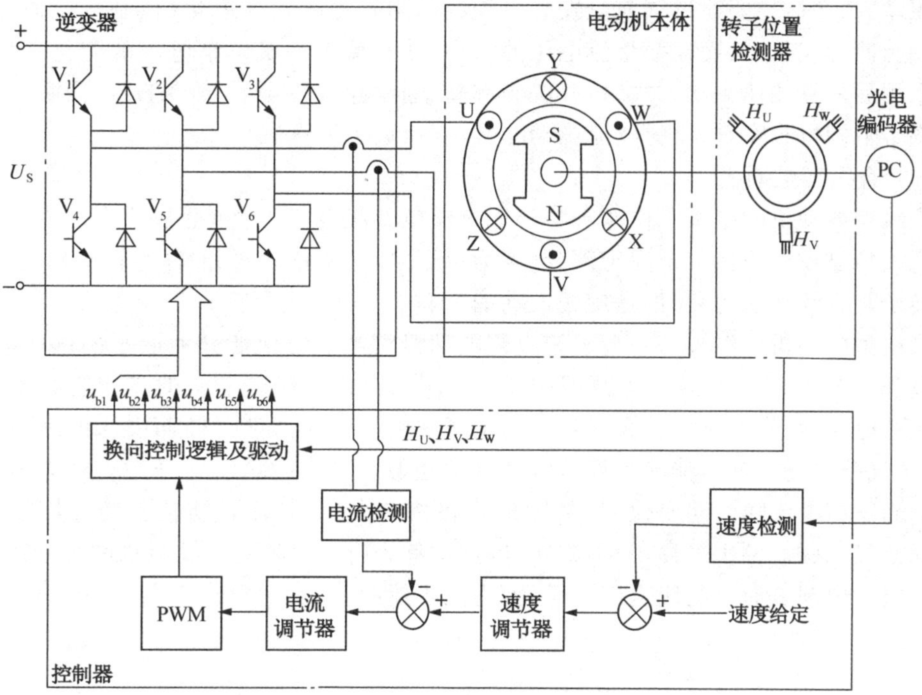

图 4-2　无刷直流电动机控制框图

主磁极磁场和电枢磁场如图 4-3(a)所示。主磁极磁势 F_0 在空间固定不动，当电刷处于几何中线位置时，电枢磁势 F_a 和 F_0 在空间正交，也就是电动机保持在最大转矩状态下运行。如果直流电动机的主磁极和电刷一起旋转，而电枢绕组在空间固定不动，如图 4-3(b)所示，那么此时 F_a 和 F_0 仍保持正交关系。

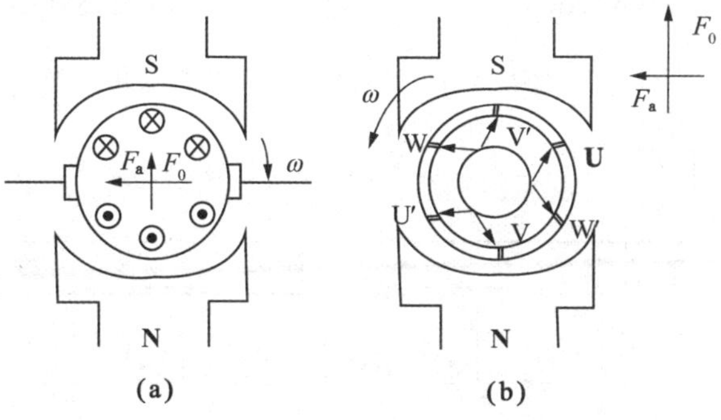

图 4-3　直流伺服电动机工作原理

为了适应各种不同随动系统的需要，直流伺服电动机从结构上做了许多改进，出现了无槽电枢伺服电动机、空心杯形电枢伺服电动机、印刷绕组电枢伺服电动机、无刷直流执行伺服电动机、扁平形结构的直流力矩电动机等。

为了直流供电和调节电动机转速与方向，需要对直流伺服电动机直流电压的大小和方向进行控制，常用晶体管脉宽调速驱动和晶闸管直流调速驱动两种方式。采用晶闸管直流调速驱动方式时，主要通过调节触发装置控制晶闸管的触发延迟角（控制电压的大小）来移动触发脉冲的相位，从而改变整流电压的大小，使直流电动机电枢电压的变化平滑，易于调速。采用晶体管调速驱动方式时，开关频率高（通常达 2 000～3 000 Hz），伺服机构能够响应的频带范围也较宽，输出的电流脉动非常小（接近于纯直流）。

（4）直线型电动机

直线型电动机的基本工作原理与一般直流电动机的类似，都是基于洛伦兹力的相互作用。直线型电动机包括一个固定部分（称为定子）和一个移动部分（称为转子）。直线型电动机的转子是直线运动的，而不是旋转运动的。

直线型电动机可以视为一台旋转直流电动机沿半径方向切开而展平的感应电动机，其演化过程如图 4-4 所示，其工作原理如图 4-5 所示。在直线电动机的三相绕组中通入三相对称正弦电流后，气隙磁场也会产生。当不考虑由于铁芯两端开断而引起的纵向边端效应时，这个气隙磁场的分布情况与旋转电动机的相似。气隙磁场沿展开的直线方向呈正弦形分布。当三相电流随时间变化时，气隙磁场将按 A、B、C 相序在洛伦兹力作用下沿直线移动。这个气隙磁场发生平移，而不旋转，因此被称为行波磁场。行波磁场的移动速度与旋转磁场在定子内圆表面上的线速度一样，称为同步速度。

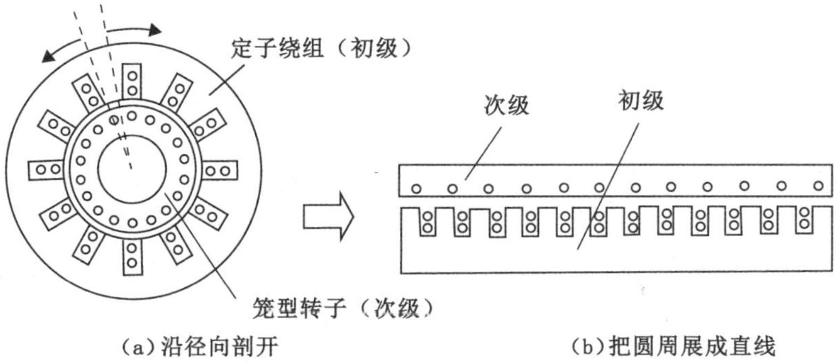

图 4-4　旋转电动机到直线型电动机的演化过程

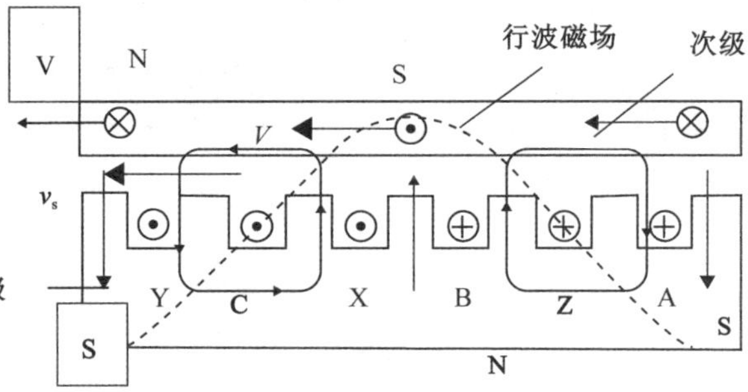

图 4-5　直线型电动机工作原理

通过控制电流的方向和强度，可以实现直线型电动机的精准位置控制和速度调节，使其在机器人控制中得到广泛应用。例如，控制机器人底盘或移动平台的直线运动；控制机器人的臂部和关节的直线运动；控制机器人的抓取和搬运操作；利用直线型电动机的磁力相互作用来实现无接触悬浮。

4.3.1.2　交流电动机

(1) 交流电动机工作原理

交流电动机在直流电动机的基础上将转子改为永磁体,在定子内设置绕组,取消所有换向器。交流电动机分为同步交流电动机和异步交流电动机。

① 同步交流电动机

同步交流电动机是一种恒速驱动电动机,其转子转速与电源频率保持恒定的比例关系。同步交流电动机又称为永磁同步电动机,其结构和工作原理如图 4-6 所示。在定子铁芯上的三相对称绕组中通入对称的三相交流电。根据电磁感应原理,通过交流电的定子绕组上会产生一个旋转磁场。而电动机转子上安有永磁体,永磁体的磁极也会产生一个磁场。根据磁极异向相吸、同向相斥的特性,旋转的定子磁场会驱使转子旋转进而带动电动机转轴旋转,直到定转子磁场保持相同的旋转速度,从而产生电磁转矩带动负载运行。

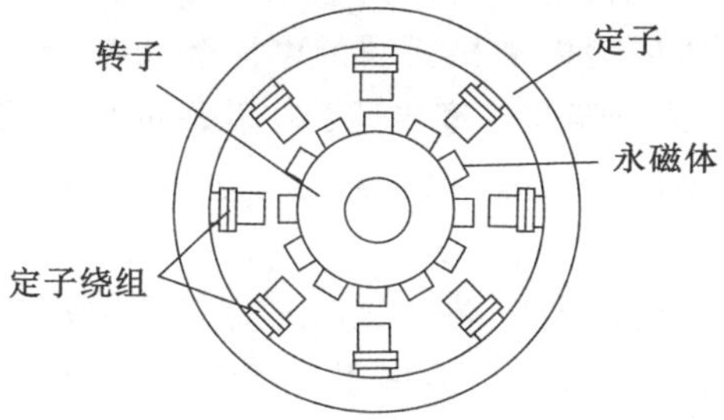

(a) 同步电动机构成

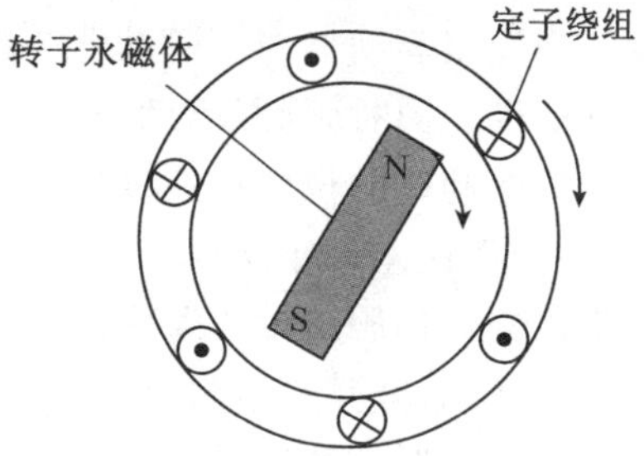

(b) 同步电步机的原理

图 4-6　同步电动机结构及工作原理

② 异步交流电动机

异步交流电动机又称为感应电动机,主要由定子、转子和它们之间的气隙构成。异步交流电动机,按照定子的相数可分为单相和三相异步交流电动机;按转子绕组的形式分为鼠笼式和绕线式异步交流电动机。鼠笼式异步电动机结构和原理如图 4-7 所示。定子绕组通往三相交流电源后,产生旋转磁场,在气隙中的旋转磁场与转子绕组之间存在相对运动,依靠电磁感应作用使转子绕组中的感应电流产生感应电磁转矩,从而实现机电能量的转换。由于转子的转速与旋转磁场的转速之间总是存在差异,所以把其称为异步电动机。

(2) 数字式交流伺服电动机

交流伺服电动机由交流电源、伺服驱动器和交流电动机组成。它使用交流电作为输入电源,并通过伺服驱动器对电动机进行控制。伺服驱动器会根据所需的速度和位置信号调节电动机的转速和位置,从而实现精确的运动控制。通常伺服驱动器还具有速度反馈和位置反馈装置,可以实时监测电动机的运动状态并进行闭环控制,以确保更高的运动精度和稳定性。交流伺服系统按照其指令信号与内部的控制形式,可以分为模拟式伺服与数字式伺服两类。初期的交流伺服系统一般是模拟式伺服系统,而目前使用的交流伺服系统通常都是全数字式交流伺服系统。

数字式交流伺服系统是随着交流伺服控制技术、计算机技术的发展而产生的新型交流

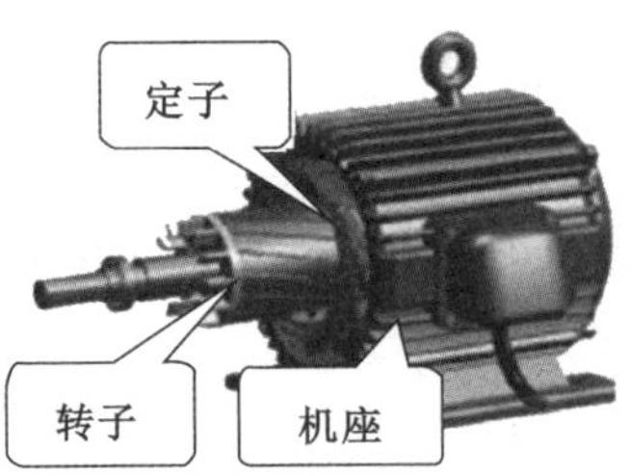

(a) 异步电动机结构

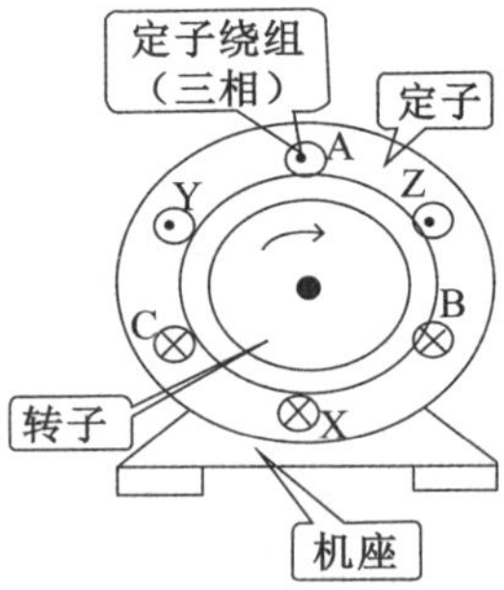

(b) 工作原理

图 4-7　鼠笼式异步电动机结构和原理

伺服系统，其所用的元器件更少，通常只要一片专用大规模集成电路实现“位置环”或“速度环”的闭环控制。在这个系统中，控制器会将运动指令转化为电动机电压信号，然后将这些信号发送到伺服驱动器中。驱动器会将电压信号转换为电动机所需的电流和功率，并将其输出给电动机。同时，伺服驱动器还会接收从位置传感器和速度传感器中获取的反馈信号，以实时监测电动机的位置和速度信息。若这些信息发生误差，控制器会通过电路调整输出电压信号，使得误差最小化。

数字式交流伺服电动机通常采用数字信号处理器(DSP)、嵌入式处理器(ARM)和高性能单片机等技术，并且直接将位置指令以数字信号的形式传送给伺服驱动装置。伺服驱动装置本身具有位置和速度控制功能，控制器与伺服驱动装置之间通过总线相互传递信息。

例如，FANUC 公司通常采用 MB651105 专用大规模集成电路实现数字式伺服驱动系统。数字伺服系统结构如图 4-8 所示。

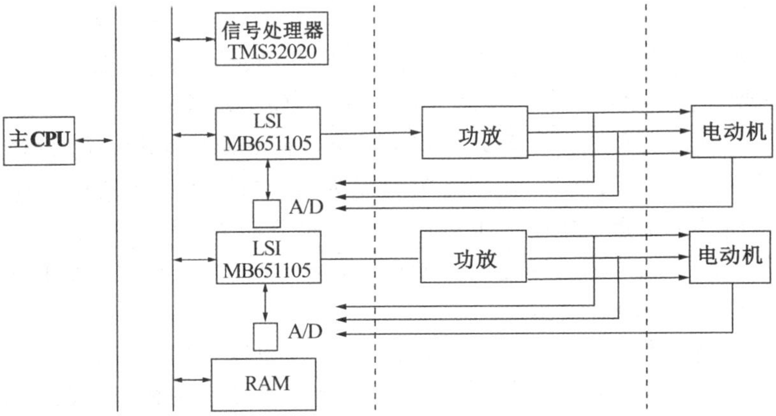

图 4-8　数字伺服系统结构简化框图

(3) 交流电动机在机器人中的应用

机器人拥有多个自由度，每台工业机器人需要的电动机数量在 10 台以上。机器人是非常复杂的系统，其性能取决于伺服驱动控制系统。机器人对伺服驱动控制系统提出了较高的性能要求，其可以归纳为启动速度快，动态性能好，适应频繁启停且能以最大转矩启动，调速范围要求宽并且在整个调速范围内平滑连续，抗干扰能力强等。

随着相关技术进步和材料成本的降低，交流伺服系统继承了直流伺服系统的优点，克服了其缺点，并取得了比直流伺服系统更优良稳定的控制性能。高精度的交流伺服系统能满足机器人的控制要求，已在机器人的控制中得到广泛的应用。

一方面，交流电动机可以用作机器人关节的驱动器件，通过控制电动机的速度和位置，实现机器人关节的灵活运动。交流电动机具有高转速、高功率密度和可调速性好的特点，能够满足机器人关节动态性能要求。另一方面，机器人的执行器通常需要进行精确的位置控制和力矩输出，交流电动机在这方面具有较高的控制精度和响应速度。例如，机器人手臂的末端执行器可以使用交流电动机实现精确的抓取和操作动作。

对于移动式机器人平台，如 AGV（自动引导车）和无人驾驶车辆，交流电动机可以用于驱动车轮或履带系统，实现平稳的移动和精准的速度控制。对于机器人手指和手部的驱动，交流电动机可以提供较高的扭矩和精确的控制，使机器人能够完成精细的物体抓取和操作。

4.3.1.3　步进电动机

步进电动机是一种将电脉冲信号转换成相应角位移或线位移的电动机。每输入一个脉冲信号，转子就转动一个角度或前进一步，其输出的角位移或线位移与输入的脉冲数成正比，转速与脉冲频率成正比。因此，步进电动机又称为脉冲电动机。按照励磁方式，步进电动机分为磁阻式（反应式）、永磁式和混合式。

以反应式为例来说明步进电动机的结构和原理。步进电动机主要由定子和转子组成。定子、转子均由软磁材料冲制、叠压而成。定子上安装多相励磁绕组，转子上无绕组。定子和转子圆周外表面均匀分布若干齿。三相反应式步进电动机工作原理如图 4-9 所示。

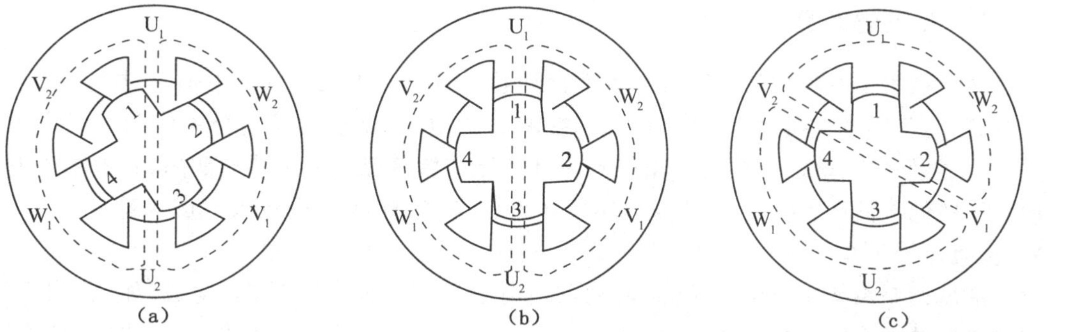

图 4-9　三相反应式步进电动机工作原理

在图 4-9 中，定子有 6 个均匀分布的磁极，每两个相对磁极组成一相，即有 U_1-U_2、V_1-V_2、W_1-W_2 三相，磁极上绕有励磁绕组。定子具有均匀分布的 4 个齿。当 U、V、W 三个磁极的绕组依次通电时，U、V、W 三对磁极依次产生磁场吸引转子转动。如果先将电脉冲加到 U 相励磁绕组，那么定子 U 相磁极就产生磁通，并对转子产生磁拉力[图 4-9(a)]，使转子的 1、3 两个齿与定子的 U 相磁极对齐[图 4-9(b)]，因转子只受径向力而不受切向力，故转矩为零，转子被锁定在这个位置上。然后将电脉冲通入 V 相励磁绕组，V 相磁极便产生磁通[图 4-9(c)]，这时转子 2、4 两个齿与 V 相磁极靠得最近，于是转子旋转使 2、4 两个齿与定子 V 相磁极对齐。如果按照 A→B→C→A 的顺序通电，那么转子沿逆时针方向一步步地转动,每步转过 30°,这个角度就称为步距角。显然,电动机转过的角度取决于通电的次数;电动机的转速取决于绕组与电源接通或断开的变化频率;电动机的转动方向取决于绕组通电的顺序。

从一相通电换接到另一相通电称为一拍。每过一拍,转子便转动一个步距角。像上述的步进电动机,三相励磁绕组依次单独通电运行,换接 3 次完成一个通电循环,称为三相单三拍通电方式。如果两相励磁绕组同时通电,即按 AB→BC→CA→AB 顺序通电,那么这种通电方式称为三相双三拍通电方式。“三相”是指步进电动机的相数;“单”是指每次只给一相绕组通电;“双”则是每次同时给二相绕组通电;“三拍”是指通电三次完成一个循环。

从上述原理分析可知,步距角的大小与通电方式和转子齿数有关。步距角计算公式为:

$$\theta = \frac{360^\circ}{KmZ} \tag{4-1}$$

式中,K 为通电系数,若工作方式为 m 相 m 拍,则 $K=1$,若工作方式为 m 相 $2m$ 拍,则 $K=2$;m 为控制绕组的相数;Z 为转子齿数。

若步进电动机的通电脉冲频率为 f,则步进电动机的转速为:

$$n = 60\,\frac{f}{KZm} \tag{4-2}$$

总之,步进电动机工作时的步数和转速既不受电压波动和负载变换的影响,也不受环境条件变化的影响,只与控制脉冲同步,同时又能按控制要求实现启动、停止、反转或改变转速。因此步进电动机被广泛应用于各种数字控制系统。当然,步进电动机存在效率较低,需配备适当的驱动电源,带惯性负载的能力不强等缺陷。

4.3.2 液压驱动器

液压技术是一种比较成熟的技术。液压技术具有动力大、力(或力矩)与惯量比大、快速响应高、易于实现直接驱动等特点;适用在承载能力大,惯量大的场合中使用。但液压系统需进行能量转换(电能转换成液压能),速度控制多数情况下采用节流调速,其效率比电动驱动系统的低。液压物质的泄漏会对环境产生污染,工作噪声也较大。因为这些缺点,近年来,在负荷为 100 kHz 以下的机器人中液压系统往往被电动系统所取代。

液压伺服系统主要由液压源、驱动器、伺服阀、传感器、控制器等构成,如图 4-10 所示。储液箱存储系统所用的液体,且由液压泵不断地给系统提供高压液体;直线或旋转油压驱动器用于产生所需的驱动关节的力和力矩;伺服阀用来控制流向活塞的液量和流速,且伺服阀通常由液压伺服电动机驱动;通过对输入指令的处理和输出信号的调节,控制器实现对液压伺服系统的精确控制和稳定运行,同时保障系统的安全和可靠性;伺服放大器作用是将输入指令信号(电压)同系统反馈信号(电压)进行比较、放大和运算后,输出一个与偏差电压信号成比例的控制电流给伺服阀力矩马达控制线圈,控制伺服阀阀芯开度大小,并起限幅保护作用;传感器用于控制液压缸运动的反馈,包括位置、速度、电磁、接触及其他种类的传感器。

液压传动的特点是转矩与惯性比大,也就是单位质量的输出功率高。液压传动主要应用在重负载下要求快速响应,同时要求体积小、重量轻的机器人中,即主要用于移动机器人,尤其是重载机器人。在这些机器人中用小型驱动器即可产生大的转矩(力)。在移动机器人中,使用液压传动的主要缺点是需要准备液压源。如果选择液压缸作为直动驱动器,那么实

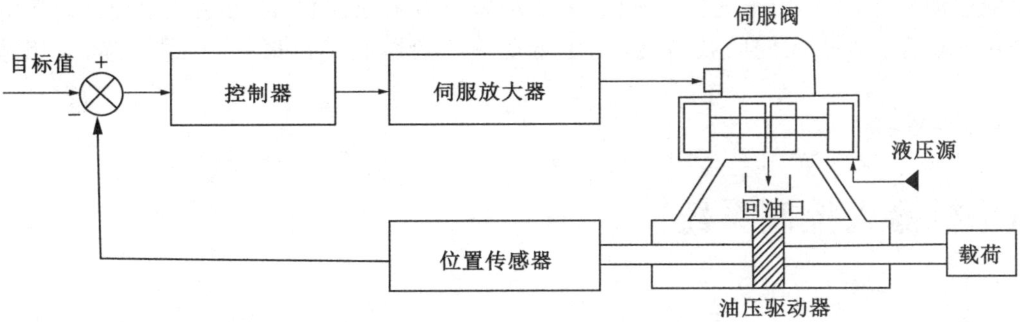

图 4-10 液压伺服驱动系统的组成

现直线驱动就十分简单。

4.3.3 气压驱动器

气压驱动系统由气压发生装置、执行元件、控制元件和辅助元件四个部分组成，如图 4-11所示。气压发生装置简称气源装置，是获得压缩空气的能源装置。执行元件是以压缩空气为工作介质，并将压缩空气的压力能转变为机械能的能量转换装置。控制元件又称为操纵、运算、检测元件，用来控制压缩空气流的压力、流量和流动方向等，以便使执行机构完成预定的运动规律。辅助元件是压缩空气，净化、润滑、消声及元件间连接所需要的一些装置。

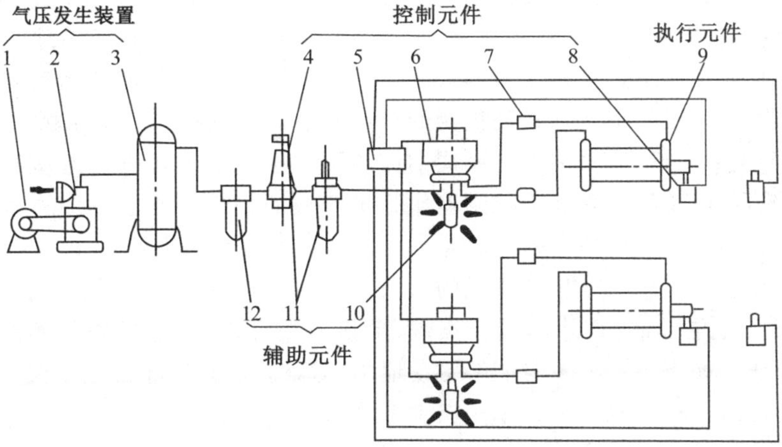

1—电动机；2—空气压缩机；3—储气罐；4—压力控制阀；5—逻辑元件；6—方向控制阀；7—流量控制阀；8—机控阀；9—气缸；10—消声器；11—油雾器；12—空气过滤器。

图 4-11 气压驱动系统组成

进行设计时，首先面临如何将驱动器与控制阀组合的问题。在系统中，气缸与控制阀有多种组合方式，选择时应该从作业内容、使用环境、能量效率等几个方面考虑决定其组合形式。为此，可以援引制造厂家开发的计算机设计程序，然后附加检测机构和控制装置。控制装置既可以用顺序控制器，也可以用单片机。至于控制的方式，根据用途的不同既可以选择基于开关动作的顺序控制，也可以选择以连续动作为目的的反馈控制。气动驱动器是一种简易的驱动元件，主要用于既要求定位，又要对作用力实施控制，或者用于半导体装置等特殊应用的场合。在引入伺服技术后，气压驱动系统的性能变得更好，功能更强，应用范围更大。

4.4 机器人控制系统

机器人控制系统是指用于监测、计算和控制机器人运动和行为的软件和硬件组成部分。一个典型的机器人控制系统由输入/输出设备、计算机软/硬件系统、驱动器、传感器等构成；硬件包括控制器、执行器和伺服驱动器；软件包括各种控制算法。控制系统是机器人的神经中枢，其性能在很大程度上决定了机器人的性能。

最早的机器人采用顺序控制方式。随着计算机的发展，机器人采用计算机系统来实现机电装置的功能，并采用示教再现的控制方式。随着信息技术和控制技术的发展以及机器人应用范围的扩大，机器人控制技术正朝着智能化的方向发展，出现了离线编程、任务级语言、多传感器信息融合、智能行为控制等新技术。伴随着机器人技术的进步，控制技术也由基本控制技术发展到现代智能控制技术。

4.4.1 最基本控制方法

对机器人机构来说，最简单的控制就是分别实施各个自由度的运动(位置及速度)控制。这种控制可以通过对控制各个自由度运动的电动机实施 PID 控制简单地实现。在这种情况下，需要根据运动学理论将整个机器人的运动分解为各个自由度的运动来进行控制。这种系统常由上、下位机构成。从运动控制的角度来看，上位机进行运动规划，将要执行的运动转化为各个关节的运动，然后按控制周期传给下位机。下位机进行运动的插补运算及对关节进行伺服，所以常用多轴运动控制器作为机器人的关节控制器。多轴运动控制器的各轴伺服控制也是独立的。每一个轴对应一个关节。若要求机器人沿着一定的目标轨迹运动，则是轨迹控制。对于工业生产线上的机械臂，轨迹控制常采用示教再现的控制方式。示教再现分两种：点位控制(PTP)，用于点焊、更换刀具等作业；连续路径控制(CP)，用于弧焊、喷漆等作业。如果机器人本身能够主动地决定运动，那么可经常使用路径规划加上在线路径跟踪的方式，如移动机器人的车轮控制方法。

4.4.2 利用传感器反馈的运动调整

对每个自由度实施运动控制时，可能发生臂和手受到环境约束的情况。这时，机器人与环境之间或许会因为产生过大的力而造成自身的损坏。在这样的状态下，机器人必须适应环境，修改预先规划的轨迹。在这种场合下，借助于力传感器反馈力信息并调整运动，能够让整个机器人的行动符合任务的需求。当机器人靠腿、脚进行移动时，若地面的平整度有尺寸误差，则机器人可能会失去平衡。在这种情况下，也需要通过将着地点的力加以反馈，以调整运动，实现适应地面的平稳步行。

4.4.3　现代控制方法

机器人是一个复杂的多输入、多输出非线性系统，具有时变、强耦合和非线性的动力学特征。由于建模和测量的不精确，再加上负载的变化及外部扰动的影响，因此实际上无法得到机器人精确完整的运动学模型。先进控制技术为机器人的发展提供了一些能适应系统变化能力的控制方法，如自适应控制、预测控制和智能控制等。

(1) 自适应控制

任何一个动态系统，通常都具有程度不同的不确定性。例如：系统外界影响包含有随机扰动；系统的测量传感器具有测量噪声；系统内部结构改变具有不确定性。这些原因导致系统参数改变，因而产生自适应的思想。自适应控制可以看作是一个能根据环境变化智能调节自身特性的反馈控制系统，以使系统能按照一些设定的标准工作在最优状态。

机器人的动力学模型存在非线性和不确定因素，含未知的系统因素(如摩擦力、传感器所含有的测量噪声)和非线性动态特性(重力、哥氏力、向心力的非线性)等。解决这些问题的方法是在运行过程中不断测量受控对象的特征，根据测量的信息使控制系统按照新的特性实现闭环最优控制，即自适应控制。习惯上将自适应控制分为自校正控制(又称模型辨识自适应控制)、模型参考自适应控制和智能自适应控制。下面介绍机器人中常见的自适应控制方法。

① 模型参考自适应控制。这种方法通过建立机器人系统的数学模型和对参考模型的适应来实现自适应控制。在实际控制过程中，机器人系统根据采集到的传感器数据和参考模型的误差来自动调整控制参数和策略，从而实现更精确和可靠的控制。

② 智能自适应控制。这种方法主要基于机器学习和深度学习等智能控制技术，通过分析和学习大量的数据来实现系统的自适应控制。例如，可以使用神经网络模型来预测机器人下一步的动作或优化控制策略，从而使机器人适应环境变化和任务需要。

③ 自适应参数辨识控制。这种方法在未知或不确定的环境下对机器人系统进行辨识和建模，并通过适应性调整控制参数和策略来实现自适应控制。例如，可以使用最小二乘法或扩展卡尔曼滤波法等方法对机器人系统进行实时辨识和更新，以实现更灵活、更鲁棒的控制策略。

通过自适应控制可以实现对系统参数变化和环境变化的自适应调整，可以使机器人系统具有更好的鲁棒性、适应性和灵活性，从而提高其工作效率和安全性。

(2) 预测控制

预测控制是一种基于模型的控制方法。它通过使用系统模型来预测未来系统行为，并根据这些预测结果进行控制决策。相比传统的反馈控制方法，预测控制具有更好的鲁棒性和适应性，特别适用于复杂、非线性和时变机器人的控制系统。

预测控制算法主要由参考轨迹、预测模型、滚动优化和反馈校正等部分组成，其基本结构如图 4-12 所示。预测控制算法通常需要参考轨迹或目标轨迹作为控制决策的基准。参考轨迹可以是事先定义好的固定路径，也可以是实时生成的动态轨迹。预测模型的功能就是根据对象的历史信息和未来输入预测其未来输出。滚动优化指在每个新的时间点上，使用最新的历史数据重新计算模型参数，从而保持模型的实时性和准确性。在实际应用中，滚动预测模型可以用于预测未来的控制输入量或者输出变量，根据预测结果来调整控制器的输出，从而实现滚动优化控制。反馈校正是一种常用的技术手段，通过与实际输出进行比较并计算误差，然后根据误差来调整控制器的输出，以实现更精确的控制。

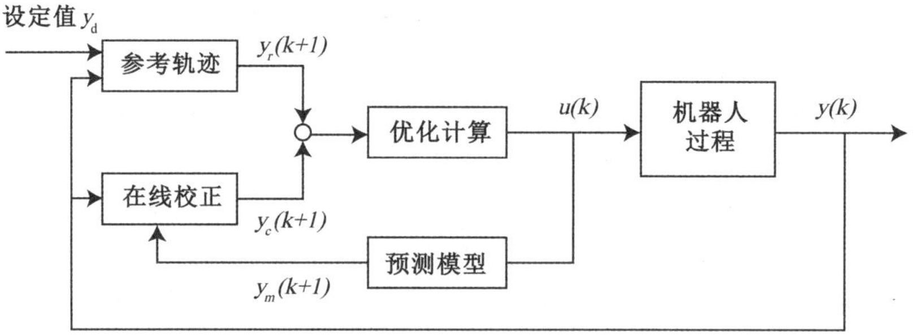

图 4-12　预测控制算法基本结构

预测控制在机器人中得到广泛应用，一些常用的应用案例如下所述。

① 机器人路径规划。在机器人运动控制中，预测控制可以根据机器人和周围环境的状态信息，预测未来机器人路径和避障行为，并生成最优的运动轨迹。该方法适用于机器人在动态环境中自主移动和导航的应用。

② 机器人抓取控制。在机器人抓取和操作控制中，预测控制可以预测机器人执行抓取姿态的后续状态，同时考虑力矩、姿态、速度等因素，以帮助机器人实现稳定的抓取和操作。

③ 机器人任务调度。在多机器人系统中，预测控制可以预测其他机器人的状态和行为，以优化任务分配和调度策略。例如，在一个协作搬运场景下，通过预测机器人的行为，可以选择最优的机器人和路径来完成物品的搬运任务。

④ 机器人建模与故障诊断。在机器人状态估计和故障诊断中，预测控制可以根据机器人的传感器数据、运动学模型和动力学模型等信息，预测未来机器人状态和性能，并通过故障诊断算法进行故障检测和分析。

(3) 智能控制

机器人智能控制方法是指通过使用智能算法和技术，使机器人能够自主地感知、理解、决策和执行任务的一种控制方式。常用的机器人智能控制方法有：强化学习、深度学习、协作控制、感知与决策融合等。

① 强化学习

强化学习是一种通过与环境交互来学习最优决策策略的方法。在机器人控制中，可以使用强化学习算法让机器人通过尝试和错误的方式学习如何在特定的环境中做出最佳动作，以达到预期的目标。强化学习在移动机器人、机械臂控制、自主导航等领域都有着广泛的应用。

机器人的强化学习(Reinforcement Learning，RL)是一种基于试错学习的方法。它通过让机器人在与环境交互的过程中不断调整自己的行为策略，从而使机器人能够完成特定的任务，并逐步提升其性能。强化学习的目标是让机器人通过不断尝试、错误和反馈来学习自己的行为策略。机器人通常会定义一组状态、动作和奖励函数，将其表示为强化学习框架中的马尔可夫决策过程(Markov Decision Process，MDP)。机器人在每个时间步骤都会根据当前状态选择一个行动，并根据环境反馈的奖励信号来更新自己的行为策略，从而使其在以后的决策中表现更好。强化学习在机器人领域中有着广泛的应用。例如,在移动机器人中,可以使用强化学习来学习机器人如何规避障碍物、寻找目标等;在机械臂控制中,可以使用强化学习来学习机械臂如何进行精准的抓取和放置操作;在自主导航中,可以使用强化学习来学习机器人如何在复杂的环境中自主导航等。通过让机器人在与环境交互的过程中不断调整自己的行为策略,从而使其能够完成特定的任务

② 深度学习

深度学习(Deep Learning,DL)是一种基于神经网络的机器学习方法,可用于机器人感知、识别和决策等任务。通过使用深度学习算法,机器人可以从感知数据中提取特征、进行分类和预测,并做出相应的决策和行动。

深度学习是人工智能领域中一种强大的技术。它可以使机器人从大量的数据中自动学习和提取特征,并通过神经网络进行模式识别和决策。深度学习的核心是深度神经网络(Deep Neural Network,DNN)。它由多层神经元组成,每一层都接收上一层的输出作为其输入,并通过非线性的激活函数进行处理。深度神经网络通过不断调整网络参数,可以从数据中学习到复杂的特征表示和决策规则。

机器人的深度学习是指利用深度神经网络进行学习和决策的方法。它可以使机器人从大量数据中学习和提取特征,并通过神经网络进行模式识别和决策。深度学习在机器人视觉、语音理解、运动控制、决策规划等领域都有着广泛的应用。

③ 协作控制

协作控制是指多个机器人之间通过合作和协调来完成共同任务的一种控制方式。智能协作控制方法可以实现机器人之间的信息交流、任务分配和协作决策,从而提高整体效率和性能。

机器人的协作控制是指多个机器人之间通过相互合作和通信实现共同目标的控制方法,在协作控制中,机器人之间的通信和协调是至关重要的,多个机器人可以分工合作,互相协调行动,以达到更高效、更复杂的任务完成,同时,机器人之间的决策和任务分配也需要进行合理的规划和优化,以使整个协作系统能够达到预期的目标。在协作控制中,机器人之间的通信和协调是至关重要的,可以通过无线通信、传感器数据交换、共享的环境模型等方式实现。机器人之间的决策和任务分配也需要进行合理的规划和优化,以使整个协作系统能够达到预期的目标,协作控制在搜索与救援、物体搬运、团队协作、探索与地图构建等领域有广泛的应用。

④ 感知与决策融合

机器人智能控制方法还包括将感知和决策融合起来的技术。通过将感知数据与决策算法相结合,机器人可以实时感知环境、理解场景,并基于此做出智能决策和行动。

机器人的感知与决策融合是指将来自多个感知传感器(如摄像头、激光雷达、超声波传感器等)的信息和来自协作控制系统的决策信息进行集成,从而实现机器人自主的环境感知和智能决策的过程。感知与决策融合是机器人智能化的关键技术之一。它可以提高机器人对环境的感知准确度和鲁棒性,同时使其能够根据环境的变化和任务要求做出更为智能化的决策。以下是一些感知与决策融合的实际应用。

a. 智能导航:机器人可以利用多种传感器信息进行环境感知,包括地图数据、激光雷达、摄像头以及超声波等,并将这些信息与决策系统集成,实现更加准确、高效的自主导航。

b. 物体识别与抓取：通过融合摄像头、激光雷达和机械臂控制器等，机器人能够实现对周围环境中物体的快速识别，并做出相应的抓取动作。

c. 环境监测与控制：通过融合传感器信息，包括气体传感器、温湿度传感器等的信息，机器人可以对各种环境因素进行监测，并根据需要做出相应的控制动作，如开启或关闭某些设备。

d. 协作控制：通过整合多个机器人之间的状态信息、任务信息以及传感器信息，机器人能够实现高效的协同工作，如多机器人探索、团队作业等。

4.5 机器人控制实例

4.5.1 两轮平衡车设计

两轮平衡车（又称为双轮式移动机器人）作为一种新型的交通工具，集嵌入式技术和工业设计于一身，是现代电子科学技术的产物。它可以在狭小空间中工作，也可以作为短程的代步工具，因其具有能耗低、无污染、轻便、高效等特点，愈发受到人们的喜爱和关注。

（1）两轮自平衡车机械结构

根据控制策略和自平衡原理，两轮平衡车整体结构采用对称设计。两轮平衡车左右前后对称，重心尽可能降低，外力力矩维持平衡，最能节约能量。两轮自平衡车内部机械构造可以分为三层，如图 4-13 所示，自上而下依次为受力层、控制层、电动机驱动层。

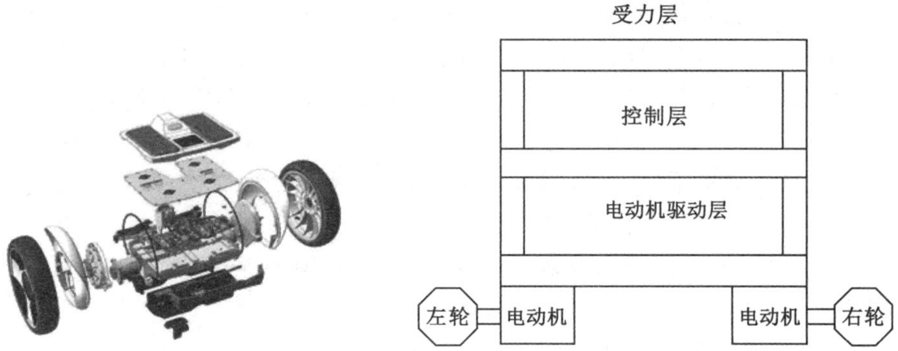

（a）整体三维图　（b）示意图

图 4-13　两轮平衡车机械结构

由自平衡小车的客观需要可知，两轮自平衡车最终要实现的功能包括保持直立、速度变化和方向控制。保持直立（即平衡控制）是另外两个功能实现的基础。可以把小车车体（姿态）作为控制对象，把两个电动机作为执行机构，把两个轮子各自的转速作为控制系统的输入量。控制系统又可进一步分为平衡控制、速度控制和方向控制三个子系统。

① 平衡控制系统。把小车的倾角作为输入量，通过控制两路电动机的正反转来保持平衡。

② 速度控制系统。在平衡控制的基础上，通过调节车体的倾角实现对小车速度的控

制，其实质仍是通过控制电动机转速来控制车轮速度。

③ 方向控制系统。控制两个电动机的转速使其车轮速度不同以实现车体的转向。

自平衡车的平衡控制和方向控制都是通过直接控制两个电动机实现的。在实际的控制中，平衡控制与方向控制的信号叠加在一起加载到电动机上，因此只要电动机处于正常工作的线性状态就可以同时完成这两个功能。自平衡车的速度是通过调节车体的倾角实现的。车体的倾角不同，则车轮速度不同（即车会有加减速现象），从而实现车的速度控制。

（2）两轮平衡车控制方案

在两轮平衡车控制系统中，主控制器、电动机驱动装置、蓝牙通信元件、电源及姿态数据采集装置是整个系统的核心部件。根据两轮平衡车的性能要求，两轮平衡车控制系统采用STM32 F103控制器。主控单元利用姿态采集模块，实时获得平衡车的状态，之后再利用单片机内部算法进行处理，并输出PWM控制信号，控制电动机正常运行，从而实现直立、前进和后退等功能。两轮平衡车系统整体结构如图4-14所示。

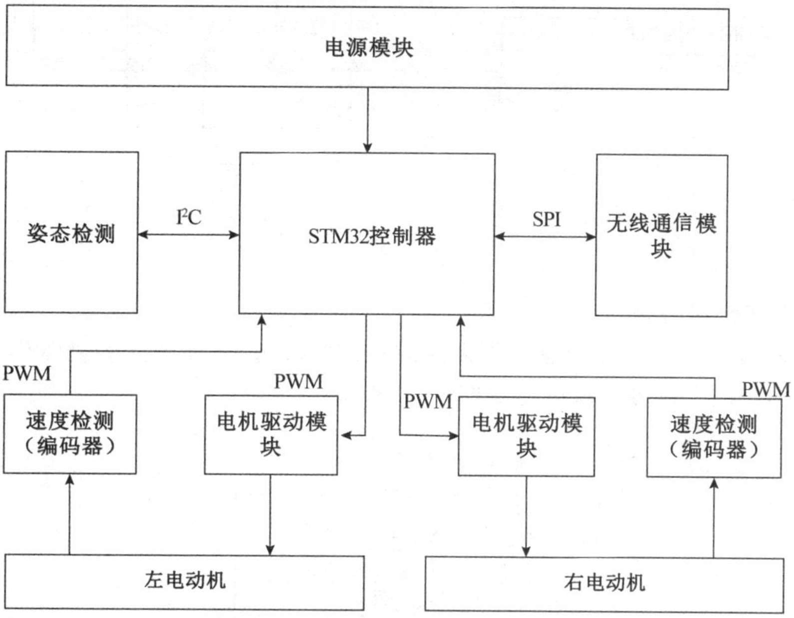

图4-14 两轮平衡车系统框图

（3）电动机驱动

两轮自平衡车是人使用的电动代步工具。人的安全是第一位的要求；电动机驱动控制的要求具有一些特殊性。

① 要求稳态转矩脉动小，不允许有高频转矩脉动。乘车人员两脚站在踏板上时，虽然在踏板上有减振垫，但是车体的高频振动部分仍然会传导到脚底。短时间骑乘时，人员不会有太大感觉，长时间骑乘后人员会非常明显感觉到振动。

② 需要电动机输出更大转矩时，就必须输出更大转矩。例如，车轮压到路面上石子，或遇路面颠簸等时，即相当于行进受到较大阻力时，电动机必须能够承受突然加大的负载。

平衡机器人通过两个直流电动机驱动左右两个车轮来实现机器人的平衡直行和差速转弯。选用德国Faulhaber带编码器空直流伺服空心杯减速电动机2342L012CR。该电动机体积比较小，扭矩大，其配有编码器，方便对电动机进行测速反馈控制。

电动机驱动电路采用的是基于双极型 H 桥型脉宽调制方式的集成电路 L298N。L298N 内部包含 2 个 H 桥的高电压大电流桥式驱动器，接收标准 TTL 逻辑电平信号，可驱动 46 V、2 A 以下的电动机。STM32 F103 输出的 3.3 V PWM 信号可以被 L298N 正确地解释和处理。因此，可以直接将 STM32 F103 的 PWM 输出引脚连接到 L298N 的输入引脚上。电动机驱动电路如图 4-15 所示。

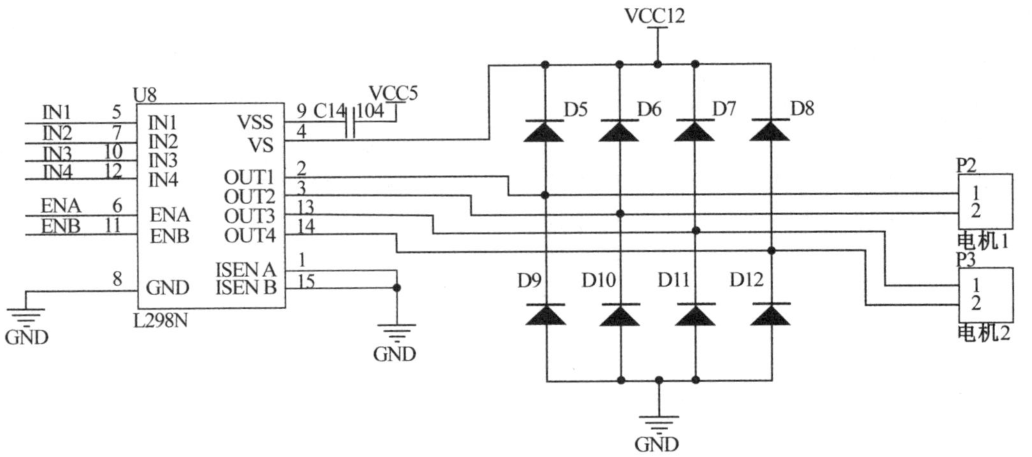

图 4-15　电动机驱动电路

(4) 超声波模块电路

平衡器利用 HCSR04 超声感应器来探测物体的远近，从而达到躲避障碍物和测量物体之间的距离的目的。避障检测电路如图 4-16 所示。

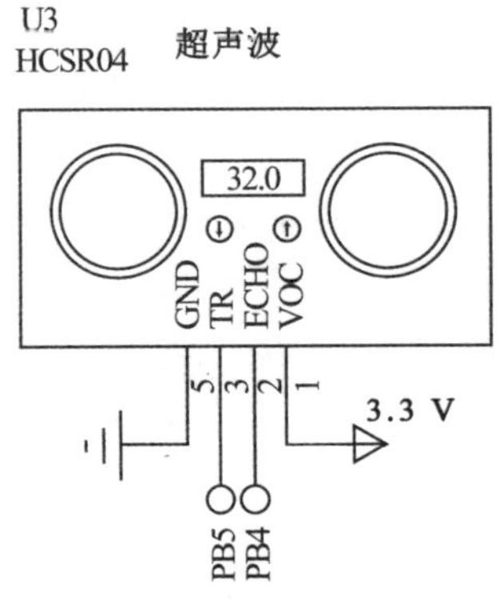

图 4-16　避障检测电路

(5) 姿态采集电路

姿态检测模块用于检测角加速度和自平衡车与重力方向的倾角，选用 MPU6050。其与 STM32 控制器的接线如图 4-17 所示。MPU6050 是一种六轴惯性测量单元(IMU)，其中包含三轴加速度计和三轴陀螺仪。MPU6050 的主要特性为：

① 16 位的 ADC，将陀螺仪和加速度计采集的模拟量以数字量输出。

② 陀螺仪的测量范围为±250°/s、±500°/s、±1 000°/s、±2 000°/s。加速度计的可测范围为±2°/s、±4°/s、±8°/s、±16°/s。

③ 1 024 B 的 FIFO 缓冲器，能够帮助降低系统功耗。

④ 400 kHz 的 I^{2}C 快速模式。

⑤ 内部嵌入一个数字输出温度传感器。

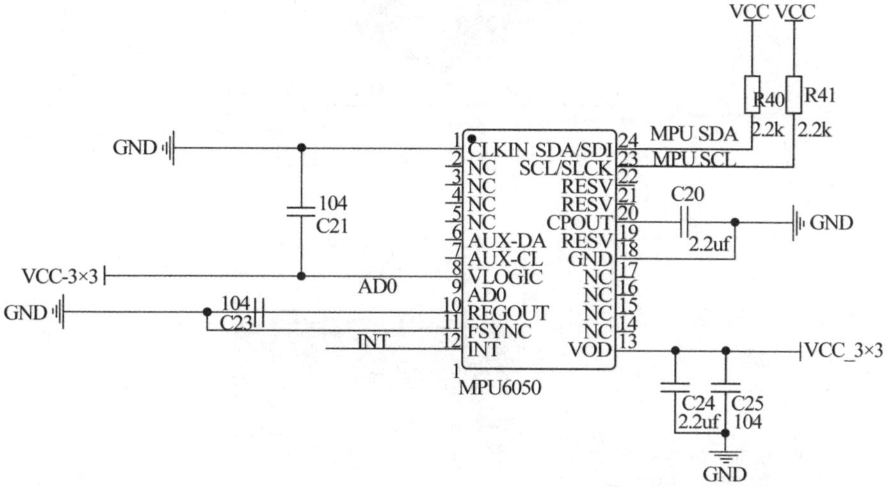

图 4-17　MPU6050 电路

4.5.2　履带式机器人控制系统设计

履带式机器人由于固有的特性，如越野性能好、转向半径小、牵引力大、越障能力强、适应复杂路面行走等，越来越受到人们的青睐。根据履带式机器人的工作任务和性能指标，提出 ARM+DSP 双处理器控制系统，采用基于 ARM Cortex-M3 内核的 STM32F103VET6 作为主控芯片来完成底层电动机的控制，采用 DSPTMS320DM642 芯片来完成图像的采集与处理。两芯片间采用 I^{2}C 总线通信。

4.5.2.1　控制系统总体设计

履带式机器人的三维形体如图 4-18 所示。该机器人能够在人的远程控制下，对周围的环境进行扫描和信息采集，并把采集到的图像传送给上位机。上位机根据接收到的图像给下位机发送相应的指令来控制履带机器人执行相应的动作。该机器人控制系统属于典型的集运动控制、通信技术、图像采集与处理、多任务实时处理于一体的并行系统。

ARM+DSP 双处理器架构，既解决了 STM32 图像处理稍显不足的缺陷，又弥补了 DM642 控制能力的不足，可以最大限度地提高履带式机器人控制系统的性能。该机器人控制系统总体架构如图 4-19 所示。

该控制系统按功能可分为六大子系统，分别是行进主轴系统、云台系统、视觉监测系统、无线通信系统、人机交互系统和电源管理系统。

① 行进主轴系统：控制两台轮毂电动机实现履带机器人的前进、后退及转弯。其控制的难点在于两台轮毂电动机的同步性。

② 云台系统：实现云台水平方向 360°周转以及垂直方向上 60°俯仰，以保证云台系统的

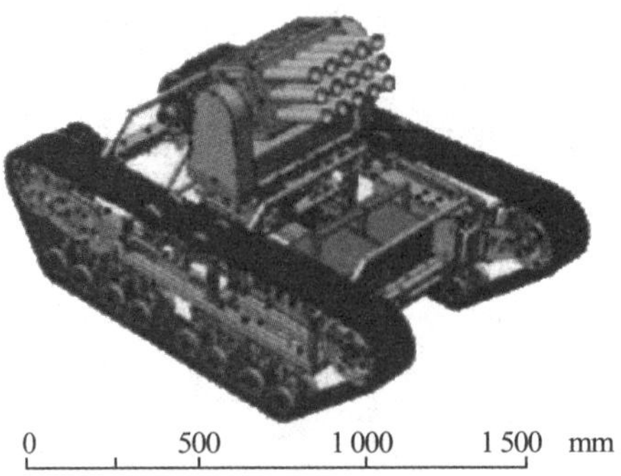

图 4-18　履带式机器人三维图

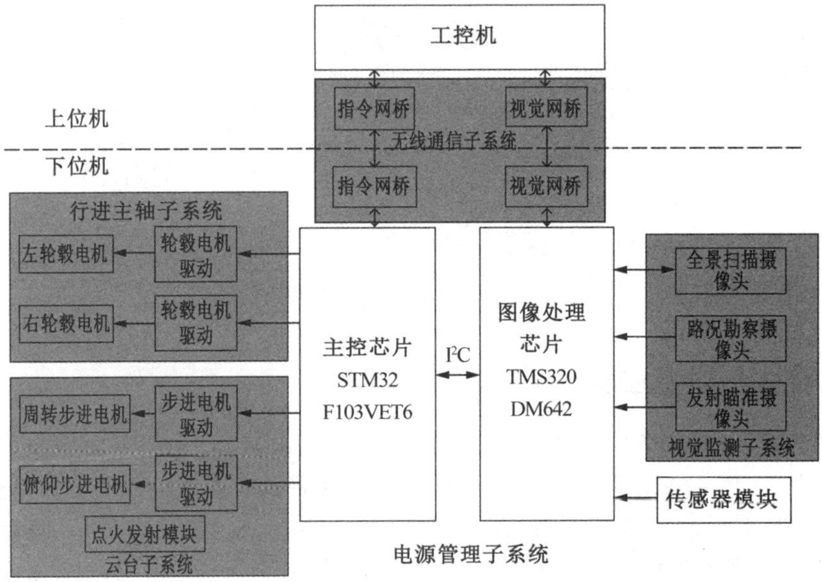

图 4-19　履带式机器人控制系统总体架构

精确定位。

③ 视觉监测系统：由 3 个摄像头分别实现对周围环境进行扫描，对前方的路况进行勘探，对打击的目标进行瞄准。

④ 无线通信系统：采用无线网桥实现上位机与下位机间的指令及视频图像传输。

⑤ 人机交互系统：在远程终端对履带式机器人进行控制。

⑥ 电源管理系统：实现对各功能模块的供电。

4.5.2.2　控制系统硬件设计

（1）行进主轴系统硬件设计

为了实现对两台轮毂电动机的精确控制、实现较好的同步性能，采用双闭环控制思路来实现对轮毂电动机的精确控制：利用 STM32 F103VET6 的通用定时器产生 PWM 信号，控制轮毂电动机的转动；利用光电编码器和 STM32 F103VET6 的高级定时器来实现对电动机转速信息的采集，实现转速闭环；在驱动电路中接入采样电阻，对电动机的电流进行采样，利用 STM32 内部的 A/D 转换器将模拟量转换为数字量，并把数字量提供给内核芯片，实现电流的闭环控制。轮毂电动机双闭环控制框图如图 4-20 所示。

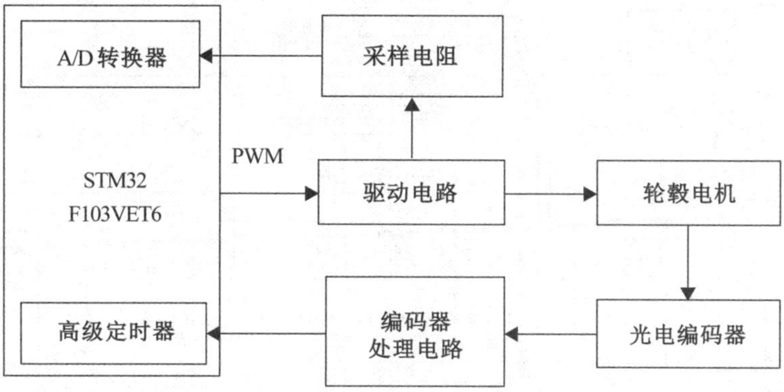

图 4-20　轮毂电动机双闭环控制框图

(2) 云台系统硬件设计

图像处理芯片 DM642 把全景扫描摄像头扫描到的图像发送到上位机，在上位机确认打击目标后，上位机把目标图像发送给 DM642，DM642 把目标的方位通过 I^2C 总线发送给主控芯片 STM32 F103VET6，主控芯片在收到目标的方位后控制两台步进电动机转过响应的角度，从而使云台瞄准目标，把瞄准摄像头捕捉到的图像与目标图像进行特征匹配，当匹配成功时触发点火发射系统。

云台系统的精确定位至关重要。选用 2 台 A4988 细分驱动器来实现对两台两相混合式步进电动机的驱动与精确控制。

A4988 细分驱动器内部功能模块如图 4-21 所示。该驱动器有一个编译器(Translator)，主要负责微控制器和驱动电路的信息交互。Rosc 主要更改并修复衰减模式，接 VDD 自动修复衰减，接 GND 电流衰减，并设置为增减电流同时修复。SENSE1 和 SENSE2 检测驱动输出电压，实时检测输出电流，供电流调节器调节输出电流信号，形成闭环控制。SENSEI 和 SENSE2 管脚连接的电阻非常关键，一般这个电阻的阻值在零点几欧姆。

A4988 细分驱动器控制逻辑简单，主要分为睡眠、正反转、复位、使能、细分等模式控制。

① 睡眠模式：$\overline{\text{Sleep}}$管脚电平置 0，进入睡眠模式，驱动器输出待机模式；$\overline{\text{Sleep}}$管脚置 1，驱动器处于正常工作状态。

② 正反转模式：正转模式时，DIR 管脚置 1；反转模式时，DIR 管脚置 0。

③ 复位模式：在复位模式下容易消耗能量，冲击电流较大。在不影响系统工作时$\overline{\text{RESET}}$管脚置 0 复位。一旦驱动芯片复位，整个系统将回归到原始 A4988I/O 端口控制状态。因此，通常直接将$\overline{\text{RESET}}$管脚置 1。

④ 使能模式：$\overline{\text{ENBALE}}$管脚置 0 开始工作，置 1 停止工作。

⑤ 细分模式：通过 MS1、MS2、MS3 控制细分系数。

A4988 细分驱动器逻辑控制如表 4-2 所示。

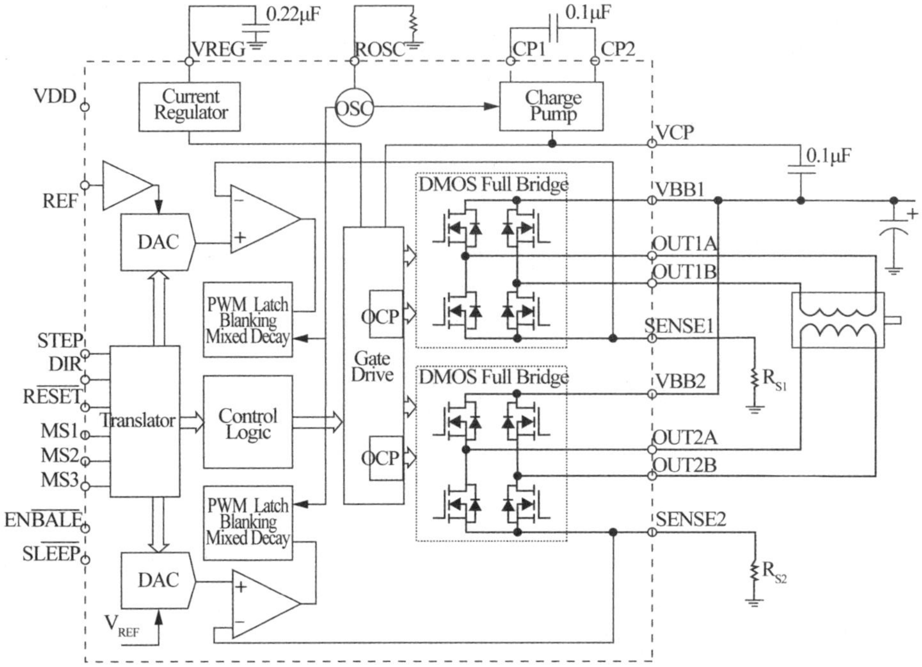

图 4-21　A4988 细分驱动器内部功能模块图解

表 4-2　A4988 细分驱动器逻辑控制

$\overline{\text{Sleep}}$	DIR	$\overline{\text{RESET}}$	$\overline{\text{ENBALE}}$	MS3	MS2	MS1	步进值
1	×	1	0	0	0	0	1
1	×	1	0	0	0	1	1/2
1	×	1	0	0	1	0	1/4
1	×	1	0	1	1	0	1/8
1	×	1	0	1	1	1	1/16

如图 4-22 所示，A4988 细分驱动器电动机驱动电路主要控制并驱动微型步进电动机，实现云台系统的仰俯和周转控制。

利用 MS1、MS2、MS3 引脚的逻辑组合实现步进电动机的细分。主控制器只需控制电动机驱动芯片上的：$\overline{\text{ENBALE}}$、DIR、STEP 三个引脚即可完全控制此步进电动机。DIR 为电动机的方向控制端，用于控制电动机的转动方向。$\overline{\text{ENBALE}}$为步进电动机控制器的使能端。STEP 为电动机的步数控制端，用于通过输入脉冲来控制电动机的步数以及转速。STEP 既可以连接 STM32 的 PWM 引脚，又可以连接到 STM32 的任意一个 GPIO 引脚上。在 STM32F103 的代码中，可以通过控制该 GPIO 引脚的高低电平来生成脉冲信号，从而驱动步进电动机运动。

(3) 视觉监测系统硬件设计

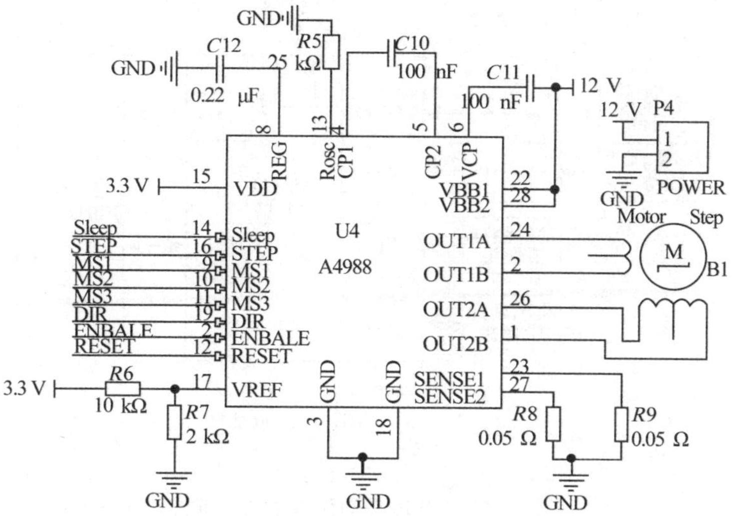

图 4-22　A4988 细分驱动器电动机驱动电路

TMS320DM642 是 TI 公司推出的一款用于视频和图像处理方面的芯片，主频高达 600 MHz，对外接口丰富，主要有 3 个双通道视频口、10/100 M 以太网口、I^2C 总线接口等。DM642 凭借其高速的处理能力和出色的对外接口能力，使其在视频和图像处理领域具有极大的应用潜力。所研究的视觉系统，需要完成三路视频图像的采集，分别是对机器人周围环境的扫描，云台系统对目标的发射瞄准，对机器人前方路况的勘探。结合数字摄像头与模拟摄像头的特点以及机器人的性能指标，全景扫描功能选用带自带云台的模拟摄像头来实现，发射瞄准和路况勘探功能选用数字摄像头来完成。模拟摄像头输出的是模拟信号，需加一个视频解码器 SAA7115 将模拟信号转换成数字信号，然后 SAA7115 的数据线与 DM642 的视频口 VPO 相连，另外两路摄像头输出为数字信号，可直接与 DM642 的视频口 VP1、VP2 相连实现视频信号的输入，采集回来的图像通过 EMIF 口以 DMA 的方式导入到 SDRAM 中，对信息进行存储，并对图像信息进行处理，同时通过以太网口与无线网桥连接，把视频图像数据发送给上位机，若上位机返回目标图像，则 DM642 通过 I^2C 总线将目标方位信息发送给主控芯片，主控芯片控制云台转过指定的角度，此时发射瞄准摄像头开始工作，对目标图像进行捕捉，DM642 将捕捉到的图像与目标图像进行特征匹配，若匹配成功，则通过 I^2C 给主控芯片响应的指令，控制主控芯片执行响应的操作。DM642 图像采集结构框图如图 4-23 所示。

(4) I^2C 总线通信硬件设计

在硬件设计过程中，主控部分和图像处理部分分别采用了 STM32F103VET6 和 TMS320DM642 两块不同的处理芯片，两者之间有重要的数据信息来往。实现两者之间的高效可靠数据传输，是实现整个系统正常运行的重要保证。因此，在硬件设计时，必须要考虑两者之间的数据交互通道。几种常用信号传输接口的性能比较见表 4-3。

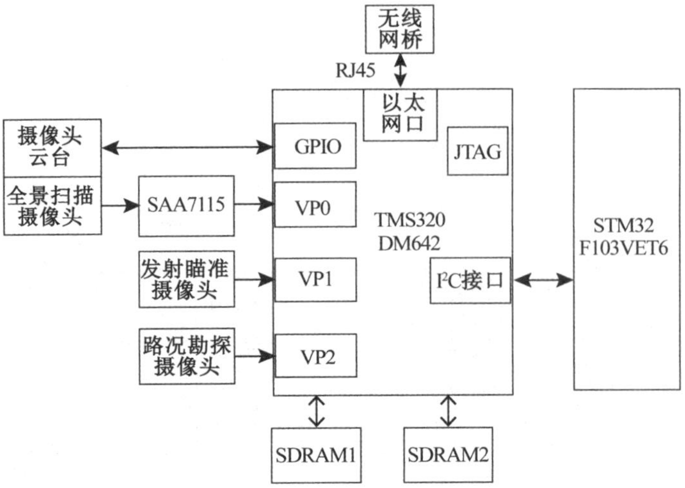

图 4-23　DM642 图像采集结构框图

表 4-3　传输接口性能比较

接口	优点	缺点
UART	简单，成本低，易实现	速度慢，难以保证误码率
USB	速度快，可靠性高	实现 USB 协议难度较大，设计较复杂
Ethernet	速度快，通信距离远	实现起来难度大，占用较多 CPU 资源
HPI	速度快，可以传输大量数据	并行连接占用芯片的过多硬件资源
I^2C	采用片内总线，不占芯片额外资源	需要芯片支持 I^2C 接口或协议，传输距离不宜太远

从表 4-3 中可以看出，I^2C 为片内总线接口，其接口连接简单可靠，非常适合于短距离高效通信。由于硬件系统有两块芯片，将两块芯片用在同一块 PCB 板上可以大大减小控制板的尺寸，降低电磁干扰，提高整个系统的可靠性。STM32 和 DM642 片上都拥有 I^2C 模块，且 I^2C 是片内总线，不占用芯片额外资源。最终确定 I^2C 为 ARM 和 DSP 间的通信接口。

4.5.2.3　控制系统软件设计

(1) 软件系统总体设计

履带式机器人按照模块化的设计思想可分为 6 个子系统，而且各个子系统间关系密切，比如云台电动机的运行方位就与视觉监测子系统密切相关，因此控制系统的软件部分也采用模块化、标准化、通用化的设计思想，按照功能进行模块划分，实现软件良好的可移植性、可扩展性和可读性。从整体上看，控制系统软件流程如图 4-24 所示。

(2) 步进电动机精确定位实现

步进电动机在做高频的启/停过程中，易出现过冲和失步的现象，而云台子系统中又需要步进电动机高速运动，因此需要对步进电动机进行加减速频率规划。常用的步进电动机加减速曲线有直线型、指数型和 S 型，结合所用步进电动机的特性，采用直线型加减速曲线对步进电动机的频率进行规划。加速过程的速度并不是连续上升的，而是离散化的，频率每升到一阶，保持一段时间 Δt 之后，频率就会增加一个 Δf，即往上抬升一阶，再保持一段时

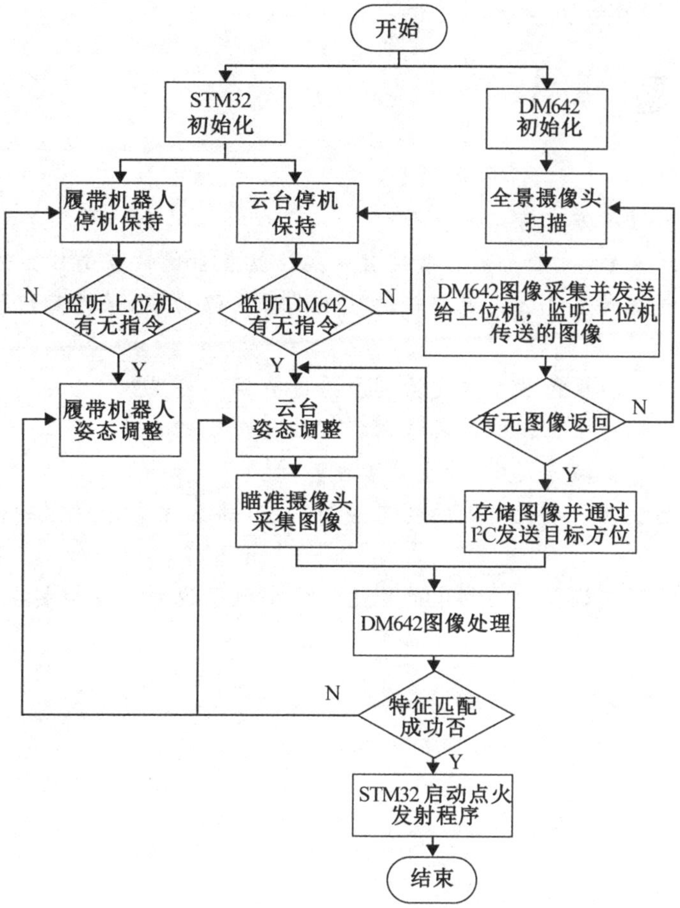

图 4-24　控制系统软件总体流程

间，如此反复，直到完成升速过程，进入匀速过程；减速过程与加速过程相反。加速过程离散化示意图如图 4-25 所示。

经试验证明，该控制系统工作稳定，能够满足履带式机器人的控制任务。

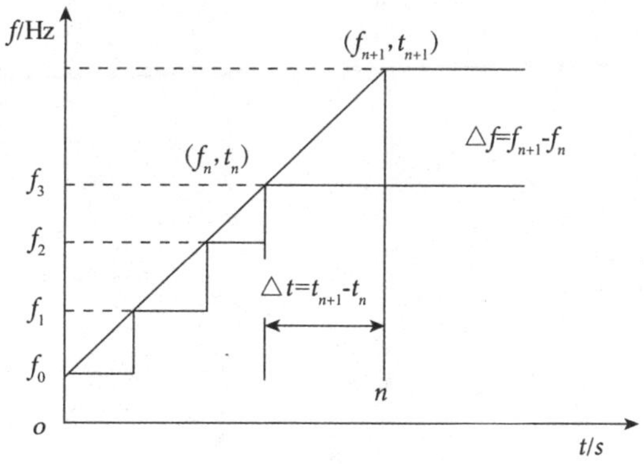

图 4-25　加速过程离散化示意图

思考与练习题

1. 机器人直接驱动方式特点是什么?

2. 按照动力源来分,机器人驱动系统有哪些?其各自优缺点是什么?

3. 直流无刷电动机是怎么实现旋转的?在机器人驱动中,采用直流无刷电动机对控制系统有什么要求?

4. 什么是伺服电动机?数字式交流伺服系统有哪些特点?

5. 步进电动机是怎么工作的?其结构特点是什么?

6. 在机器人轮式驱动方案中,什么是差速驱动?

7. 如果你需要设计一个机器人的姿态控制系统,那么你会选择哪种传感器来感知姿态信息?

8. 简述反馈控制在机器人控制中的作用。举个例子说明反馈控制在机器人中的应用。

第 5 章　机器人运动学分析

机器人运动学是研究机器人动力和运动的科学，包括对机器人系统的建模、空间分析、运动分析、插补和运动控制，主要是把机器人相对于固定参考系的运动作为时间的函数进行分析研究，而不考虑引起这些运动的力和力矩。在机器人运动学中，机器人被看作是一个多关节链式结构，由多个关节连接形成。每个关节都有一个自由度，并且可以沿着相应的轴线旋转或移动。通过对每个关节的运动进行描述，可以得到整个机器人的运动状态和位置信息。

机器人运动学通常分为正运动学和逆运动学两部分。正运动学是指根据机器人各个关节的运动状态，计算出机器人的位姿和末端执行器的位置和方向的过程。逆运动学则是指已知机器人末端执行器的位置和方向，求解相应的关节运动状态的过程。正、逆运动学数学模型之间的关系如图 5-1 所示。

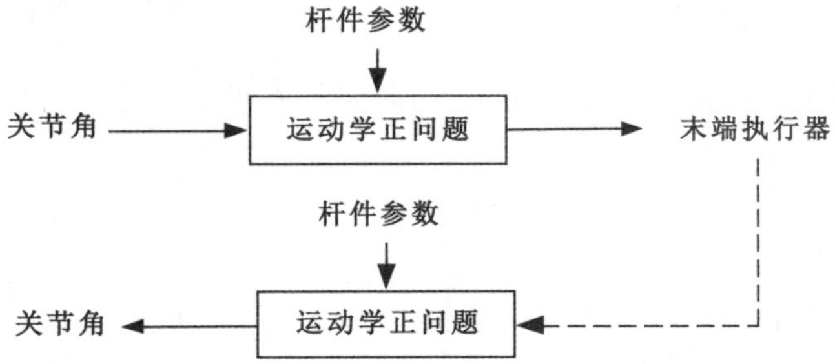

图 5-1　正、逆运动学数学模型之间的关系

5.1　机器人空间描述

机器人的位姿主要是指机器人手部在空间的位置和姿态，有时也会用到其他各个活动杆件在空间的位置和姿态。在自主移动机器人的运动过程中，需要准确描述出机器人所处的环境中各个实体的几何关系，这些几何关系可以通过坐标系之间的变换来实现。

矩阵可以用来表示点、向量、坐标系、平移、旋转及变换，还可以表示坐标系中的物体和其他运动部件。机器人运动学可以使用矩阵来描述机器人的位姿和关节运动状态。

5.1.1　空间点的表示

空间点 P（图 5-2）可以用它相对于参考坐标系的 3 个坐标分量来表示：

$$P = a_x \boldsymbol{i} + b_y \boldsymbol{j} + c_z \boldsymbol{k} \tag{5-1}$$

式中，a_x、b_y 和 c_z 是该点表示在参考坐标系中的 3 个坐标分量。

5.1.2　空间向量的表示

向量可以使用坐标来表示。如果一个向量的起始点为 A，终止点为 B，那么它可以表示为 $P_{AB}=(B_x-A_x)\boldsymbol{i}+(B_y-A_y)\boldsymbol{j}+(B_z-A_z)\boldsymbol{k}$。在特殊情况下，如果一个向量起始于原点（图 5-3），那么 $P=a_x\boldsymbol{i}+b_y\boldsymbol{j}+c_z\boldsymbol{k}$。

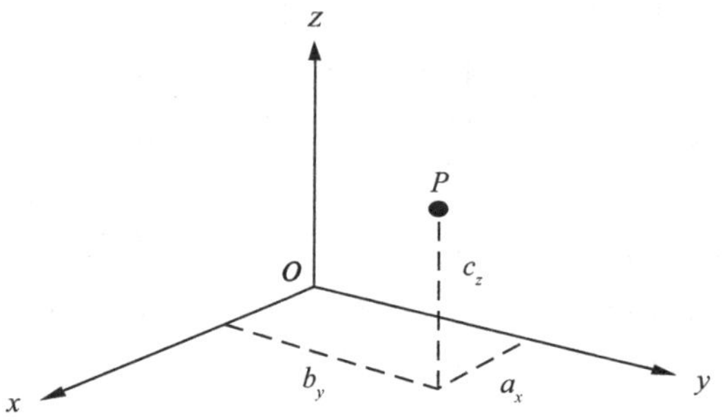

图 5-2　空间点的表示

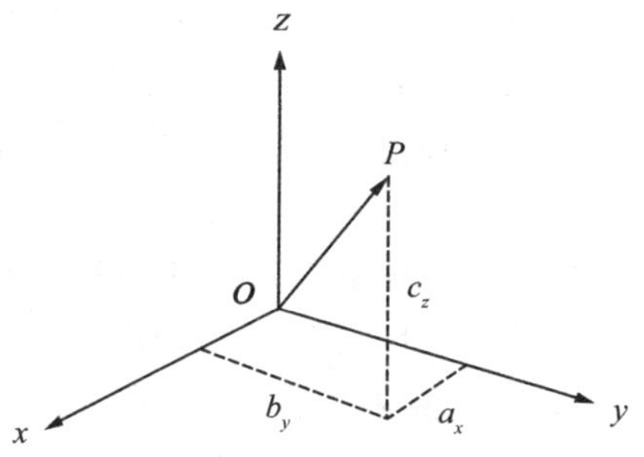

图 5-3　空间向量的表示

向量还可以被视为特殊列类型的矩阵，因此向量 $\boldsymbol{P}$ 的 3 个分量可以写成矩阵形式：

$$\boldsymbol{P} = \begin{bmatrix} a_x \\ b_y \\ c_z \end{bmatrix} \tag{5-2}$$

引入齐次坐标来表示点的位置。通常用一个 $(n+1)$ 维列矩阵表示空间向量。对向量 $\boldsymbol{P}$ 加入一个比例因子 w，则向量 $\boldsymbol{P}$ 表示为：

$$\boldsymbol{P} = \begin{bmatrix} w\,a_x \\ w\,b_y \\ w\,c_z \\ w \end{bmatrix} = \begin{bmatrix} p_x \\ p_y \\ p_z \\ w \end{bmatrix} \tag{5-3}$$

随着 w 的变化，向量大小也随之发生变化，这类似于计算机图形学中对图片的放大或缩小。当 1$w>1$ 时，向量的所有分量都变大；当 2$w=1$ 时，向量的各分量大小保持不变；当 3$w<1$ 时，向量的所有分量都变小；当 4$w=0$ 时，向量长度无穷大，向量方向由 x、y 和 z 确定（即方向向量）。

5.1.3　坐标系在固定参考坐标系原点的表示

坐标系通常由 3 个互相正交的轴来表示。在给定多个坐标系时，通常用 x、y 和 z 轴表示固定的全局参考坐标系 F_{xyz}，用 n、o 和 a 轴表示相对于参考坐标系的另一个运动坐标系

F_{noa}，其中 n、o 和 a 依次表示法线(Normal)，指向(Orientation)和接近(Approach)。它们的位置关系如图 5-4 所示。位于固定参考坐标系 F_{xyz} 原点的运动坐标系 F_{noa} 的每个坐标轴的方向均可用相对F_{xyz}坐标系的 3 个方向余弦来表示。这样，F_{noa} 坐标系就可以由三个向量以矩阵的形式表示为：

$$\boldsymbol{F}_{noa}=\begin{bmatrix} n_x & o_x & a_x \\ n_y & o_y & a_y \\ n_z & o_z & a_z \end{bmatrix} \tag{5-4}$$

在此种情况下，机器人的姿态可以用坐标系三个坐标轴两两夹角的余弦值组成 3×3 的姿态矩阵来描述。

5.1.4 坐标系在固定参考坐标系中的表示

如果一个坐标系不在固定参考坐标系的原点(图 5-5)，那么该坐标系的原点相对于参考坐标系该如何表示呢？可以在该坐标系的原点与参考坐标系原点之间做一个向量 P。这样，这个坐标系就可以由 3 个表示方向的单位向量以及第 4 个位置向量来表示为：

$$\boldsymbol{F}_{\text{object}}=\begin{bmatrix} n_x & o_x & a_x & p_x \\ n_y & o_y & a_y & p_y \\ n_z & o_z & a_z & p_z \\ 0 & 0 & 0 & 1 \end{bmatrix} \tag{5-5}$$

式中，前 3 个向量是 $w=0$ 的方向向量，表示该坐标系三个单位向量 n、o 和 a 的方向，而第 4 个 $w=1$ 的向量表示该坐标系原点相对于参考坐标系的位置。与单位向量不同，向量 P 的长度十分重要，因而使用的比例因子为 1。

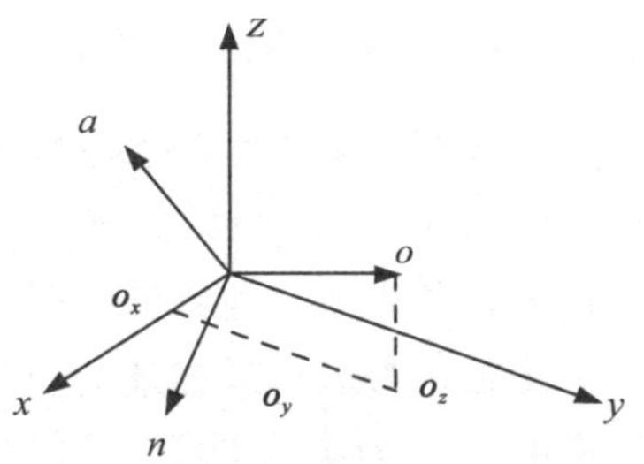

图 5-4 坐标系在参考坐标系原点的表示

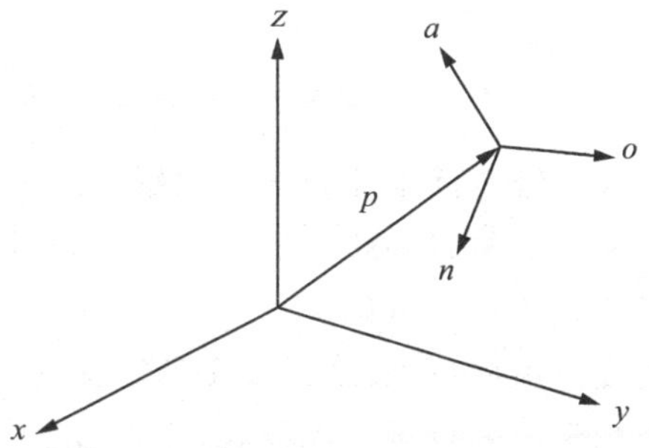

图 5-5 一个坐标系在另一个坐标系中的表示

例 5-1 如图 5-6 所示，坐标系 $\boldsymbol{F}$ 的原点位于(3,5,7)的位置，它的 n 轴与 x 轴平行，o 轴相对于 y 轴的角度为 45°，a 轴相对于 z 轴的角度为 45°，求这个坐标轴的矩阵表示。

解：根据问题描述，可以得到坐标系 $\boldsymbol{F}$ 的坐标轴向量为：

n 轴，与 x 轴平行，所以 n 轴的方向向量为[1,0,0]；

o 轴，相对于 y 轴的角度为 45°，所以 o 轴的方向向量可表示为[0,cos(45°),sin(45°)]；

a 轴，相对于 z 轴的角度为 45°，结合在图 5-6 的具体位置关系，a 轴的方向向量可表示为[0,－cos(45°),sin(45°)]。

将这些方向向量组合成一个齐次变换矩阵，得到坐标系 $\boldsymbol{F}$ 的矩阵表示为：

$$F=\begin{bmatrix} n_x & o_x & a_x & p_x \\ n_y & o_y & a_y & p_y \\ n_z & o_z & a_z & p_z \\ 0 & 0 & 0 & 1 \end{bmatrix}=\begin{bmatrix} 1 & 0 & 0 & 3 \\ 0 & 0.707 & -0.707 & 5 \\ 0 & 0.707 & 0.707 & 7 \\ 0 & 0 & 0 & 1 \end{bmatrix}$$

5.1.5 刚体的表示

怎样对一个物体进行空间表示呢？通常的做法是：首先在刚体上面固连一个坐标系，然后将该固连的坐标系在空间表示出来。由于刚体固定坐标系一直固连在该物体上，所以该物体相对于刚体固定坐标系的位姿是已知的，只要将刚体固定坐标系在空间固定坐标系表示出来，那么这个物体相对于空间固定坐标系的位姿也就已知了。由图 5-7 可知，一个刚体可以用公式(5-6)的矩阵形式表示：

$$F_{\text{object}}=\begin{bmatrix} n_x & o_x & a_x & p_x \\ n_y & o_y & a_y & p_y \\ n_z & o_z & a_z & p_z \\ 0 & 0 & 0 & 1 \end{bmatrix} \tag{5-6}$$

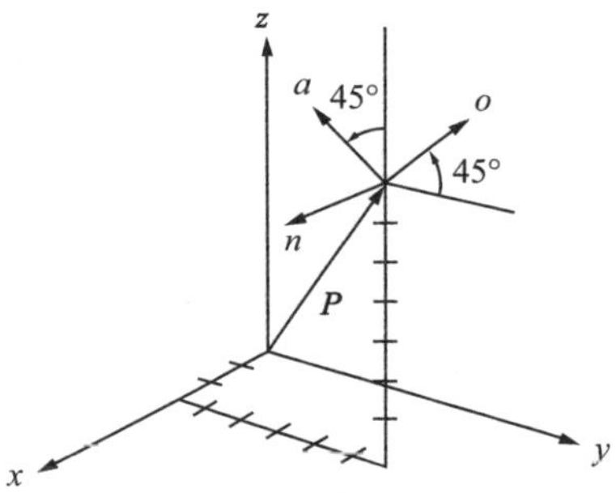

图 5-6　坐标系表示举例

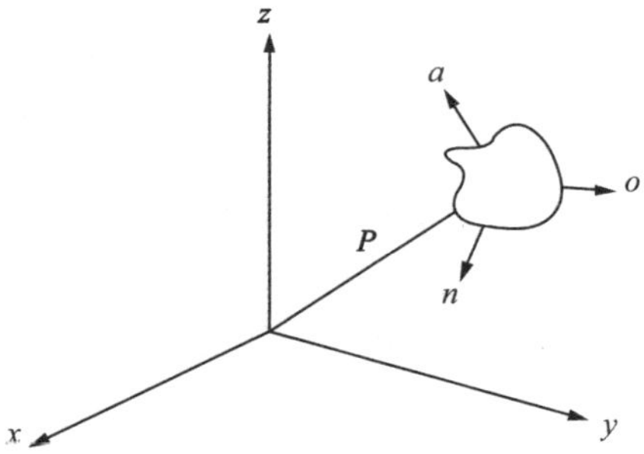

图 5-7　空间刚体的表示

在三维空间中需要 3 个数据来确定该点的位置，而一个刚体则需要 6 个数据才能完全确定刚体的位置和姿态。在空间中确定一个点需要沿 3 条参考坐标轴移动，即需要 3 个自由度。刚体不仅可以沿 x、y 和 z 这 3 个轴移动，而且还可以绕这 3 个轴旋转，即存在 6 个自由度。由此可见，如果要全面定义一个物体，就需要 6 条独立的信息来描述物体原点在参考坐标系中的位置。而公式(5-6)给出了 12 条信息，其中 9 条为姿态信息，3 条为位置信息。因此，需要用 6 个约束将 12 条信息减小到 6 条信息。这些条件来自目前尚未利用的已知坐标系特性，即：① 3 个向量 n、o 和 a 相互垂直；② 每个单位向量的长度必须为 1。

这些约束条件可以转换为以下 6 个约束方程：

$$\begin{cases} n\cdot o=0 \\ n\cdot a=0 \\ a\cdot o=0 \\ |n|=1 \\ |o|=1 \\ |a|=1 \end{cases} \tag{5-7}$$

公式(5-7)中前 3 个方程可以换用如下三个向量的叉积代替，即：

$$n \times o = a \tag{5-8}$$

5.2　齐次变换矩阵

通常，变换矩阵应写成方阵形式。其主要理由是：① 计算方型矩阵的逆要比计算长方形矩阵的逆容易得多。② 为使两矩阵相乘，它们的维数必须匹配。

由于要以不同顺序将许多矩阵乘在一起来得到机器人运动方程，因此应采用方阵进行计算。保证所表示的矩阵为方阵的具体做法为：① 如果在同一矩阵中既表示姿态又表示位置，那么在矩阵中加入比例因子使之成为 4×4 矩阵。② 如果在同一矩阵中只表示姿态，那么可以去掉比例因子使之成为 3×3 矩阵或加入第四列全为零的位置数据以保持矩阵为方阵。将这种形式的矩阵称为齐次矩阵，可写成公式(5-6)所示的形式。

当空间的一个坐标系(一个向量、一个物体或一个运动坐标系)相对于固定的参考坐标系运动时，这个运动可以用类似于表示坐标系的方式来表示。这是因为变换本身就是坐标系状态的变化(表示坐标系位姿的变化)，因此变换可以用坐标系来表示。变换通常包括纯平移、绕一个轴的纯旋转、绕一个轴的平移与旋转。

5.2.1　纯平移变换的表示

如果坐标系或一个物体在空间以不变的姿态运动，那么该变换就是纯平移。在这种情况下，它的方向的单位向量保持同一个方向不变，只需改变运动坐标系原点相对于参考坐标系的变化，如图 5-8 所示。

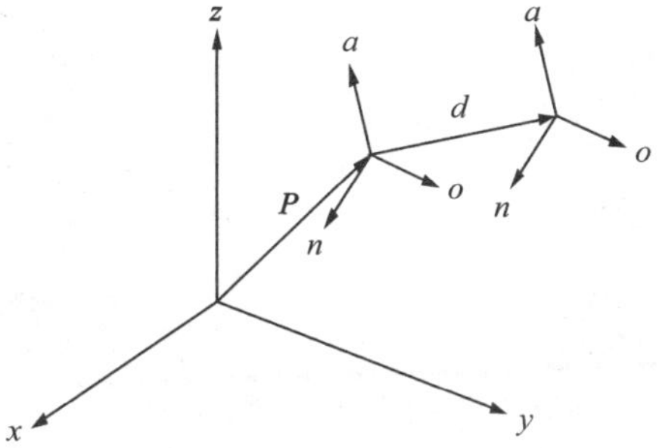

图 5-8　空间纯平移变换的表示

由于在纯平移过程中方向向量保持改变，因此，变换矩阵 $\boldsymbol{T}$ 可以表示为：

$$\boldsymbol{T}=\begin{bmatrix}1 & 0 & 0 & d_x\\0 & 1 & 0 & d_y\\0 & 0 & 1 & d_z\\0 & 0 & 0 & 1\end{bmatrix} \tag{5-9}$$

式中，d_x、d_y和d_z是纯平移向量 d 相对于参考坐标系 x、y 和 z 轴的三个分量。由式(5-9)可以看到，矩阵的前三列表示没有旋转运动(单位矩阵)，而最后一列表示平移运动。

新坐标系可以通过原坐标系左乘变换矩阵得到，即：

$$F_{\text{new}}=\begin{bmatrix}1&0&0&d_x\\0&1&0&d_y\\0&0&1&d_z\\0&0&0&1\end{bmatrix}\times\begin{bmatrix}n_x&o_x&a_x&p_x\\n_y&o_y&a_y&p_y\\n_z&o_z&a_z&p_z\\0&0&0&1\end{bmatrix}=\begin{bmatrix}n_x&o_x&a_x&p_x+d_x\\n_y&o_y&a_y&p_y+d_y\\n_z&o_z&a_z&p_z+d_z\\0&0&0&1\end{bmatrix}\tag{5-10}$$

公式(5-10)用通用方程符号表示为：

$$F_{\text{new}}=\boldsymbol{Trans}(d_x,d_y,d_z)\times F_{\text{old}}\tag{5-11}$$

这种方法对于所有的平移变换都成立，方向向量经过纯平移后方向保持不变，但是新的坐标系位置是 d 和 p 向量相加的结果，即 $d+p$。

5.2.2 绕轴纯旋转变换的表示

为简化绕轴旋转的推导，首先假设运动坐标系位于参考坐标系的原点并且与之平行(即假设坐标系F_{noa}位于参考坐标系的F_{xyz}的原点)，然后将推导结果推广到其他的旋转以及旋转的组合。

先假设坐标系F_{noa}绕参考坐标系的 x 轴旋转一个角度 θ(以逆时针方向为正)，再假设旋转坐标系F_{noa}上有一点 P 相对于参考坐标系的坐标为P_x、P_y和P_z，相对于运动坐标系的坐标为P_n、P_o和P_a。当坐标系绕 x 轴旋转时，坐标系F_{noa}上的点 P 也随着 x 轴旋转而旋转。在旋转之前，P 点在两个坐标系中的坐标是相同的(两个坐标系位置相同，并且相互平行)，如图 5-9(a)所示。旋转后，该点坐标P_n、P_o和P_a在旋转坐标系F_{noa}中保持不变，但在参考坐标系中P_x、P_y和P_z却改变了，如图 5-9(b)所示。图 5-10 显示了点 P 在坐标系旋转前后的坐标。

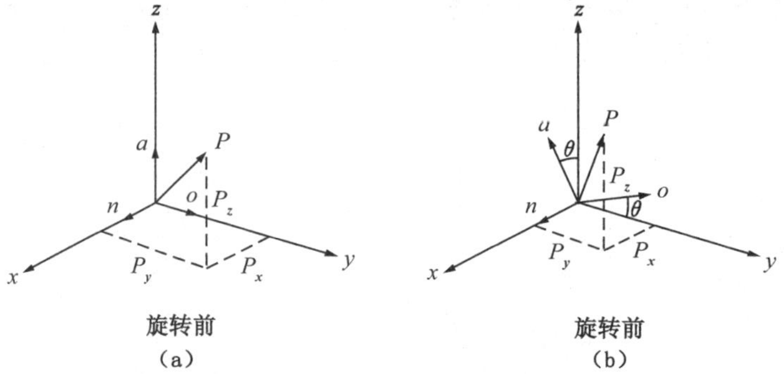

图 5-9　坐标系旋转前后的变化

根据图 5-10，从 x 轴来观察在二维平面上的同一点的坐标，可以看出P_x不随坐标系统 x 轴的转动而改变，而P_y和P_z却改变了，利用图 5-10 中的几何关系得到：

$$\begin{cases}P_x=P_n\\P_y=l_1-l_2=P_o\cos\theta-P_a\sin\theta\\P_z=l_3+l_4=P_o\sin\theta-P_a\cos\theta\end{cases}\tag{5-12}$$

写成矩阵形式为：

$$\begin{bmatrix}P_x\\P_y\\P_z\end{bmatrix}=\begin{bmatrix}1&0&0\\0&\cos\theta&-\sin\theta\\0&\sin\theta&\cos\theta\end{bmatrix}\begin{bmatrix}P_n\\P_o\\P_a\end{bmatrix}\tag{5-13}$$

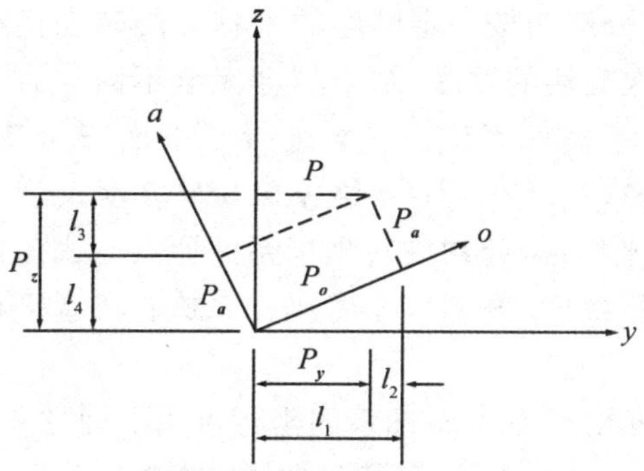

图 5-10　点 P 在坐标系旋转前后的坐标

从上面几何关系的推导发现，为了得到在参考坐标系中的坐标，旋转坐标系中的点 P（或向量 P）的坐标必须左乘旋转矩阵。这个旋转矩阵只适用于绕参考坐标系的 x 轴做纯旋转变换的情况，可表示为：

$$\boldsymbol{P}_{xyz}=\boldsymbol{Rot}(x,\theta)\times\boldsymbol{P}_{noa} \tag{5-14}$$

公式(5-13)中旋转矩阵的第一行表示相对于 x 轴的位置，其值为(1,0,0)，表示沿 x 轴的坐标没有改变。为了输入方便，$C\theta=\cos\theta$，$S\theta=\sin\theta$，下同。则旋转矩阵 $\boldsymbol{Rot}(x,\theta)$ 为：

$$\boldsymbol{Rot}(x,\theta)=\begin{bmatrix}1&0&0\\0&C\theta&-S\theta\\0&S\theta&C\theta\end{bmatrix} \tag{5-15}$$

同理，绕 y 轴旋转和绕 z 轴旋转的转换矩阵分别为：

$$\boldsymbol{Rot}(y,\theta)=\begin{bmatrix}C\theta&0&S\theta&0\\0&1&0&0\\-S\theta&0&C\theta&0\\0&0&0&1\end{bmatrix},\boldsymbol{Rot}(z,\theta)=\begin{bmatrix}C\theta&-S\theta&0&0\\S\theta&C\theta&0&0\\0&0&1&0\\0&0&0&1\end{bmatrix} \tag{5-16}$$

齐次变换可写为习惯的形式，以便于理解不同坐标系间的关系。为此可将变换矩阵表示为${}^{U}\boldsymbol{T}_{R}$（读做坐标系 R 相对于坐标系 U 的变换），将$\boldsymbol{P}_{noa}$表示为${}^{R}\boldsymbol{P}$（读做点 P 相对于坐标系R），将 $\boldsymbol{P}_{xyz}$ 表示为${}^{U}\boldsymbol{P}$（读做 P 相对于坐标系 U），则公式(5-14)简化为：

$${}^{U}\boldsymbol{P}={}^{U}\boldsymbol{T}_{R}\times{}^{R}\boldsymbol{P} \tag{5-17}$$

例 5-2　在旋转坐标系中有一点 $P[2,3,4]^{\mathrm{T}}$，把此坐标系绕参考坐标系 x 轴旋转 90°，求旋转后该点相对于参考坐标系的坐标。

解：由于点 P 固连在旋转坐标系中，因此点 P 相对于旋转坐标系的坐标在旋转前后保持不变。该点相对于参考坐标系的坐标为：

$$\boldsymbol{P}_{xyz}=\boldsymbol{Rot}(x,\theta)\times\boldsymbol{P}_{noa}=\begin{bmatrix}1&0&0\\0&C\theta&-S\theta\\0&S\theta&C\theta\end{bmatrix}\begin{bmatrix}P_n\\P_o\\P_a\end{bmatrix}=\begin{bmatrix}1&0&0\\0&0&-1\\0&1&0\end{bmatrix}\begin{bmatrix}2\\3\\4\end{bmatrix}=\begin{bmatrix}2\\-4\\3\end{bmatrix}$$

5.2.3　复合变换的表示

复合变换是由固定参考坐标系和当前运动坐标系的一系列沿轴平移和绕轴旋转变换所

组成的。任何变换都可以分解为按一定顺序的平移和旋转变换组合。注意：这个变换顺序很重要，如果颠倒两个依次变换的顺序，结果将会完全不同。为了探讨如何处理复合变换，假定坐标系F_{noa}相对于参考坐标系F_{xyz}依次进行了下面三个变换：① 绕 x 轴旋转 α 度；② 分别沿 x，y 和 z 轴平移$[l_1, l_2, l_3]$；③ 绕 y 轴旋转β度。

设点$\boldsymbol{P}_{noa}$固定在旋转坐标系，起初旋转坐标系的原点与固定参考坐标系（简称参考坐标系）的原点重合。随着坐标系F_{noa}相对于参考坐标系旋转或者平移，坐标系中的 P 点相对于参考坐标系也跟着改变。

第一次变换后，P 点相对于参考坐标系的坐标可用下列方程进行计算：

$$\boldsymbol{P}_{1,xyz} = \boldsymbol{Rot}(x, \alpha) \times \boldsymbol{P}_{noa} \tag{5-18}$$

其中，$\boldsymbol{P}_{1,xyz}$是第一次变换后该点相对于参考坐标系的坐标。

第二次变换后，该点相对于参考坐标系的坐标是：

$$\boldsymbol{P}_{2,xyz} = \boldsymbol{Trans}(l_1, l_2, l_3) \times \boldsymbol{P}_{1,xyz} = \boldsymbol{Trans}(l_1, l_2, l_3) \times \boldsymbol{Rot}(x, \alpha) \times \boldsymbol{P}_{noa} \tag{5-19}$$

第三次变换后，该点相对于参考坐标系的坐标为：

$$\boldsymbol{P}_{xyz} = \boldsymbol{P}_{3,xyz} = \boldsymbol{Rot}(y, \beta) \times \boldsymbol{P}_{2,xyz} = \boldsymbol{Rot}(y, \beta) \times \boldsymbol{Trans}(l_1, l_2, l_3) \times \boldsymbol{Rot}(x, \alpha) \times \boldsymbol{P}_{noa} \tag{5-20}$$

可见，每次变换后该点相对于参考坐标系的坐标都是通过用每个变换矩阵左乘该点的坐标得到。当然，矩阵的顺序不能改变，同时矩阵书写的顺序和进行变换的顺序正好相反。

例 5-3 固连在坐标系F_{noa}上的点 $P\ [7, 3, 2]^{\mathrm{T}}$ 经历如下变换，求出变换后该点相对于参考坐标系的坐标。

① 绕 z 轴旋转 90°；

② 接着绕 y 轴旋转 90°；

③ 接着再平移$[4, -3, 7]$。

解：表示该变换的矩阵方程为：

$$\boldsymbol{P}_{xyz} = \boldsymbol{Trans}(4, -3, 7)\, \boldsymbol{Rot}(y, 90)\, \boldsymbol{Rot}(z, 90)\, \boldsymbol{P}_{noa}$$

$$= \begin{bmatrix} 1 & 0 & 0 & 4 \\ 0 & 1 & 0 & -3 \\ 0 & 0 & 1 & 7 \\ 0 & 0 & 0 & 1 \end{bmatrix} \times \begin{bmatrix} \cos 90^\circ & 0 & \sin 90^\circ & 0 \\ 0 & 1 & 0 & 0 \\ -\sin 90^\circ & 0 & \cos 90^\circ & 0 \\ 0 & 0 & 0 & 1 \end{bmatrix} \times \begin{bmatrix} \cos 90^\circ & -\sin 90^\circ & 0 & 0 \\ \sin 90^\circ & \cos 90^\circ & 0 & 0 \\ 0 & 0 & 1 & 0 \\ 0 & 0 & 0 & 1 \end{bmatrix} \times \begin{bmatrix} 7 \\ 3 \\ 2 \\ 1 \end{bmatrix}$$

$$= \begin{bmatrix} 1 & 0 & 0 & 4 \\ 0 & 1 & 0 & -3 \\ 0 & 0 & 1 & 7 \\ 0 & 0 & 0 & 1 \end{bmatrix} \times \begin{bmatrix} 0 & 0 & 1 & 0 \\ 0 & 1 & 0 & 0 \\ -1 & 0 & 0 & 0 \\ 0 & 0 & 0 & 1 \end{bmatrix} \times \begin{bmatrix} 0 & -1 & 0 & 0 \\ 1 & 0 & 0 & 0 \\ 0 & 0 & 1 & 0 \\ 0 & 0 & 0 & 1 \end{bmatrix} \times \begin{bmatrix} 7 \\ 3 \\ 2 \\ 1 \end{bmatrix} = \begin{bmatrix} 6 \\ 4 \\ 10 \\ 1 \end{bmatrix}$$

如果改变变化矩阵的顺序，那么最终变换结果会如何？各位同学不妨动手试试。

5.2.4 相对于旋转坐标系的变换

以上所讨论的变换都是相对于固定参考坐标系。然而事实上，也有可能做相对于运动坐标系（即当前坐标系）的轴的变换。为计算当前坐标系中点的坐标相对于参考坐标系的变化，这时需要右乘变换矩阵而不是左乘，即：① 若坐标系之间的变换始终相对于固定参考坐标系，则齐次坐标变换矩阵左乘。② 若坐标系之间的变换始终相对于当前的运动坐标系，则齐次坐标变换矩阵右乘。

例 5-4 假设点 $P[7,3,2]^T$ 和例 5-3 进行相同的变换，但所有变换都是相对于当前的运动坐标系，其具体变换如下：

① 绕 a 轴旋转 90°；

② 然后沿 n,o,a 轴平移[4,−3,7]；

③ 接着绕 o 轴旋转 90°。

求出变换完成后该点相对于参考坐标系的坐标。

解：因为所做变换是相对于当前运动坐标系的，所以右乘每个变换矩阵，可得变换矩阵为：

$$\boldsymbol{P}_{xyz}=\boldsymbol{Rot}(a,90)\,\boldsymbol{Trans}(4,-3,7)\,\boldsymbol{Rot}(o,90)\,\boldsymbol{P}_{noa}$$

$$=\begin{bmatrix}0&-1&0&0\\1&0&0&0\\0&0&1&0\\0&0&0&1\end{bmatrix}\times\begin{bmatrix}1&0&0&4\\0&1&0&-3\\0&0&1&7\\0&0&0&1\end{bmatrix}\times\begin{bmatrix}0&0&1&0\\0&1&0&0\\-1&0&0&0\\0&0&0&1\end{bmatrix}\times\begin{bmatrix}7\\3\\2\\1\end{bmatrix}=\begin{bmatrix}0\\6\\0\\1\end{bmatrix}$$

从例 5-3 和例 5-4 求解中不难证明，虽然所有的变换完全相同，但矩阵的变换顺序发生改变，其结果完全不同。这就要求在使用齐次变换矩阵时要注意这些变换是相对固定坐标系还是相对于运动坐标系。

例 5-5 坐标轴 B 先绕参考坐标系 x 轴旋转 90°，然后沿当前坐标轴的 a 轴平移 3 in，然后再绕参考坐标轴 z 轴旋转 90°，最后沿当前坐标系 o 轴平移 5 in。

① 写出描述该运动的方程。

② 求固连在坐标系中的点 $P[1,5,4]^T$ 相对于参考坐标系的最终位置。

解：相对于参考坐标系和当前坐标系的运动是交替进行的。

① 相应地左乘或右乘每个运动矩阵，得到

$$^{U}\boldsymbol{T}_B=\boldsymbol{Rot}(z,90)\boldsymbol{Rot}(x,90)\boldsymbol{Trans}(0,0,3)\boldsymbol{Trans}(0,5,0)$$

② 代入具体的矩阵并将它们相乘，得到

$$^{U}\boldsymbol{P}={}^{U}\boldsymbol{T}_B\times{}^{B}\boldsymbol{P}=\begin{bmatrix}0&-1&0&0\\1&0&0&0\\0&0&1&0\\0&0&0&1\end{bmatrix}\begin{bmatrix}1&0&0&0\\0&0&-1&0\\0&1&0&0\\0&0&0&1\end{bmatrix}\begin{bmatrix}1&0&0&0\\0&1&0&0\\0&0&1&3\\0&0&0&1\end{bmatrix}\begin{bmatrix}1&0&0&0\\0&1&0&5\\0&0&1&0\\0&0&0&1\end{bmatrix}\begin{bmatrix}1\\5\\4\\1\end{bmatrix}=\begin{bmatrix}7\\1\\10\\1\end{bmatrix}$$

5.2.5 变换矩阵的逆

变换矩阵的逆在机器人学中具有重要的作用，通常可以帮助解决机器人的运动、控制和路径规划等问题。在机器人运动控制中，逆运动学用于根据末端执行器的期望位置和姿态，计算出对应的关节角度。通过将末端执行器的期望位姿乘以末端到基坐标系的变换矩阵的逆，可以得到关节空间中的解（即关节角度）。

在机器人控制中，有时需要将全局坐标系下的点或向量转换为机器人坐标系下的。这可以通过将全局坐标系下的点或向量乘以全局到机器人坐标系的变换矩阵的逆来实现。在机器人路径规划和仿真中，有时需要回退或撤销之前的空间变换操作。通过将已经进行过的空间变换的结果乘以变换矩阵的逆，可以实现撤销或回退到之前的状态。

需要注意的是，变换矩阵的逆只在线性坐标变换（例如平移和旋转）中成立。对于非线性变换，如投影变换，可能不存在具体的逆矩阵。

对于 x 轴的旋转矩阵 $\boldsymbol{Rot}(x,\theta)$ 必须采用以下的步骤来计算矩阵的逆：

① 计算矩阵的行列式；

② 将矩阵转置；

③ 将转置矩阵的每个元素用它的子行列式（伴随矩阵）代替；

④ 用转换后的矩阵除以行列式。

将上面的旋转变换矩阵的求逆步骤用到旋转矩阵 $\boldsymbol{Rot}(x,\theta)$ 上，得到：

$$\boldsymbol{Rot}\ (x;\theta)^{-1}=\begin{bmatrix}1 & 0 & 0\\0 & C\theta & S\theta\\0 & -S\theta & C\theta\end{bmatrix}=\boldsymbol{Rot}\ (x,\theta)^{\mathrm{T}} \tag{5-21}$$

可见，关于 x 轴的旋转矩阵 $\boldsymbol{Rot}(x,\theta)$ 的逆与它的转置矩阵相同，即

$$\boldsymbol{Rot}\ (x,\theta)^{-1}=\boldsymbol{Rot}\ (x,\theta)^{\mathrm{T}} \tag{5-22}$$

仔细分析旋转矩阵 $\boldsymbol{Rot}(x,\theta)$，不难发现，这个矩阵的每一列都是单位矩阵，且任意两列之间的内积为 0。由此可见，旋转矩阵 $\boldsymbol{Rot}(x,\theta)$ 是正交矩阵，其逆矩阵等于其转置矩阵。因此，关于 y 轴和 z 轴的旋转矩阵也是它们的转置矩阵。

应该注意，公式(5-22)所体现的特性仅适合于旋转矩阵。那么，对于一个含有旋转和平移的齐次 4×4 变换矩阵而言，它的求逆可以将矩阵分为三部分：矩阵的旋转部分仍是正交矩阵，只需简单的转置；矩阵的位置部分是向量 P 分别与 n,o,a 向量点积计算取负值；最后一行保持不变。基于此，变换矩阵的求逆结果为：

$$\boldsymbol{F}=\begin{bmatrix}n_x & o_x & a_x & p_x\\n_y & o_y & a_y & p_y\\n_z & o_z & a_z & p_z\\0 & 0 & 0 & 1\end{bmatrix},\ \boldsymbol{F}^{-1}=\begin{bmatrix}n_x & n_y & n_z & -P\cdot n\\o_x & o_y & o_z & -P\cdot o\\a_x & a_y & a_z & -P\cdot a\\0 & 0 & 0 & 1\end{bmatrix} \tag{5-23}$$

例 5-6　计算下面变换矩阵 $\boldsymbol{T}$ 的逆。

$$\boldsymbol{T}=\begin{bmatrix}0.5 & 0 & 0.866 & 3\\0.866 & 0 & -0.5 & 2\\0 & 1 & 0 & 5\\0 & 0 & 0 & 1\end{bmatrix}$$

解：根据变换矩阵求逆的规则可得：

$$\boldsymbol{T}^{-1}=\begin{bmatrix}0.5 & 0.866 & 0 & -(3\times0.5+2\times0.866+5\times0)\\0 & 0 & 1 & -(3\times0+2\times0+5\times1)\\0.866 & -0.5 & 0 & -(3\times0.866+2\times(-0.5)+5\times0)\\0 & 0 & 0 & 1\end{bmatrix}$$

$$=\begin{bmatrix}0.5 & 0.866 & 0 & -3.23\\0 & 0 & 1 & -5\\0.866 & -0.5 & 0 & -1.598\\0 & 0 & 0 & 1\end{bmatrix}$$

各位同学不妨证明一下 $\boldsymbol{TT}^{-1}$ 是否为单位矩阵。

5.2.6　机器人的正逆运动学

坐标变换的最终目的是确定机器人各杆件之间的相互位置关系，通过关节角的值计算末端操作器在空间位置（正运动学）或预算出末端操作器在要求位置的各个关节角（逆运动学）。事实上，逆运动学方程更为重要。机器人的控制器将用这些方程来计算关节值，并以此来运行机器人到达期望的位姿。

对于正运动学，必须推导出一组与机器人特定构型（将构件组合在一起构成机器人的方法）有关的方程，以便将已知的关节和连杆变量代入这些方程就能计算出机器人的位姿，然后利用这些方程推导出逆运动学方程。

机器人的运动学主要包括相对杆件的坐标系的确定、建立各连杆的模型矩阵、正运动学算法和逆运动学算法等四个内容。

总之，机器人运动学是研究物体运动的，并不考虑物体的质量以及引起这种运动的力。机器人正运动学是已知或给定一组关节角，计算出工具坐标系相对于基坐标系的位置和姿态；也就是说，用正运动学来确定机器人末端执行器的位姿。机器人逆运动学是给定机械臂末端执行器的位置和姿态，计算所有可到达给定位置和姿态的关节角；也就是说，末端执行器在特定的一个点具有特定的姿态，去计算出它所对应的每个关节变量的值。机器人运动学研究方法具体为：首先利用位姿描述、坐标系变换等数学方法确定物体位置、姿态和运动；然后确定不同结构类型的机器人的正逆运动学，这些类型包括直角坐标型、圆柱坐标型和球坐标型等；最后根据 Denavit-Hartenberg 参数法（D-H 参数法）去推导机器人的正逆运动学方程。

5.3　D-H 参数法

D-H 参数法是一种常用于机械臂或其他连续链状结构的运动学建模方法。通过定义一组参数来描述相邻两个连杆之间的几何关系，从而建立起整个系统的运动学模型。这组参数包括连杆长度、相对转角、相对位移和关节角等。通过这些参数可以推导出机械臂各个连杆的坐标变换矩阵，进而计算出末端执行器的位姿。

D-H 参数法的基本思想是将机械臂分解成多个刚体，并且给每个刚体赋予一组局部坐标系。通过对局部坐标系的定义，可以推导出相邻两个连杆之间的转换矩阵，即将一个局部坐标系转换到另一个局部坐标系的变换矩阵。这样，就可以得到机械臂的整体变换矩阵，从而计算出机械臂的末端执行器的位姿。

D-H 参数法虽然最初应用于机械臂的运动学建模，但由于其简单易懂和适用性广泛，已经被广泛应用于其他类型的机器人和机械系统。D-H 参数法优点在于可以建立简洁的数学模型，方便进行控制和仿真分析。需要注意的是，D-H 参数法只适用于描述机械臂或其他连续链状结构系统的运动学模型，而不能提供动力学信息。在建立机械臂或其他机器人的全面动力学模型时，需要结合其他方法和原理来进行建立，并且需要考虑到机械臂的质量、惯性、摩擦、弹性等因素。

通常机器人由一系列关节和连杆组成。这些关节可能是滑动(线性)的或旋转(转动)的,可以按任意的顺序放置并处于任意的平面。连杆可以是任意的长度(包括零),可能被弯曲或扭曲,也可能位于任意平面上。

对于旋转关节,取其转动轴的中心线作为关节轴线。对于平移关节,取其移动方向的中心线作为关节轴线。连杆是机器人构件中的刚性连接元件。在D-H参数法运动学建模中,连杆通常由4个参数来描述和定义。

① 连杆长度:两个关节的关节轴线 J_i 与 J_{i+1} 的公垂线距离为连杆长度,记为 a_i。

② 连杆扭转角:由 J_i 与公垂线组成平面 P,J_{i+1} 与平面 P 的夹角为连杆扭转角,记为 α_i。

③ 连杆偏移量:除第一个和最后一个连杆外,中间的连杆的两个关节轴线 J_i 与 J_{i+1} 都有一条公垂线 a_i,一个关节的相邻两条公垂线 a_i 与 a_{i-1} 的距离为连杆偏移量,记为 d_i。

④ 关节角:关节 J_i 的相邻两条公垂线 a_i 与 a_{i-1} 在以 J_i 为法线的平面上的投影的夹角为关节角,记为 θ_i。

a_i、α_i、d_i 和 θ_i 这组参数称为D-H参数。

5.3.1 坐标系的确定

为了用D-H参数法对机器人建模,所做的第一件事是为每个关节指定一个本地参考坐标系。图5-11为三个关节-连杆组合的机器人简图。每个关节坐标系确定的方法如下所述。

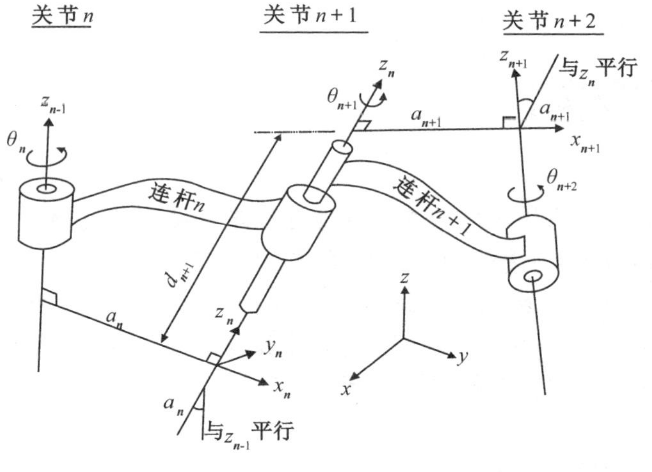

图5-11 三个关节-连杆组合的机器人简图

(1) 关节确定

第一个关节指定为关节 n,第二个关节为 $n+1$,其余关节以此类推。

(2) z 轴确定规则

如果关节是旋转的,那么 z 轴位于按右手规则旋转的方向,转角 θ 为关节变量。如果关节是滑动的,那么 z 轴为沿直线运动的方向,连杆长度 d 为关节变量。关节 n 处 z 轴下标

为 $n-1$。

(3) x 轴确定规则

情况 1:两关节 z 轴既不平行也不相交。此时,取两 z 轴公垂线方向作为 x 轴方向,命名规则同 z 轴的。

情况 2:两关节 z 轴平行。此时,两 z 轴之间有无数条公垂线,可挑选与前一关节的公垂线共线的一条公垂线。

情况 3:两关节 z 轴相交。此时,取两条 z 轴的叉积方向作为 x 轴方向。

(4) y 轴确定原则

取 x 轴、z 轴叉积方向作为 y 轴方向。

(5) 变量选择原则

用 θ_{n+1} 角表示 x_n 到 x_{n+1} 绕 z_n 轴的旋转角;用 d_{n+1} 表示从 x_n 到 x_{n+1} 沿 z_n 测量的距离;用 a_{n+1} 表示关节偏移,是从 z_n 到 z_{n+1} 沿 x_{n+1} 测量的距离;用 α 表示关节扭转角,α_{n+1} 是从 z_n 到 z_{n+1} 绕 x_{n+1} 旋转的角度。通常情况下,只有 θ 和 d 是关节变量。

5.3.2　参考系的变换

接下来需要进行几个连续的运动(变换),将一个参考坐标系 x_n-z_n 变换到下一个参考坐标系 x_{n+1}-z_{n+1}。其具体步骤为:

① 绕 z_n 轴旋转 θ_{n+1},使得 x_n 和 x_{n+1} 互相平行,如图 5-12(a)左图所示。

② 沿 z_n 轴平移 d_{n+1} 距离,使得 x_n 和 x_{n+1} 共线,如图 5-12(a)右图所示。

③ 沿 x_n 轴平移 a_{n+1} 的距离,使 z_n 和 z_{n+1} 的原点重合,如图 5-12(b)所示。

④ 将 z_n 轴绕 x_{n+1}(x_n 和 x_{n+1} 共线)轴旋转,使得 z_n 和 z_{n+1} 轴对准,如图 5-12(c)所示。

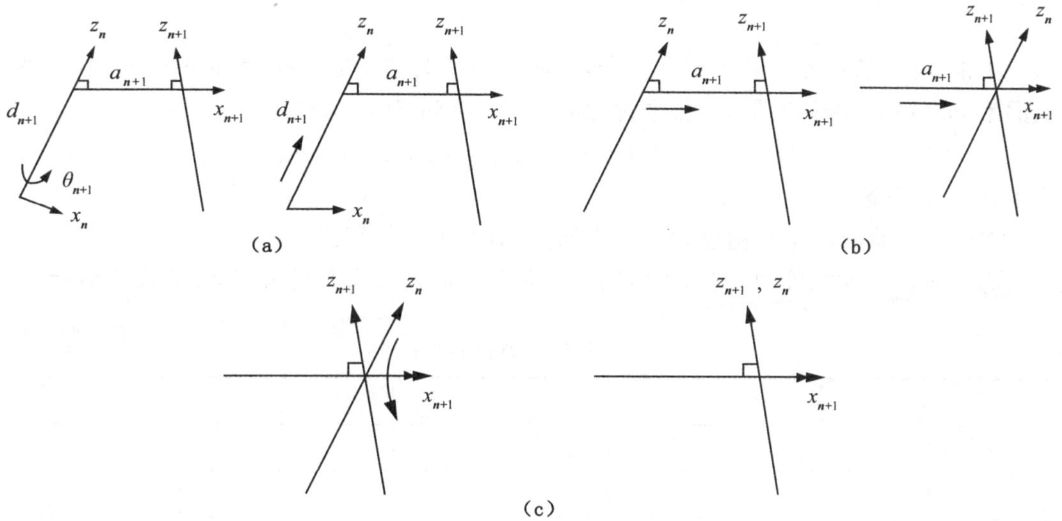

图 5-12　参考坐标系的变换

经过上述 4 步运动之后,坐标系 x_n-z_n 就和 x_{n+1}-z_{n+1} 完全相同,这样就实现了从一个坐标系变换到下一个坐标系。因此,可以从机器人的参考坐标系开始,将其转换到机器人的第 1 个关节,再转换到第 2 个关节,直到转换到末端执行器。注意,任何两个坐标系变换均需同样的 4 步运动。

由于这 4 个运动都是相对于当前坐标系(或运动坐标系)而言的,因此,4 步之后总的变换矩阵 **A** 等于各变换矩阵右乘,从而得到:

$$
\begin{aligned}
{}^{n}\boldsymbol{T}_{n+1} &= \boldsymbol{A}_{n+1} = \boldsymbol{Rot}(z,\theta_{n+1}) \times \boldsymbol{Trans}(0,0,d_{n+1}) \times \boldsymbol{Trans}(a_{n+1},0,0) \times \boldsymbol{Rot}(x,\alpha_{n+1}) \\
&= \begin{bmatrix} C\theta_{n+1} & -S\theta_{n+1} & 0 & 0 \\ S\theta_{n+1} & C\theta_{n+1} & 0 & 0 \\ 0 & 0 & 1 & 0 \\ 0 & 0 & 0 & 1 \end{bmatrix} \times \begin{bmatrix} 1 & 0 & 0 & 0 \\ 0 & 1 & 0 & 0 \\ 0 & 0 & 1 & d_{n+1} \\ 0 & 0 & 0 & 1 \end{bmatrix} \times \begin{bmatrix} 1 & 0 & 0 & a_{n+1} \\ 0 & 1 & 0 & 0 \\ 0 & 0 & 1 & 0 \\ 0 & 0 & 0 & 1 \end{bmatrix} \times \\
&\quad \begin{bmatrix} 1 & 0 & 0 & 0 \\ 0 & C\alpha_{n+1} & -S\alpha_{n+1} & 0 \\ 0 & S\alpha_{n+1} & C\alpha_{n+1} & 0 \\ 0 & 0 & 0 & 1 \end{bmatrix}
\end{aligned} \tag{5-24}
$$

计算后得:

$$
\boldsymbol{A}_{n+1} = \begin{bmatrix} C\theta_{n+1} & -S\theta_{n+1}C\alpha_{n+1} & S\theta_{n+1}S\alpha_{n+1} & a_{n+1}C\theta_{n+1} \\ S\theta_{n+1} & C\theta_{n+1}C\alpha_{n+1} & -C\theta_{n+1}S\alpha_{n+1} & \alpha_{n+1}S\theta_{n+1} \\ 0 & S\alpha_{n+1} & C\alpha_{n+1} & d_{n+1} \\ 0 & 0 & 0 & 1 \end{bmatrix} \tag{5-25}
$$

根据公式(5-25),机器人坐标系 2 与坐标系 3 之间的变换可以表示为:

$$
{}^{2}\boldsymbol{T}_{3} = \boldsymbol{A}_{3} = \begin{bmatrix} C\theta_{3} & -S\theta_{3}C\alpha_{3} & S\theta_{3}S\alpha_{3} & a_{3}C\theta_{3} \\ S\theta_{3} & C\theta_{3}C\alpha_{3} & -C\theta_{3}S\alpha_{3} & a_{3}S\theta_{3} \\ 0 & S\alpha_{3} & C\alpha_{3} & d_{3} \\ 0 & 0 & 0 & 1 \end{bmatrix} \tag{5-26}
$$

以此类推,首先从机器人的基座开始,然后从第一个关节开始一个个往下变换,接着到机器人的手,最后到末端执行器,则整个过程的总变换矩阵为:

$$
{}^{R}\boldsymbol{T}_{H} = {}^{R}\boldsymbol{T}_{1} \times {}^{1}\boldsymbol{T}_{2} \cdots \times {}^{n-1}\boldsymbol{T}_{n} = \boldsymbol{A}_{1} \times \boldsymbol{A}_{2} \times \cdots \times \boldsymbol{A}_{n} \tag{5-27}
$$

式中,n 为关节数。

对于一个具有 6 个自由度的机器人而言,有 6 个变换矩阵。

为了简化变换矩阵的计算,可以制作一张关节和连杆参数的表格,如表 5-1 所示。

表 5-1 D-H 参数

序号	θ	d	a	α
0-1				
1-2				
⋮				
5-6				

例 5-7 图 5-13 所示是一个简单的 2 轴平面机器人臂。根据 D-H 参数法,建立必要的坐标系,填写 D-H 参数表,导出该机器人的正运动学方程。

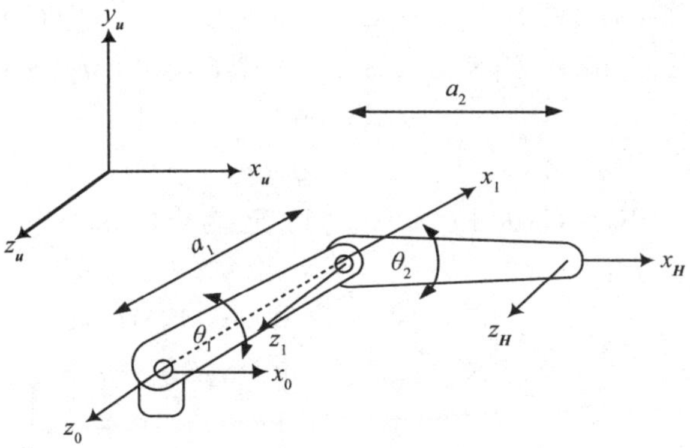

图 5-13　简单 2 轴平面机器人臂

解：(1) 确定坐标系。

两个关节都在 x-y 平面内旋转。坐标系 x_H-z_H 是机器人的末端坐标系，坐标系 0 是固定不动的。机器人相对于坐标系 0 而运动。如图 5-13 所示，关节 1 指定为 z_0，关节 2 指定为 z_1。

因为坐标系 0 是在机器人的基座上，在它之前没有关节，因此 x_0 的方向可以是任意的。为了方便起见，指定 x_0 的方向与全局坐标系的 x 轴方向相同。因为 z_0 和 z_1 是平行的，所以 x_1 轴是它们之间的公垂线，即就在两者之间的方向上。

(2) 根据建立好的坐标系和 D-H 参数法的常规步骤，确定各参数，并写入 D-H 参数表。

根据 D-H 参数法的常规步骤，按照如下从一个坐标系到下一个坐标系所必需的 4 个变换，可以来确认变量表中的这些参数。

① 绕 z_0 轴旋转 θ_1，使 x_0 和 x_1 平行；

② 由于 x_0 和 x_1 在同一个平面，因此沿着 z_0 轴的平移量 d 是 0；

③ 沿着已经旋转过的 x_0 轴移动距离 a_1；

④ 因为 z_0 和 z_1 是平行的，因此绕 x_1 轴的旋转角 α_1 是 0°。

坐标系 1 到坐标系 H 之间的变换可以重复与上面相同的过程。所确定的各参数如表 5-2所示。

表 5-2　简单 2 轴平面机器人臂的 D-H 参数

序号	θ	d	a	α
0-1	θ_1	0	a_1	0
1-H	θ_2	0	a_2	0

(3) 将参数代入相应的变换矩阵，可得到：

$$\boldsymbol{A}_1=\begin{bmatrix} C_1 & -S_1 & 0 & a_1C_1 \\ S_1 & C_1 & 0 & a_1S_1 \\ 0 & 0 & 1 & 0 \\ 0 & 0 & 0 & 1 \end{bmatrix},\quad \boldsymbol{A}_2=\begin{bmatrix} C_2 & -S_2 & 0 & a_2C_2 \\ S_2 & C_2 & 0 & a_2S_2 \\ 0 & 0 & 1 & 0 \\ 0 & 0 & 0 & 1 \end{bmatrix}$$

(4) 计算基座和手之间的总变换。

$$
{}^{0}\boldsymbol{T}_{H}=\boldsymbol{A}_{1}\times\boldsymbol{A}_{2}=\begin{bmatrix}C_{1}C_{2}-S_{1}S_{2} & -C_{1}S_{2}-S_{1}C_{2} & 0 & a_{2}(C_{1}C_{2}-S_{1}S_{2})+a_{1}C_{1}\\ S_{1}C_{2}+C_{1}S_{2} & -S_{1}S_{2}+C_{1}C_{2} & 0 & a_{2}(S_{1}C_{2}+C_{1}S_{2})+a_{1}S_{1}\\ 0 & 0 & 1 & 0\\ 0 & 0 & 0 & 1\end{bmatrix}
$$

用函数 $C_1C_2-S_1S_2=C(\theta_1+\theta_2)=C_{12}$ 和 $S_1C_2+C_1S_2=S(\theta_1+\theta_2)=S_{12}$ 来简化上式，则总变换矩阵简化为：

$$
{}^{0}\boldsymbol{T}_{H}=\begin{bmatrix}C_{12} & -S_{12} & 0 & a_{2}C_{12}+a_{1}C_{1}\\ S_{12} & C_{12} & 0 & a_{2}S_{12}+a_{1}S_{1}\\ 0 & 0 & 1 & 0\\ 0 & 0 & 0 & 1\end{bmatrix}
$$

如果给定 θ_1、θ_2、a_1 和 a_2 的值，根据正运动学方程就可以求出机器人末端的位置和姿态。

5.4 机械臂运动学

5.4.1 机械臂构成

机器人本体是机器人赖以完成作业任务的执行机构。一般一台机械臂(也称为操作臂)，可以在确定的环境中执行控制系统指定的操作。典型工业机器人本体一般由手部(末端执行器)、腕部、臂部、腰部和基座构成。机械臂多采用关节式机械结构，一般具有 6 个自由度。其中，3 个自由度用来确定末端执行器的位置，另外 3 个自由度则用来确定末端执行装置的方向(姿势)。机械臂上的末端执行装置可以根据操作需要换成焊枪、吸盘扳手等作业工具。

一个简单的机械臂(图 5-14)，由一组可做相对运动的关节和连杆组成。第一个连杆固定，连接该机械臂的基座，而最后一个连杆连接的是机器臂的末端执行器。为了简化，假设关节 2、3、4 在一个平面内，即不存在关节偏移。

5.4.2 机械臂正运动方程建立

(1) 根据 D-H 参数法建立坐标系

从关节 1 开始，为了方便起见，z_0 和 x_0 分别与参考坐标系的 z 轴和 x 轴平行。第 1 个关节的运动是围绕着 z_0-x_0 轴进行的，但这两个轴并不运动，表示机器人的基座是不动的。在关节 2 处，因关节 2 是旋转的，z_1 轴位于按右手规则旋转的方向。因为坐标轴 z_0 和 z_1 是相交的，所以 x_1 垂直于 z_0 和 z_1。关节 3 和关节 4 与关节 2 类似。最终，如图 5-14 所示，z_5 和 z_6 是平行且共线的。z_5 表示绕关节 6 的运动，而 z_6 表示末端执行器的运动。通常在运动学方程中不包含末端执行器，但应包含末端执行器的坐标系，这是因为它允许进行从坐标系 z_5-x_5 出发的变换。同时也要着重注意第一个和最后一个坐标系原点的位置，它们将决定机器人的总变换方程。

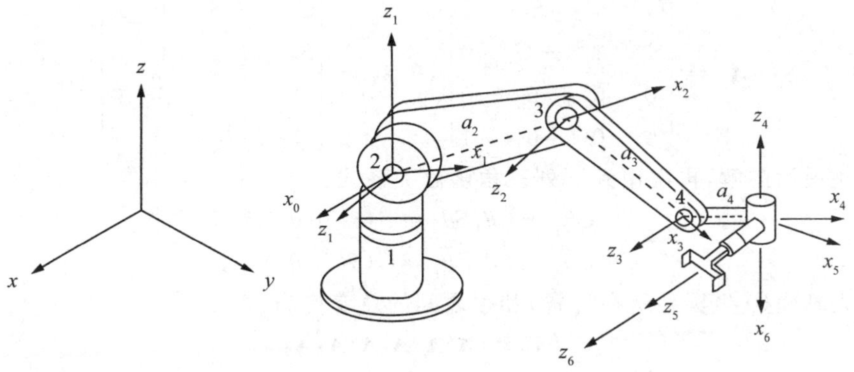

图 5-14　一个简单的机械臂

(2) 根据已建立的坐标系填写 D-H 参数表

从 z_0-x_0 开始，旋转 θ_1 使 x_0 转到与 x_1 轴相同的方向。为使 x_0 与 x_1 轴重合，需要沿 z_1 和沿 x_1 的平移量均为零。还需旋转 $\alpha(+90°)$，将 z_0 转到与 z_1 相同的方向。注意旋转是根据右手规则进行的，即将右手手指按旋转的方向弯曲，大拇指的方向则为旋转坐标轴的方向。此时，z_0-x_0 就变换到了 z_1-x_1 的位置。按照 D-H 参数常规步骤对其他坐标系做变换，并填写出 D-H 参数表(表 5-3)。

表 5-3　6 个自由度机械臂的 D-H 参数

序号	θ	d	a	α
0-1	θ_1	0	0	90°
1-2	θ_2	0	a_2	0
2-3	θ_3	0	a_3	0
3-4	θ_4	0	a_4	−90°
4-5	θ_5	0	a_2	90°
5-6	θ_6	0	0	0

θ 表示旋转关节的关节变量，d 表示滑动关节的关节变量。因为这个机器人的关节全是旋转的，所以所有的关节变量都是角度。

(3) 根据 D-H 参数表获得相邻两个关节之间的变换矩阵

$$\boldsymbol{A}_1=\begin{bmatrix} C_1 & 0 & S_1 & 0 \\ S_1 & 0 & -C_1 & 0 \\ 0 & 1 & 0 & 0 \\ 0 & 0 & 0 & 1 \end{bmatrix},\quad \boldsymbol{A}_2=\begin{bmatrix} C_2 & -S_2 & 0 & C_2a_2 \\ S_2 & C_2 & 0 & S_2a_2 \\ 0 & 0 & 1 & 0 \\ 0 & 0 & 0 & 1 \end{bmatrix},$$

$$\boldsymbol{A}_3=\begin{bmatrix} C_3 & -S_3 & 0 & C_3a_3 \\ S_3 & C_3 & 0 & S_3a_3 \\ 0 & 0 & 1 & 0 \\ 0 & 0 & 0 & 1 \end{bmatrix},\quad \boldsymbol{A}_4=\begin{bmatrix} C_4 & 0 & -S_4 & C_4a_4 \\ S_4 & 0 & C_4 & S_4a_4 \\ 0 & -1 & 0 & 0 \\ 0 & 0 & 0 & 1 \end{bmatrix},$$

$$A_5=\begin{bmatrix}C_5 & 0 & S_5 & 0\\ S_5 & 0 & -C_5 & 0\\ 0 & 0 & 0 & 0\\ 0 & 0 & 0 & 1\end{bmatrix},\quad A_6=\begin{bmatrix}C_6 & -S_6 & 0 & 0\\ S_6 & C_6 & 0 & 0\\ 0 & 0 & 1 & 0\\ 0 & 0 & 0 & 1\end{bmatrix}$$

为简化最后的解，再次用到下列三角函数关系式：

$$\begin{cases}S\theta_1 C\theta_2 + C\theta_1 S\theta_2 = S(\theta_1+\theta_2) = S_{12}\\ C\theta_1 C\theta_2 - S\theta_1 S\theta_2 = C(\theta_1+\theta_2) = C_{12}\end{cases} \tag{5-28}$$

机器人基座（0 坐标系所在位置）和手之间的总变换为：

$$^{R}T_H = A_1 A_2 A_3 A_4 A_5 A_6$$

$$=\begin{bmatrix}C_1(C_{234}C_5C_6-S_{234}S_6) & C_1(-C_{234}C_5C_6-S_{234}C_6) & C_1(C_{234}S_5)+S_1C_5 & C_1(C_{234}a_4+C_{23}a_3+C_2a_2)\\ -S_1S_5C_6 & +S_1S_5S_6 & & \\ S_1(C_{234}C_5C_6-S_{234}S_6) & S_1(-C_{234}C_5C_6-S_{234}C_6) & S_1(C_{234}S_5)-C_1C_5 & S_1(C_{234}a_4+C_{23}a_3+C_2a_2)\\ +C_1S_5C_6 & -C_1S_5S_6 & & \\ S_{234}C_5C_6+C_{234}S_6) & -S_{234}C_5C_6+C_{234}C_6) & S_{234}S_5 & S_{234}a_4+S_{23}a_3+S_2a_2\\ 0 & 0 & 0 & 1\end{bmatrix} \tag{5-29}$$

注意，与其他任何机械结构一样，机器人也不会保持原理图中所示的构型不变，需想象出机器人的运动，即当坐标系运动时，想象出与它们所固连的连杆和关节的运动情况。

5.4.3 机械臂逆运动学解

机器人运动学的问题，即已知机械臂末端的工具坐标系相对于基坐标系的位置和姿态，计算所有能够到达给定位置和姿态的关节角。

从之前的变换方程中可以看见许多关节角是耦合的，这给从矩阵中提取各关节的信息提高了难度。为了给各关节角度解耦，通常都是用 $^{R}T_H$ 矩阵左乘 A_n^{-1} 矩阵，让方程中消除某个角度，这样可以凑到一个角的正弦或者余弦，从而求出相应的角度。

在执行运动学分析时，需要对每个关节和连杆的变换进行描述，而各个坐标系之间的变换需要相乘得到总变换矩阵。为了保持符号的统一性，将 5.4.2 节中的机器臂的总变换矩阵[即公式(5-29)]表示为[RHS](Right-Hand Side)，可以使得整个运动学分析的符号规定更加一致。这样可令机械臂的期望姿态为：

$$^{R}T_H=\begin{bmatrix}n_x & o_x & a_x & p_x\\ n_y & o_y & a_y & p_y\\ n_z & o_z & a_z & p_z\\ 0 & 0 & 0 & 1\end{bmatrix} \tag{5-30}$$

为了求解机械臂的各关节角度，需要选择 A_n^{-1} 左乘方程两边的矩阵。首先用 A_1^{-1} 左乘上面两个矩阵[公式(5-29)和公式(5-30)]，得：

$$A_1^{-1}\times\begin{bmatrix}n_x & o_x & a_x & p_x\\ n_y & o_y & a_y & p_y\\ n_z & o_z & a_z & p_z\\ 0 & 0 & 0 & 1\end{bmatrix}=A_1^{-1}[RHS]=A_2A_3A_4A_5A_6 \tag{5-31}$$

即：

$$\begin{bmatrix} n_xC_1+n_yS_1 & o_xC_1+o_yS_1 & a_xC_1+a_yS_1 & P_xC_1+P_yS_1 \\ n_z & o_Z & a_z & p_z \\ n_xS_1-n_yC_1 & o_xS_1-o_yC_1 & a_xS_1-a_yC_1 & P_xS_1-P_yC_1 \\ 0 & 0 & 0 & 1 \end{bmatrix}=$$

$$\begin{bmatrix} C_{234}C_5C_6-S_{234}S_6 & -C_{234}C_5C_6-S_{234}C_6 & C_{234}S_5 & C_{234}a_4+C_{23}a_3+C_2a_2 \\ S_{234}C_5C_6+C_{234}S_6 & -S_{234}C_5C_6+C_{234}C_6 & S_{234}S_5 & S_{234}a_4+S_{23}a_3+S_2a_2 \\ -S_5C_6 & S_5S_6 & C_5 & 0 \\ 0 & 0 & 0 & 1 \end{bmatrix} \tag{5-32}$$

根据公式(5-32)的(3,4)元素，有：

$$p_xS_1-p_yC_1=0 \rightarrow \theta_1=\arctan(\frac{p_y}{p_x}),\ \theta_1=\theta_1+180° \tag{5-33}$$

根据矩阵的(1,4)和(2,4)元素，可得：

$$\begin{cases} p_xC_1+p_yS_1=C_{234}a_4+C_{23}a_3+C_2a_2 \\ p_z=S_{234}a_4+S_{23}a_3+S_2a_2 \end{cases} \tag{5-34}$$

重新排列公式(5-34)的两个表达式，并且两边平方，再相加得：

$$(p_xC_1+P_yS_1-C_{234}a_4)2=(C_{23}a_3+C_2a_2)^2$$

$$(p_z^-\ S_{234}a_4)2=(S_{23}a_3+S_2a_2)^2$$

$$(p_xC_1+p_yS_1-C_{234}a_4)2+(p_z-S_{234}a_4)^2=a_2^2+a_3^2+2a_2a_3(S_2S_{23}+C_2C_{23}) \tag{5-35}$$

根据公式(5-28)的三角函数方程，可得：

$$S_2S_{23}+C_2C_{23}=\cos[(\theta_2+\theta_3)-\theta_2]=\cos\theta_3 \tag{5-36}$$

因此，有：

$$C_3=\frac{(p_xC_1+p_yS_1-C_{234}a_4)^2+(p_z-S_{234}a_4)^2-{a_2}^2-{a_3}^2}{2a_2a_3} \tag{5-37}$$

在等式(5-37)中，除了 S_{234} 和 C_{234} 以外，每个变量都是已知的。S_{234} 和 C_{234} 将在下面求出。根据 $S_3=\pm\sqrt{1-C_3^2}$，可得：

$$\theta_3=\arctan\frac{S_3}{C_3} \tag{5-38}$$

由于关节 2,3,4 是平行的，所以左乘 $\mathbf{A}_2{}^{-1}$ 和 $\mathbf{A}_3{}^{-1}$ 得不到有用的结果。因此需要左乘 $\mathbf{A}_1$ 到 $\mathbf{A}_4$ 的逆，其结果为：

$$\mathbf{A}_4^{-1}\mathbf{A}_3^{-1}\mathbf{A}_2^{-1}\mathbf{A}_1^{-1}\times\begin{bmatrix} n_x & o_x & a_x & p_x \\ n_y & o_y & a_y & p_y \\ n_z & o_z & a_z & p_z \\ 0 & 0 & 0 & 1 \end{bmatrix}=\mathbf{A}_4^{-1}\mathbf{A}_3^{-1}\mathbf{A}_2^{-1}\mathbf{A}_1^{-1}[RHS]=\mathbf{A}_5\mathbf{A}_6 \tag{5-39}$$

展开后，得：

$$
\begin{bmatrix}
C_{234}(C_1n_x+S_1n_y)+ & C_{234}(C_1o_x+S_1o_y)+ & C_{234}(C_1a_x+ & C_{234}(C_1p_x+S_1p_y)+ \\
S_{234}n_z & S_{234}o_z & S_1a_y)+S_{234}a_x & S_{234}p_z-C_{34}a_2-C_4a_3-a_4 \\
C_1n_y-S_1n_x & C_1o_y-S_1o_x & C_1a_y-S_1a_x & 0 \\
-S_{234}(C_1n_x+S_1n_y)+ & -S_{234}(C_1o_x+S_1o_y)+ & -S_{234}(C_1a_x+S_1a_y)+ & -S_{234}(C_1P_x+S_1P_y)+ \\
C_{234}n_z & C_{234}o_z & C_{234}a_z & C_{234}p_z+S_{34}a_2+S_4a_3 \\
0 & 0 & 0 & 1
\end{bmatrix}
$$

$$
=\begin{bmatrix}
C_5C_6 & -C_5S_6 & S_5 & 0 \\
S_5C_6 & -S_5S_6 & -C_5 & 0 \\
S_6 & C_6 & 0 & 0 \\
0 & 0 & 0 & 1
\end{bmatrix} \tag{5-40}
$$

根据公式(5-40)和矩阵的(3,3)元素，可得

$$
-S_{234}(C_1a_x+S_1a_y)+C_{234}a_z=0 \tag{5-41}
$$

$$
\rightarrow \theta_{234}=\arctan\left(\frac{a_z}{C_1a_x+S_1a_y}\right),\ \theta_{234}=\theta_{234}+180^\circ \tag{5-42}
$$

由此可以计算 S_{234} 和 C_{234}，进而利用前面的讨论计算出 θ_3。

将 $C_{12}=C_1C_2-S_1S_2$ 和 $S_{12}=S_1C_2+C_1S_2$ 再次带入公式(5-34)中，得：

$$
\begin{cases}
p_xC_1+p_yS_1-C_{234}a_4=(C_2C_3-S_2S_3)a_3+C_2a_2 \\
p_z-S_{234}a_4=(S_2C_3+C_2S_3)a_3+S_2a_2
\end{cases} \tag{5-43}
$$

将公式(5-43)作为具有两个方程和两个未知量的联立方程来处理，求解 C_2 和 S_2 可得

$$
\begin{cases}
S_2=\dfrac{(C_3a_3+a_2)(p_z-S_{234}a_4)-S_3a_3(p_xC_1+p_yS_1-C_{234}a_4)}{(C_3a_3+a_2)^2+S_3^2a_3^2} \\
C_3=\dfrac{(C_3a_3+a_2)(p_xC_1+p_yS_1-C_{234}a_4)+S_3a_3(p_z-S_{234}a_4)}{(C_3a_3+a_2)^2+S_3^2a_3^2}
\end{cases} \tag{5-44}
$$

公式(5-44)中所有元素都是已知的，因此可以计算得到 θ_2：

$$
\theta_2=\arctan\frac{(C_3a_3+a_2)(p_z-S_{234}a_4)-S_3a_3(p_xC_1+p_yS_1-C_{234}a_4)}{(C_3a_3+a_2)(p_xC_1+p_yS_1-C_{234}a_4)+S_3a_3(p_z-S_{234}a_4)} \tag{5-45}
$$

进而可得：

$$
\theta_4=\theta_{234}-\theta_2-\theta_3 \text{和} \theta_4=\pi+\theta_{234}-\theta_2-\theta_3 \tag{5-46}
$$

根据公式(5-40)和矩阵的(1,3)和(2,3)元素，可得：

$$
\begin{cases}
S_5=C_{234}(C_1a_x+S_1a_y)+S_{234}a_z \\
C_5=-C_1a_y+S_1a_x
\end{cases} \tag{5-47}
$$

由此可推出：

$$
\theta_5=\arctan\frac{S_5}{C_5}=\arctan\frac{C_{234}(C_1a_x+S_1a_y)+S_{234}a_z}{S_1a_x-C_1a_y} \tag{5-48}
$$

因为 θ_6 没有解耦方程，所以根据公式(5-39)可知，可用 $\mathbf{A}_5^{-1}$ 左乘公式(5-40)来对 θ_6 解耦，即得：

$$\begin{bmatrix} C_5[C_{234}(C_1n_x+S_1n_y)+S_{234}n_z] & C_5[C_{234}(C_1o_x+S_1o_y)+S_{234}o_z] & 0 & 0 \\ -S_5(S_1n_x-C_1n_y) & -S_5(S_1o_x-C_1o_y) & & \\ -S_{234}(C_1n_x+S_1n_y)+C_{234}n_z & -S_{234}(C_1o_x+S_1o_y)+C_{234}o_z & 0 & 0 \\ 0 & 0 & 1 & 0 \\ 0 & 0 & 0 & 1 \end{bmatrix}$$

$$=\begin{bmatrix} C_6 & -S_6 & 0 & 0 \\ S_6 & C_6 & 0 & 0 \\ 0 & 0 & 1 & 0 \\ 0 & 0 & 0 & 1 \end{bmatrix} \tag{5-49}$$

根据公式(5-49)和矩阵的(2,1)和(2,2)元素,可得:

$$\theta_6=\arctan\frac{-S_{234}(C_1n_x+S_1n_y)+C_{234}n_z}{-S_{234}(C_1o_x+S_1o_y)+C_{234}o_z} \tag{5-50}$$

$\theta_1,\theta_2,\cdots,\theta_6$合在一起给出了机械臂置于任何期望位姿所需的关节量。虽然这种方法仅适用于给定的机器人,但可用类似的方法来处理其他的机器人。

值得注意的是,由于机器人的最后 3 个关节相交于一个共同点,才使得可以用这个方法来求解,否则就不能用这个方法,而只能直接求解矩阵或通过计算矩阵的逆来求解未知变量。大多数工业机器人都有相交的腕关节。

5.5 机器人逆运动学

机器人的逆运动学编程是指根据机器人末端执行器(如机械臂或机器人手臂)的期望位置和姿态,计算出使机器人能够到达该目标位置的关节角度或关节速度的过程。逆运动学问题通常比正运动学问题更为复杂,因为在给定末端执行器的位置和姿态后,需要解决的是找到一组关节角度或关节速度,使得机器人能够到达该目标。这涉及解决非线性方程组或优化问题。

5.5.1 逆运动学的解

机器人逆运动学的问题,就是已知机器人末端的工具坐标系相对于基坐标系的位置和姿态,计算所有能够到达给定位置和姿态的关节角,即已知变换矩阵${}^R\boldsymbol{T}_H$,计算出能够得到${}^R\boldsymbol{T}_H$的一些列关节角$\theta_1,\theta_2,\cdots,\theta_n$。

对于机器人运动学的解,有以下几种情况。

① 不存在相应的解。当所期望的位姿离基坐标系太远,而机械臂不够长时,末端执行器无法达到该位姿;当机械臂的自由度少于 6 个自由度时,它将不能达到三维空间的所有位姿;此外,对于实际中的机械臂,关节角不一定能到达 360°,使得它不能达到某些范围的位姿。在以上的三种情况中,机械臂都不能达到某些给定的位姿,因此不存在解。

② 存在唯一的解。当机械臂只能从一个方向达到期望的位姿时,只存在一组关节角使得它能到达这个位姿,即存在唯一的解。

③ 存在多个解。当机械臂能从多个方向达到期望的位姿时，存在着多组关节角能使它到达这个位姿，即存在多个解。此时，需要选择一组最适合的解：一是要考虑机械臂初始位姿移动到期望位姿的“最短路程”，得到相应的解；二是要考虑在机械臂移动的过程中是否会遇到障碍，应选择无障碍的一组解。

5.5.2 逆运动学的解法

对机器人的逆运动学方程进行求解，是一个非线性问题。目前对这个问题的求解方法分为两种：封闭解法和数值解法。封闭解法不需要进行迭代式进行求解，就可以对不高于四次项的多项式进行求解。封闭解法又分为代数法和几何法。数值解法的求解过程需要迭代，因此求解速度较慢。

由图 5-14 可以看出，后三个关节轴线相交于一点，满足 Pieper 准则，因此存在封闭解。对于满足 Pieper 准则的六自由度机器人，均可以参照代数法获得各关节的解析角度值，从而可有效避免机器人多阶齐次变换矩阵的多次求逆运算。

5.5.2.1 几何法

机械臂逆运动学的几何法是通过几何关系推导出机械臂的关节角度。该方法适用于特定类型或简单的机械臂，利用几何关系建立机械臂的运动学模型，并基于末端执行器位置和姿态的几何表达式来求解关节角度。一种常用的机械臂逆运动学几何法求解步骤如下所述。

① 建立运动学模型。根据机械臂的几何结构和关节参数，建立机械臂的正向运动学模型，即从关节空间到笛卡尔空间的映射关系。这可以通过齐次变换矩阵（Homogeneous Transformation Matrix）来表示。

② 确定末端执行器的位置和姿态。根据具体应用需求，确定末端执行器的目标位置和姿态，通常使用坐标变换、欧拉角、四元数等来表示。

③ 推导几何关系。根据运动学模型和几何关系，将末端执行器的位置和姿态与关节角度之间建立几何关系式。这可能涉及正余弦定理、三角关系等几何计算方法。

④ 解几何关系方程。根据几何关系式，求解关节角度的解。这可能需要使用代数或数值计算方法，其中关节角度可以表示为末端执行器位置和姿态的函数。

5.5.2.2 数值法

机械臂逆运动学的数值法是通过数值计算方法来求解机械臂的关节角度。这种方法适用于复杂的机械臂系统，可以通过数值迭代或优化算法来逼近解。一种常用的机械臂逆运动学数值法求解步骤如下所述。

① 初始猜测。设定一个初始的关节角度值作为起始点。

② 正向运动学计算。使用初始关节角度值进行正向运动学计算，得到末端执行器的位置和姿态。

③ 计算误差。将当前计算得到的末端执行器位置和姿态与目标位置和姿态进行比较，计算它们之间的误差。这个误差可以通过距离差、旋转差等来表示。

④ 更新关节角度。根据误差信息，利用数值迭代或优化算法，更新关节角度的数值。常见的数值优化算法包括牛顿法、梯度下降法、列文伯格－马夸尔特法和高斯-塞德尔迭代法等。

⑤ 重复迭代。重复步骤②到步骤④，直到达到预设的收敛条件。通常，可以设置一个最大迭代次数或设定一个误差阈值。

⑥ 输出结果。当满足收敛条件时，得到最终的关节角度解作为逆运动学的结果。

需要注意的是，无论采用哪种方法，逆运动学求解过程都需要考虑机械臂的几何结构、关节限制、奇异性等因素，并根据具体机械臂的运动学特性进行相应的推导或计算。对于复杂的机械臂系统，逆运动学求解可能需要使用数值优化方法来得到更精确的解。

5.6 双轮差速移动机器人运动学模型

通常，轮式移动机器人控制系统在完成目标任务时通常都需要经过周围环境信息搜索与检测、自主导航定位、规划最佳运动轨迹以及运动控制等环节。控制环节具体可分为两个层面：上层的信息处理与规划决策和底层的运动控制与执行。规划决策层负责处理检测到的环境信息、做出合理的路径规划以及障碍规避等，并将运动控制目标信号发送到底层控制机构。底层运动控制与执行机构作为移动机器人控制系统的核心基本单元，用于完成信息处理与决策层发出的控制信号。在一般控制环境中，不考虑机器人发生滑动的情况，通常认为机器人在理想的运动约束条件下完成运动控制任务，这种运动约束称为非完整约束。通常把轮式移动机器人控制系统考虑成非完整控制系统进行研究。

轮式移动机器人与机器臂在运动学上有一些区别。轮式移动机器人的运动学主要涉及其底盘运动(即整体的平移和旋转运动)。移动机器人通常配备有轮子或履带。通过控制轮子或履带的旋转来实现移动机器人的运动。移动机器人运动学问题包括确定机器人的位置、速度和加速度等。机器臂的运动学主要涉及机械臂的运动。机器臂通常由多个关节连接而成。通过控制各个关节的角度或长度变化来实现机器臂的运动。机器臂运动学问题包括确定机器臂末端执行器的位置、姿态和运动轨迹等。

5.6.1 非完整约束机器人的约束方程

非完整轮式移动机器人结构多样，配置方式灵活。研究中所用到的轮式移动机器人的结构和模型也是各种各样的。采用的轮式移动机器人的模型如图 5-15 所示。其是一种三轮式移动机器人，包括两个驱动轮和一个辅助轮。两个驱动轮同轴，采用直流电机驱动。轮式移动机器人的各种运动形式都可以通过改变两轮的转速大小和转动方向来实现。而辅助轮对于运动形式没有影响，仅仅起到支撑车体和导向作用。

在图 5-15 中，$\{XOY\}$为惯性笛卡尔坐标系，$\{X_cO_cY_c\}$为局部坐标系。在惯性笛卡尔坐标系中，机器人位姿用向量 $\boldsymbol{q}=[x,y,\theta]^{\mathrm{T}}$ 表示，θ 表示局部坐标系的横轴 X_c 与惯性笛卡尔坐标系 X 轴的夹角。在局部坐标系中，O_c 为轮式移动机器人的质心，P_c 为两驱动转动轮轴线 P_1P_2 连线的中点，$2R$ 表示两驱动轮之间的距离，r 为驱动轮半径，d 为机器人质心 O_c 到两轮轴线的距离。

(1) 车轮无侧滑时机器人约束方程

设机器人沿着 X_c 的运动速度为 v，此地，机器人在惯性笛卡尔坐标系的坐标为

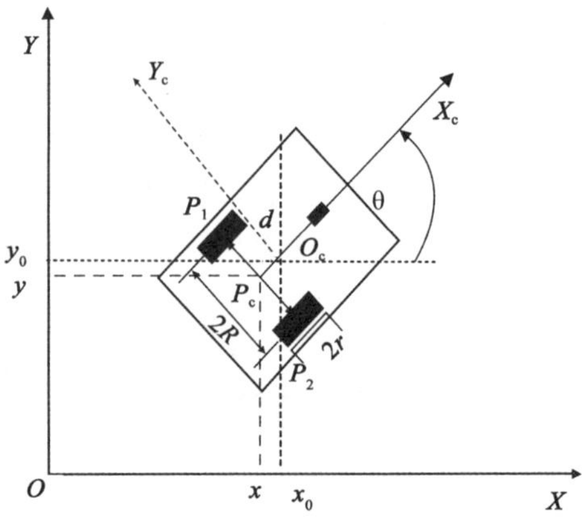

图 5-15 轮式移动机器人结构示意图

(x_0, y_0)则有：

$$\begin{cases}\dot{x}_0 = v\cos\theta \\ \dot{y}_0 = v\sin\theta\end{cases} \tag{5-51}$$

进而推出：

$$\dot{x}_0 \sin\theta - \dot{y}_0 \cos\theta = 0 \tag{5-52}$$

由图 5-15 中的点 O_c 和点 P_c 的位置关系得：

$$\begin{cases}x = x_0 - d\cos\theta \\ y = y_0 - d\sin\theta\end{cases} \tag{5-53}$$

把公式(5-53)对时间 t 求导可得：

$$\begin{cases}\dot{x} = \dot{x}_0 + d\dot{\theta}\sin\theta \\ \dot{y} = \dot{y}_0 - d\dot{\theta}\cos\theta\end{cases} \tag{5-54}$$

将公式(5-51)带入公式(5-54)得：

$$\begin{cases}\dot{x} - d\dot{\theta}\sin\theta = v\cos\theta \\ \dot{y} + d\dot{\theta}\cos\theta = v\sin\theta\end{cases} \tag{5-55}$$

由公式(5-55)进而推出 $\dfrac{\cos\theta}{\sin\theta} = \dfrac{\dot{x} - d\dot{\theta}\sin\theta}{\dot{y} + d\dot{\theta}\cos\theta}$，即：

$$\dot{x}\sin\theta - \dot{y}\cos\theta - d\dot{\theta} = 0 \tag{5-56}$$

公式(5-56)为机器人几何中心与质心不重合、车轮无侧滑时的约束方程。若机器人几何中心与质心重合，则公式(5-56)为 $\dot{x}\sin\theta - \dot{y}\cos\theta = 0$。

(2) 车轮纯滚动时机器人约束方程

在忽略摩擦力和其他扰动因素的理想情况下，机器人的车轮在运动过程中不会出现偏移或打滑的情况，即始终保持纯滚动的状态，其约束方程为：

$$\begin{cases} \dot{x}\cos\theta + \dot{y}\sin\theta + R\dot{\theta} = r\dot{\theta}_r \\ \dot{x}\cos\theta + \dot{y}\sin\theta - R\dot{\theta} = r\dot{\theta}_l \end{cases} \tag{5-57}$$

式中，$\dot{\theta}_r$ 为右侧车轮的角加速度；$\dot{\theta}_l$ 为左侧车轮的角加速度。

(3) 非完整约束时机器人约束方程

由公式(5-56)和公式(5-57)得非完整约束时机器人在车轮无侧滑和车轮纯滚动条件下的约束方程为：

$$\boldsymbol{A}(\boldsymbol{p})\dot{\boldsymbol{p}} = 0 \tag{5-58}$$

$$\boldsymbol{A}(\boldsymbol{p}) = \begin{bmatrix} \sin\theta & -\cos\theta & -d & 0 & 0 \\ \cos\theta & \sin\theta & R & -r & 0 \\ \cos\theta & \sin\theta & -R & 0 & -r \end{bmatrix}$$

$$\boldsymbol{p} = [x, y, \theta, \theta_r, \theta_l]^{\mathrm{T}}$$

$$\dot{\boldsymbol{p}} = [\dot{x}, \dot{y}, \dot{\theta}, \omega_r, \omega_l]^{\mathrm{T}}$$

由前面的无侧滑时机器人约束方程推导可知，当机器人几何中心与质心重合时，在垂直于前进方向的方向上，速度必须为 0，即 $\dot{y} = \tan\theta \times \dot{x}$，但不能将其积分为 $\dot{y} = \tan\theta \times x + C$。例如，当 $\theta = 90°$ 时，机器人可以向前移动，但等式却要求 $\dot{y} = \infty$。因此，双轮差速移动机器人当前位置不能仅仅通过初始位置和从那时起的速度积分来确定。像这种非积分约束条件称为普法夫约束条件。公式(5-58)中的 $\boldsymbol{A}(\boldsymbol{p})$ 称为普法夫约束矩阵。

5.6.2 非完整约束机器人的运动学方程

机器人的运动状态由机器人上质心所在坐标系 $\{X_c O_c Y_c\}$ 的位置及航向角来表示。轮式移动机器人位姿用向量 $\boldsymbol{q} = [x, y, \theta]^{\mathrm{T}}$ 表示，则由公式(5-55)得运动学方程为：

$$\dot{\boldsymbol{q}} = \begin{bmatrix} \dot{x} \\ \dot{y} \\ \dot{\theta} \end{bmatrix} = \begin{bmatrix} \cos\theta & d\sin\theta \\ \sin\theta & -d\cos\theta \\ 0 & 1 \end{bmatrix} \begin{bmatrix} v \\ \dot{\theta} \end{bmatrix} = \boldsymbol{SV} \tag{5-59}$$

机器人在 $\{X_c O_c Y_c\}$ 坐标系中的线速度和角速度分别为 v 和 $\dot{\theta}$，则两轮车线速度和角速度关系为：

$$\begin{bmatrix} v \\ \dot{\theta} \end{bmatrix} = \begin{bmatrix} 1/2 & 1/2 \\ 1/(2R) & -1/(2R) \end{bmatrix} \begin{bmatrix} v_r \\ v_l \end{bmatrix} = \begin{bmatrix} r/2 & r/2 \\ r/(2R) & -r/(2R) \end{bmatrix} \begin{bmatrix} \omega_r \\ \omega_l \end{bmatrix} \tag{5-60}$$

将公式(5-60)的线速度和角速度代入到运动学方程(5-59)，得：

$$\begin{bmatrix} \dot{x} \\ \dot{y} \\ \dot{\theta} \end{bmatrix} = \begin{bmatrix} \frac{r}{2}\cos\theta + \frac{r}{2R}d\sin\theta & \frac{r}{2}\cos\theta - \frac{r}{2R}d\sin\theta \\ \frac{r}{2}\sin\theta - \frac{r}{2R}d\cos\theta & \frac{r}{2}\sin\theta + \frac{r}{2R}d\sin\theta \\ \frac{r}{2R} & -\frac{r}{2R} \end{bmatrix} \begin{bmatrix} \omega_r \\ \omega_l \end{bmatrix} \tag{5-61}$$

公式(5-61)为差速移动机器人几何中心位置与质心不重合时在惯性坐标系{XOY}下的广义前向运动学方程。

思考与练习题

1. 如何用一个齐次矩阵来表示一个刚体质心或者坐标系？

2. 什么是机器人的正运动学和逆运动学，为什么要求解机器人的逆运动学方程？

3. D-H 参数法的基本过程有哪些？什么条件下可以使用 D-H 参数法求解机器人的运动学过程？

4. 用齐次矩阵表示如下顺序的运动：

① 绕 Z 轴转动 90°；② 绕 X 轴转动 −90°；③ 平移[3,7,9]。

5. 已知坐标系中点 U 的位置，$U=[7,3,21]^{\mathrm{T}}$，将此点绕 Z 轴旋转 90°，再绕 Y 轴旋转 90°，求旋转变换后所得的点 $\boldsymbol{W}$ 的位置。

6. 一个两关节机器人，关节 1、2 的齐次变换矩阵分别为 $\boldsymbol{A}_1$ 和 $\boldsymbol{A}_2$，试求该机器人的坐标变换矩阵。

$$\boldsymbol{A}_1=\begin{bmatrix} c\theta_1 & 0 & -s\theta_1 & 0 \\ s\theta_1 & 0 & c\theta_1 & 0 \\ 0 & -1 & 0 & 0 \\ 0 & 0 & 0 & 1 \end{bmatrix} \quad \boldsymbol{A}_2=\begin{bmatrix} c\theta_2 0 & s\theta_2 0 & s\theta_2 0 & c\theta_2 0 \\ 0 & 1 & 0 & 0 \\ 0 & 0 & 0 & 1 \end{bmatrix}$$

7. 对于如图 5-16 所示的 SCARA 型机器人，请完成下面的任务。

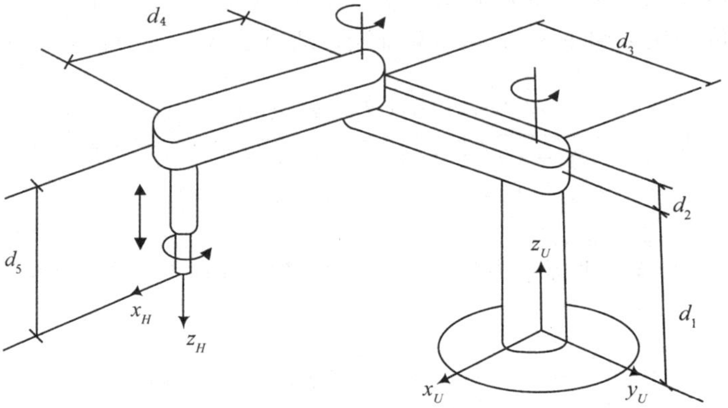

图 5-16　SCARA 型机器人简图

① 建立基于 D-H 表示法的坐标系；

② 填写 D-H 表示法参数表；

③ 写出所有的变换矩阵；

④ 根据变换矩阵写出 $^{U}\boldsymbol{T}_H$ 矩阵。

第 6 章　机器人微分运动和速度

机器人的微分运动可以描述为机器人在三维空间中的位姿（位置和方向）以及其导数（速度和角速度）随时间的变化。通过对机器人的微分运动进行建模和控制，可以实现机器人的轨迹规划、运动控制、碰撞检测等。微分运动在机器人学中扮演着重要的角色。掌握好微分关系有助于理解和控制机器人在空间中的运动行为。

6.1　微 分 关 系

通过图 6-1 所示的两个自由度简单机构来了解什么是微分关系。其中，θ_1 表示第一个连杆相对于参考坐标系的旋转角度，θ_2 表示第二个连杆相对于第一个连杆的旋转角度。

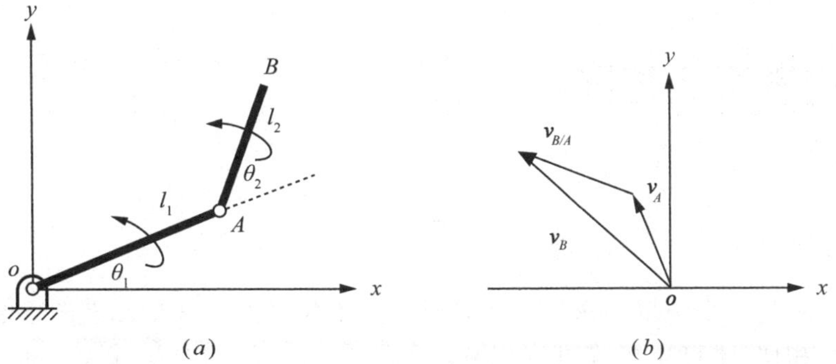

图 6-1　简单机构微分关系

对于一个连杆的运动，可以认为是该连杆相对于固连在前一个连杆上的当前坐标系的运动，B 点的速度可以计算为：

$$\begin{aligned} \boldsymbol{v}_B &= \boldsymbol{v}_A + \boldsymbol{v}_{B/A} = l_1\dot{\theta}_1[\perp tol_1] + l_2(\dot{\theta}_1+\dot{\theta}_2)[\perp tol_2] \\ &= -l_1\dot{\theta}_1\sin\theta_1\boldsymbol{i} + l_1\dot{\theta}_1\cos\theta_1\boldsymbol{j} - l_2(\dot{\theta}_1+\dot{\theta}_2)\sin(\theta_1+\theta_2)\boldsymbol{i} + l_2(\dot{\theta}_1+\dot{\theta}_2)\cos(\theta_1+\theta_2)\boldsymbol{j} \end{aligned} \tag{6-1}$$

B 点速度 $\boldsymbol{v}_B$ 由 x 和 y 两个分量组成，则公式(6-1)的矩阵形式为：

$$\begin{bmatrix} v_{Bx} \\ v_{By} \end{bmatrix} = \begin{bmatrix} -l_1\sin\theta_1 - l_2\sin(\theta_1+\theta_2) & -l_2\sin(\theta_1+\theta_2) \\ l_1\cos\theta_1 + l_2\cos(\theta_1+\theta_2) & l_2\cos(\theta_1+\theta_2) \end{bmatrix} \begin{bmatrix} \dot{\theta}_1 \\ \dot{\theta}_2 \end{bmatrix} \tag{6-2}$$

由式(6-2)可见,方程右边的矩阵(与机构的位置有关)乘以两个连杆的相应角速度便可得到 B 点的速度。

上面是直接通过速度关系来推导速度方程。现在可以通过描述 B 点位置的方程求微分来寻找速度。B 点位置与两个连杆的相对位置有关。B 点位置可表示为:

$$\begin{cases} x_B = l_1\cos\theta_1 + l_2\cos(\theta_1+\theta_2) \\ y_B = l_1\sin\theta_1 + l_2\sin(\theta_1+\theta_2) \end{cases} \tag{6-3}$$

分别对上述方程组的两个变量 θ_1 和 θ_2 求微分,可得:

$$\begin{cases} \mathrm{d}x_B = -l_1\sin\theta_1\mathrm{d}\theta_1 - l_2\sin(\theta_1+\theta_2)(\mathrm{d}\theta_1+\mathrm{d}\theta_2) \\ \mathrm{d}y_B = l_1\cos\theta_1\mathrm{d}\theta_1 + l_2\cos(\theta_1+\theta_2)(\mathrm{d}\theta_1+\mathrm{d}\theta_2) \end{cases} \tag{6-4}$$

写成矩阵形式为:

$$\begin{bmatrix} \mathrm{d}x_B \\ \mathrm{d}y_B \end{bmatrix} = \begin{bmatrix} -l_1\sin\theta_1 - l_2\sin(\theta_1+\theta_2) & -l_2\sin(\theta_1+\theta_2) \\ l_1\cos\theta_1 + l_2\cos(\theta_1+\theta_2) & l_2\cos(\theta_1+\theta_2) \end{bmatrix} \begin{bmatrix} \mathrm{d}\theta_1 \\ \mathrm{d}\theta_2 \end{bmatrix} \tag{6-5}$$

由此可以看到,公式(6-2)与公式(6-5)无论在内容上还是形式上都很相似。不同的是,公式(6-2)是速度关系,而公式(6-5)是微分运动关系。如果公式(6-5)两边同时除以 $\mathrm{d}t$,由于 $\mathrm{d}x_B/\mathrm{d}t = v_{Bx}$ 及 $\mathrm{d}\theta_1/\mathrm{d}t = \dot{\theta}_1$ 等,此时公式(6-2)与公式(6-5)是完全相同的。

因此,在多自由度的机器人中,也可用雅可比矩阵的方法将关节的微分运动(或速度)与手的微分运动(或速度)联系起来。

6.2 机构雅可比矩阵

6.2.1 雅可比矩阵

雅可比矩阵是一个矢量的每一个元素对另一个矢量的每一个元素进行偏微分而组成的矩阵。和导数相似,雅可比矩阵可以用来对两个矢量之间的非线性关系进行局部线性化。而在机器人学中,雅可比矩阵指的则是机器人末端的位姿(位置与姿态)与机器人各个关节位置的偏微分关系;可以将单个关节的微分运动或速度转换为感兴趣点(如末端执行器)的微分运动或速度,也可以将单个关节的运动与整个机构的运动联系起来。由于关节角的值是随时间变化的,所以雅可比矩阵各元素的大小也随时间变化。雅可比矩阵是与时间相关的。可以通过对位置方程中的所有变量求导的方法来计算雅可比矩阵。

雅可比矩阵是多维形式的导数。假设有 i 个函数,每个函数有 j 个独立的变量,即有:

$$\begin{aligned} y_1 &= f_1(x_1, x_2, x_3, \cdots, x_j) \\ y_2 &= f_2(x_1, x_2, x_3, \cdots, x_j) \\ &\vdots \\ y_i &= f_i(x_1, x_2, x_3, \cdots, x_j) \end{aligned} \tag{6-6}$$

也可以用矢量符号表示这些等式：

$$\boldsymbol{Y}=F(\boldsymbol{X}) \tag{6-7}$$

如果想要计算出y_i微分关于x_j的微分函数，可简单应用多元函数求导法则计算，得：

$$\begin{cases}\delta y_1=\dfrac{\partial f_1}{\partial x_1}\delta x_1+\dfrac{\partial f_1}{\partial x_2}\delta x_2+\cdots+\dfrac{\partial f_1}{\partial x_j}\delta x_j\\ \delta y_2=\dfrac{\partial f_2}{\partial x_1}\delta x_1+\dfrac{\partial f_2}{\partial x_2}\delta x_2+\cdots+\dfrac{\partial f_2}{\partial x_j}\delta x_j\\ \qquad\vdots\\ \delta y_i=\dfrac{\partial f_i}{\partial x_1}\delta x_1+\dfrac{\partial f_i}{\partial x_2}\delta x_2+\cdots+\dfrac{\partial f_i}{\partial x_j}\delta x_j\end{cases} \tag{6-8}$$

公式(6-8)可以写为矩阵形式，来表示变量与函数间的微分关系，即：

$$\begin{bmatrix}\delta y_1\\ \delta y_2\\ \vdots\\ \delta y_i\end{bmatrix}=\begin{bmatrix}\dfrac{\partial f_1}{\partial x_1} & \dfrac{\partial f_1}{\partial x_2} & \cdots & \dfrac{\partial f_1}{\partial x_j}\\ \dfrac{\partial f_2}{\partial x_1} & \dfrac{\partial f_2}{\partial x_2} & \cdots & \dfrac{\partial f_2}{\partial x_j}\\ \vdots & \vdots & \ddots & \vdots\\ \dfrac{\partial f_i}{\partial x_1} & \dfrac{\partial f_i}{\partial x_2} & \cdots & \dfrac{\partial f_i}{\partial x_j}\end{bmatrix}\begin{bmatrix}\delta x_1\\ \delta x_2\\ \vdots\\ \delta x_j\end{bmatrix} \tag{6-9}$$

可将公式(6-9)写成更简单的矢量表达式为：

$$\delta\boldsymbol{Y}=\frac{\partial\boldsymbol{F}}{\partial\boldsymbol{X}}\delta\boldsymbol{X} \tag{6-10}$$

公式(6-9)中偏微分矩阵就是雅可比矩阵。注意，如果 $f_1(X)$到 $f_i(X)$都是非线性函数，那么这些偏微分就是x_j的函数。公式(6-10)可以表示为：

$$\delta\boldsymbol{Y}=\boldsymbol{J}(\boldsymbol{X})\delta\boldsymbol{X} \tag{6-11}$$

将公式(6-11)两端同除以时间的微分，得：

$$\dot{\boldsymbol{Y}}=\boldsymbol{J}(\boldsymbol{X})\dot{\boldsymbol{X}} \tag{6-12}$$

此时的雅可比矩阵表示 $\boldsymbol{X}$ 中的速度向 $\boldsymbol{Y}$ 中的速度的映射。在任一瞬时，$\boldsymbol{X}$ 都有一个确定的值，$J(\boldsymbol{X})$就是一个线性变换。在每一个新的时刻，如果 $\boldsymbol{X}$ 改变，线性变换也随之改变。因此，雅可比是时变的线性变换。

微分运动指机构(如机器人)的微小运动，可以用它来推导不同部件之间的速度关系。当机器人关节做微量运动时，机器人手坐标系也会产生微量运动。由于微分运动除以 dt 即可得到速度，因此可以说雅可比矩阵是机器人关节微分运动与末端微分运动之间的映射。当计算得到机器人末端坐标系的微分运动时，通过雅可比矩阵，则能计算得到各关节的微分运动，能解决逆运动学及速度控制的问题。

根据上述关系，利用雅可比建立 6 自由度机器人的关节微分运动和机器人手坐标系微分运动之间的关系式为：

$$\begin{bmatrix} dx \\ dy \\ dz \\ \delta x \\ \delta y \\ \delta z \end{bmatrix} = \begin{bmatrix} \text{机器人} \\ \text{雅克比} \end{bmatrix} \begin{bmatrix} d\theta_1 \\ d\theta_2 \\ d\theta_3 \\ d\theta_4 \\ d\theta_5 \\ d\theta_6 \end{bmatrix} \tag{6-13}$$

式中，dx、dy 和 dz 分别表示机器人手沿 x、y 和 z 轴的微分移动，δx、δy 和 δz 分别表示机器人手绕 x、y 和 z 的微分旋转，$[d\theta_1, d\theta_2, \cdots, d\theta_6]$表示关节的微分运动。

在机器人学中，还可利用雅可比将关节速度与机械臂末端的笛卡尔速度联系起来。例如，

$$^{0}\boldsymbol{v} = {}^{0}\boldsymbol{J}(\boldsymbol{\Theta})\dot{\boldsymbol{\Theta}} \tag{6-14}$$

式中，$\boldsymbol{\Theta}$ 是机器人的关节矢量，$\boldsymbol{v}$ 是机器人末端笛卡尔速度矢量，左上标表示笛卡尔速度所参考的坐标系。有时，由于参考坐标系非常明显且不用说明，或者对后续的推导并不重要，这个左上标可以省略掉。

对于一个通用的 6 关节机器人，雅可比矩阵是 6×6 维的，$\dot{\boldsymbol{\Theta}}$ 和$^{0}\boldsymbol{v}$ 均是 6×1 维的。$^{0}\boldsymbol{v}$ 是由线速度和角速度组成的，

$$^{0}\boldsymbol{v} = [v_x, v_y, v_z, \omega_x, \omega_y, \omega_z]^{\mathrm{T}}$$

6.2.2 奇异性

在机器人微分运动学中，雅可比矩阵的奇异性是指机器人的关节配置在某些特定位置或方向上使得雅可比矩阵不可逆或接近不可逆的情况。

雅可比矩阵在机器人微分运动学中用于描述末端执行器的速度与关节速度之间的关系。它表示末端执行器在关节空间中的移动速度对关节速度的响应。通常，雅可比矩阵是一个 $m \times n$ 的矩阵，其中 m 是末端执行器的自由度，n 是机器人的关节数量。当雅可比矩阵的行数 m 大于列数 n 时，即 $m > n$，称为过约束情况；反之，当 $m < n$ 时，称为欠约束情况。当雅可比矩阵的行数 m 等于列数 n 时，即 $m = n$，称为正好约束情况。

在机器人微分运动学中，关节配置可能会导致雅可比矩阵奇异性。

① 雅可比矩阵不可逆。当雅可比矩阵的行数 m 小于列数 n 时，即 $m < n$，雅可比矩阵不是满秩的，它可能是奇异的或接近奇异的。这意味着在某些关节配置下，无法唯一地确定末端执行器的线速度和角速度。

② 接近奇异点。当雅可比矩阵的行数 m 等于列数 n 时，雅可比矩阵可能在某些关节配置附近变得接近奇异，行列式可能会趋近于零。在这些位置附近，机器人可能会出现运动受限的情况，导致失去一些自由度或无法实现期望的末端执行器运动。

③ 奇异值异常。奇异值是雅可比矩阵的特征值，表示了雅可比矩阵在不同方向上的伸缩比例。当某个奇异值接近于零时，表示该方向的运动性能非常差或不存在。这可能会导致机器人在某些方向上的运动不稳定或不准确。

处理雅可比矩阵的奇异性需要采取如下一些措施。

① 避免奇异配置。在机器人控制中，可以通过适当的关节规划或避免特定的关节配

置，以避免机器人处于奇异点附近。

② 采取约束控制策略。当机器人接近奇异点时，可以采取约束控制策略，通过限制末端执行器的运动范围或姿态，在一定程度上解决奇异性问题。

③ 采用非全逆解法。在某些特殊情况下，可以使用非全逆解法来计算末端执行器的速度。这种方法得到的末端执行器的速度可能不是最优解，但能够避免奇异性问题。

总之，雅可比矩阵在某些情况下可能存在奇异性，这可能会对机器人的控制和运动性能产生影响。因此，在实际应用中需要针对具体情况，设计相应的控制策略，以确保机器人的稳定性和可控性。

6.3 微分运动

微分运动是指物体在一段极短的时间内的微小位移或变化。它既可以用于描述坐标系中物体的位移和变化，也可以用于描述机器人在关节空间中的运动和控制。

6.3.1 坐标系的微分运动

在机器人学中，坐标系微分运动是指描述机器人末端执行器在特定坐标系下的微小位移或变化。坐标系微分运动通常分为：微分平移、微分旋转和微分变换（平移和旋转的组合）。

（1）微分平移

微分平移就是坐标系平移一个微分量。它可以用 $\boldsymbol{Trans}(dx,dy,dz)$ 来表示，其含义是坐标系沿3条坐标轴做了微小量的运动。

$$\boldsymbol{Trans}(dx,dy,dz)=\begin{bmatrix}1&0&0&dx\\0&1&0&dy\\0&0&1&dz\\0&0&0&1\end{bmatrix} \tag{6-15}$$

例 6-1　坐标系 $\boldsymbol{B}$ 有一个平移微分量 $\boldsymbol{Trans}(0.01,0.05,0.03)$，请找出它的新位置。

$$\boldsymbol{B}=\begin{bmatrix}0.707&0&-0.707&5\\0&1&0&4\\0.707&0&0.707&9\\0&0&0&1\end{bmatrix}$$

解：因为微分运动只是平移，所以坐标系的姿态保持不变。坐标系的新位置是：

$$\boldsymbol{B}_{\text{new}}=\begin{bmatrix}1&0&0&0.01\\0&1&0&0.05\\0&0&1&0.03\\0&0&0&1\end{bmatrix}\times\begin{bmatrix}0.707&0&-0.707&5\\0&1&0&4\\0.707&0&0.707&9\\0&0&0&1\end{bmatrix}=\begin{bmatrix}0.707&0&-0.707&5.01\\0&1&0&4.05\\0.707&0&0.707&9.03\\0&0&0&1\end{bmatrix}$$

（2）绕参考轴的微分旋转

微分旋转表示物体在某旋转轴上的微小角度变化。它通常用 $\boldsymbol{Rot}(q,d\theta)$ 表示，其含义

是坐标系绕 q 轴转动角度 $d\theta$。微分旋转通常与时间相关。在这里定义绕 x，y 和 z 轴的微分旋转为 δx，δy 和 δz。因为旋转量很小，所以可以用近似式(6-16)：

$$\begin{aligned}\sin\delta x &= \delta x(\text{Radian})\\ \cos\delta x &= 1\end{aligned} \tag{6-16}$$

表示绕 x，y 和 z 轴的微分旋转矩阵分别为：

$$\boldsymbol{Rot}(x,\delta x)=\begin{bmatrix}1&0&0&0\\0&1&-\delta x&0\\0&\delta x&1&0\\0&0&0&1\end{bmatrix},\boldsymbol{Rot}(y,\delta y)=\begin{bmatrix}1&0&\delta y&0\\0&1&0&0\\-\delta y&0&1&0\\0&0&0&1\end{bmatrix},$$

$$\boldsymbol{Rot}(z,\delta z)=\begin{bmatrix}1&-\delta z&0&0\\\delta z&1&0&0\\0&0&1&0\\0&0&0&1\end{bmatrix} \tag{6-17}$$

注意：上述矩阵违反了每个向量长度为 1 的规定，例如$\sqrt{1^2+(\delta x)^2}>1$。然而由于微分值很小，在数学上，高阶微分$(\delta x)^2$是可以忽略不计的，所以可以接受这样的向量长度。

在矩阵的乘法计算中，矩阵顺序十分重要。如果矩阵乘法顺序改变，那么结果将发生变化。如果两个微分运动以不同顺序相乘，那么会获得怎样的结果呢？

$$\boldsymbol{Rot}(x,\delta x)\boldsymbol{Rot}(y,\delta y)=\begin{bmatrix}1&0&0&0\\0&1&-\delta x&0\\0&\delta x&1&0\\0&0&0&1\end{bmatrix}\begin{bmatrix}1&0&\delta y&0\\0&1&0&0\\-\delta y&0&1&0\\0&0&0&1\end{bmatrix}$$

$$=\begin{bmatrix}1&0&\delta y&0\\\delta x\delta y&1&\delta x&0\\-\delta y&\delta x&1&0\\0&0&0&1\end{bmatrix} \tag{6-18}$$

若改变矩阵顺序，则其结果为：

$$\boldsymbol{Rot}(y,\delta y)\boldsymbol{Rot}(x,\delta x)=\begin{bmatrix}1&0&\delta y&0\\0&1&0&0\\-\delta y&0&1&0\\0&0&0&1\end{bmatrix}\begin{bmatrix}1&0&0&0\\0&1&-\delta x&0\\0&\delta x&1&0\\0&0&0&1\end{bmatrix}$$

$$=\begin{bmatrix}1&\delta x\delta y&\delta y&0\\0&1&-\delta x&0\\-\delta y&\delta x&1&0\\0&0&0&1\end{bmatrix} \tag{6-19}$$

假设高阶微分(如 $\delta x\delta y$)为零，那么上述两式的结果是完全相同的。因此，在微分运动中，可认为矩阵相乘的顺序并不重要。

(3) 绕一般轴 q 的微分旋转

既然在微分运动中矩阵相乘顺序并不重要，那么可认为绕一般轴 q 的微分旋转是由任意顺序绕 3 个坐标轴的 3 个微分旋转构成的，或$(d\theta)q=(\delta x)\boldsymbol{i}+(\delta y)\boldsymbol{j}+(\delta z)\boldsymbol{k}$，如图 6-2

所示。

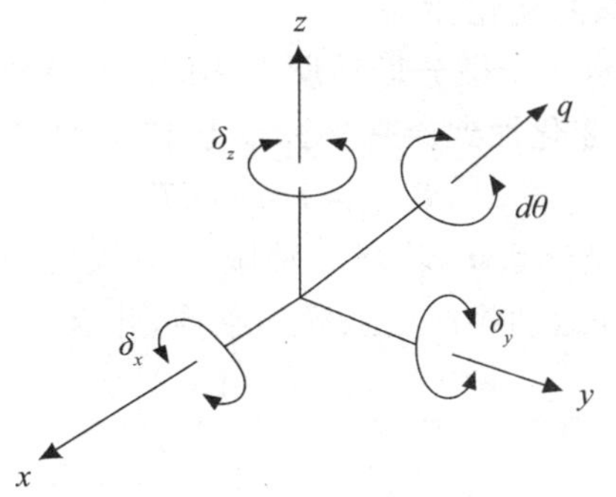

图 6-2　绕一般轴 q 的微分旋转

因此，绕任意一般轴 q 的微分运动可以表示为：

$$
\begin{aligned}
\boldsymbol{Rot}(q,d\theta)&=\boldsymbol{Rot}(x,\delta x)\boldsymbol{Rot}(y,\delta y)\boldsymbol{Rot}(z,\delta z)\\
&=\begin{bmatrix}1&0&0&0\\0&1&-\delta x&0\\0&\delta x&1&0\\0&0&0&1\end{bmatrix}\begin{bmatrix}1&0&\delta y&0\\0&1&0&0\\-\delta y&0&1&0\\0&0&0&1\end{bmatrix}\begin{bmatrix}1&-\delta z&0&0\\\delta z&1&0&0\\0&0&1&0\\0&0&0&1\end{bmatrix}\\
&=\begin{bmatrix}1&-\delta z&\delta y&0\\\delta x\delta y+\delta z&-\delta x\delta y\delta z+1&-\delta x&0\\-\delta y+\delta x\delta z&\delta x+\delta y\delta z&1&0\\0&0&0&1\end{bmatrix}
\end{aligned}
\tag{6-20}
$$

若忽略所有的高阶微分，则可得：

$$
\begin{aligned}
\boldsymbol{Rot}(q,d\theta)&=\boldsymbol{Rot}(x,\delta x)\boldsymbol{Rot}(y,\delta y)\boldsymbol{Rot}(z,\delta z)\\
&=\begin{bmatrix}1&-\delta z&\delta y&0\\\delta z&1&-\delta x&0\\-\delta y&\delta x&1&0\\0&0&0&1\end{bmatrix}
\end{aligned}
\tag{6-21}
$$

(4) 坐标系的微分变换

坐标系的微分变换是坐标系的微分平移和以任意次序进行微分旋转的合成。如果用 $\boldsymbol{T}$ 表示原始坐标系，并假定由于微分变换所引起的坐标系 $\boldsymbol{T}$ 的变化量用 $d\boldsymbol{T}$ 表示，则有

$$
\begin{aligned}
[\boldsymbol{T}+d\boldsymbol{T}]&=[\boldsymbol{Trans}(dx,dy,dz)\boldsymbol{Rot}(q,d\theta)][\boldsymbol{T}]\\
[d\boldsymbol{T}]&=[\boldsymbol{\Delta}][\boldsymbol{T}]
\end{aligned}
\tag{6-22}
$$

其中，$[\boldsymbol{\Delta}]=[\boldsymbol{Trans}(dx,dy,dz)\times\boldsymbol{Rot}(q,d\theta)-\boldsymbol{I}]$ 称为微分算子（或简单地写为 $\boldsymbol{\Delta}$）。微分算子值是微分平移和微分旋转的积减去单位矩阵，即：

$$
\begin{aligned}
\boldsymbol{\Delta}&=\boldsymbol{Trans}(dx,dy,dz)\times\boldsymbol{Rot}(q,d\theta)-\boldsymbol{I}\\
&=\begin{bmatrix}0&-\delta z&\delta y&dx\\\delta z&0&-\delta x&dy\\-\delta y&\delta x&0&dz\\0&0&0&0\end{bmatrix}
\end{aligned}
\tag{6-23}
$$

需要注意的是，微分算子并不是变换矩阵或坐标系，不遵循所要求的标准格式，仅仅是一个算子，只是给出了坐标系的变化。

公式(6-22)中的 dT 表示由于微分运动所引起的坐标系的变化。经微分运动后的坐标系的新位姿可以通过将这个变化加到原来坐标系上求得，即：

$$\boldsymbol{T}_{\text{new}}=\boldsymbol{T}_{\text{old}}+d\boldsymbol{T} \tag{6-24}$$

例 6-2 对如下给定的坐标系 $\boldsymbol{T}$，若绕 z 轴做 0.15 弧度的微分旋转，再做[0.1，0.1，0.3]的微分平移，思考这样的微分运动将产生怎样的影响，并求出新的坐标系。

$$T=\begin{bmatrix}0&0&1&2\\1&0&0&7\\0&1&0&5\\0&0&0&1\end{bmatrix}$$

解：由 $\delta z=0.15$，$dx=0.1$，$dy=0.1$，$dz=0.3$，可得

$$\boldsymbol{\Delta}=\begin{bmatrix}0&-0.15&0&0.1\\0.15&0&0&0.1\\0&0&0&0.3\\0&0&0&0\end{bmatrix}$$

$$d\boldsymbol{T}=\boldsymbol{\Delta}\times\boldsymbol{T}=\begin{bmatrix}0&-0.15&0&0.1\\0.15&0&0&0.1\\0&0&0&0.3\\0&0&0&0\end{bmatrix}\begin{bmatrix}0&0&1&2\\1&0&0&7\\0&1&0&5\\0&0&0&1\end{bmatrix}=\begin{bmatrix}0.15&0&0&-0.95\\0&0&0.15&0.4\\0&0&0&0.3\\0&0&0&0\end{bmatrix}$$

因此，新的坐标系为：

$$\boldsymbol{T}_{\text{new}}=\boldsymbol{T}_{\text{old}}+d\boldsymbol{T}=\begin{bmatrix}0.15&0&1&1.05\\1&0&0.15&7.4\\0&1&0&5.3\\0&0&0&1\end{bmatrix}$$

6.3.2 机器人及机器手末端坐标系的微分运动

在微分运动的描述中，机器人本体的微分运动是相对于基座坐标系而言的，而机器人手的微分运动是相对于机器人本体坐标系而言的。它们之间的关系可以通过雅可比矩阵来实现。以斯坦福机械手臂为例，该手臂是否能够完全地伸展以及能否指向任意方位，都需要将其转化为不同的关节速度从而产生相同的手的速度。因此，从关节到末端机械手执行器的运动映射为：

$$\boldsymbol{D}=\boldsymbol{J}\boldsymbol{D}_{\theta} \tag{6-25}$$

式中，$\boldsymbol{D}=[dx,dy,dz,\delta x,\delta y,\delta z]^{\mathrm{T}}$ 由三个位置微分和三个转角微分组成，用来表示机器人末端机械手执行器的微分运动；$\boldsymbol{D}_{\theta}=[d\theta_1,d\theta_2,d\theta_3,d\theta_4,d\theta_5,d\theta_6]^{\mathrm{T}}$ 表示关节的微分运动；$\boldsymbol{J}$ 为雅可比矩阵。

注意：公式(6-25)对关节的位置变量是非线性的，而对关节的速度变量是线性的。这意味着，如果关节速度降低一半，就会导致末端机械手执行器速度也正好降低一半，而且其运动方向保持不变。

6.4　雅可比矩阵计算

在向量微积分中，雅可比矩阵是一阶偏导数以一定方式排列成的矩阵，其行列式称为雅可比行列式。对于一些简单的结构可以采用直接微分法求解雅可比矩阵。

例 6-3　由球坐标系到直角坐标系的转化由 F 函数给出：$\mathbf{R}\times[0,\pi]\times[0,2\pi]\to\mathbf{R}^3$ 且坐标变换为 $\begin{cases}x_1=r\cos\theta\sin\varphi\\x_2=r\sin\theta\sin\varphi\\x_3=r\cos\varphi\end{cases}$，求出该变换的雅可比矩阵。

解：根据雅可比矩阵的定义，该坐标变换的雅可比矩阵为：

$$\boldsymbol{J}_F(r,\theta,\varphi)=\begin{bmatrix}\frac{\partial x_1}{\partial r}&\frac{\partial x_1}{\partial\theta}&\frac{\partial x_1}{\partial\varphi}\\\frac{\partial x_2}{\partial r}&\frac{\partial x_2}{\partial\theta}&\frac{\partial x_2}{\partial\varphi}\\\frac{\partial x_3}{\partial r}&\frac{\partial x_3}{\partial\theta}&\frac{\partial x_3}{\partial\varphi}\end{bmatrix}=\begin{bmatrix}\cos\theta\sin\varphi&-r\sin\theta\sin\varphi&r\cos\theta\cos\varphi\\\sin\theta\sin\varphi&r\cos\theta\sin\varphi&r\sin\theta\cos\varphi\\\cos\varphi&0&-r\sin\varphi\end{bmatrix}$$

例 6-4　利用雅可比矩阵获得一个两连杆平面机械手(见图 6-1)的微分运动。

方法：像这种简单情况，可以直接用微分法求出微分运动关系。

解：根据 B 点位置方程式(6-3)，利用雅可比矩阵定义得：

$$\boldsymbol{J}=\begin{bmatrix}\frac{\partial x_B}{\partial\theta_1}&\frac{\partial x_B}{\partial\theta_2}\\\frac{\partial y_B}{\partial\theta_1}&\frac{\partial y_B}{\partial\theta_2}\end{bmatrix}=\begin{bmatrix}-l_1\sin\theta_1-l_2\sin(\theta_1+\theta_2)&-l_2\sin(\theta_1+\theta_2)\\l_1\cos\theta_1+l_2\cos(\theta_1+\theta_2)&l_2\cos(\theta_1+\theta_2)\end{bmatrix}$$

因此，从关节速度到机械手速度的映射关系为：

$$\dot{\boldsymbol{x}}={}^0\boldsymbol{J}\dot{\boldsymbol{\Theta}}$$

式中，$\boldsymbol{x}=[x_B,y_B]$，$\boldsymbol{\Theta}=[\theta_1,\theta_2]$。

除此之外，对于机械手臂的几何结构相对简单，且正运动学方程有明确的解析表达式的情况，可通过对正运动学方程进行推导和求导，直接得到雅可比矩阵。

例如在第 5.5 节机械臂的运动学中，机器人的正运动学方程公式(5-29)的最后一列为：

$$\begin{bmatrix}p_x\\p_y\\p_z\\1\end{bmatrix}=\begin{bmatrix}C_1(C_{234}a_4+C_{23}a_3+C_2a_2)\\S_1(C_{234}a_4+C_{23}a_3+C_2a_2)\\S_{234}a_4+S_{23}a_3+S_2a_2\\1\end{bmatrix}\tag{6-26}$$

公式(6-27)中的 p_x 表示机械手的坐标系沿 x 轴运动，其导数为 dp_x，即公式(6-25)中矩阵[$\boldsymbol{D}$]中的第一个元素。对 p_x 求导，可得：

$$\mathrm{d}p_x=\frac{\partial p_x}{\partial\theta_1}\mathrm{d}\theta_1+\frac{\partial p_x}{\partial\theta_2}\mathrm{d}\theta_2+\cdots+\frac{\partial p_x}{\partial\theta_6}\mathrm{d}\theta_6$$

$$=-S_1[C_{234}a_4+C_{23}a_3+C_2a_2]\mathrm{d}\theta_1+C_1[-S_{234}a_4-S_{23}a_3-S_2a_2]\mathrm{d}\theta_2+$$
$$C_1[-S_{234}a_4-S_{23}a_3]\mathrm{d}\theta_3+C_1[-S_{234}a_4]\mathrm{d}\theta_4 \tag{6-27}$$

由此，可得雅可比矩阵的第一行为：

$$\begin{gathered}
\boldsymbol{J}_{11}=\frac{\partial p_x}{\partial\theta_1}=-S_1[C_{234}a_4+C_{23}a_3+C_2a_2]\\
\boldsymbol{J}_{12}=\frac{\partial p_x}{\partial\theta_2}=C_1[-S_{234}a_4-S_{23}a_3-S_2a_2]\\
\boldsymbol{J}_{13}=\frac{\partial p_x}{\partial\theta_3}=C_1[-S_{234a_4}-S_{23}a_3]\\
\boldsymbol{J}_{14}=\frac{\partial p_x}{\partial\theta_4}=C_1[-S_{234}a_4]\\
\boldsymbol{J}_{15}=\frac{\partial p_x}{\partial\theta_5}=0\\
\boldsymbol{J}_{16}=\frac{\partial p_x}{\partial\theta_6}=0
\end{gathered} \tag{6-28}$$

对于雅可比矩阵中的第二和第三行都是线位移，可与第一行做同样处理。但是，对于三条轴的转动，需要用不同的方法进行计算。事实上，相对于最后一个坐标系，$\boldsymbol{T}_6$ 的雅可比矩阵的计算要比相对于第一个坐标系简单得多。因此，将用下面的方法进行计算。

因为雅可比矩阵将关节微分运动(或速度)映射到末端机械手执行器的微分姿态(或线速度和角速度)，因此，可以将相对于最后一个坐标系的速度方程写成：

$${}^{T6}\boldsymbol{D}={}^{T6}\boldsymbol{J}\times\boldsymbol{D}_\theta \tag{6-29}$$

此时意味着，用相同关节的微分运动来左乘最后一个坐标系的雅可比矩阵，则得到机器人手相对于最后一个坐标系的微分运动。在这种情况下，公式(6-29)的微分运动关系可以写成：

$$\begin{bmatrix}{}^{T6}d_x\\{}^{T6}d_y\\{}^{T6}d_z\\{}^{T6}\delta_x\\{}^{T6}\delta_y\\{}^{T6}\delta_z\end{bmatrix}=\begin{bmatrix}{}^{T6}J_{11}&{}^{T6}J_{12}&\cdots&{}^{T6}J_{16}\\{}^{T6}J_{21}&{}^{T6}J_{22}&\cdots&{}^{T6}J_{26}\\{}^{T6}J_{31}&{}^{T6}J_{32}&\cdots&{}^{T6}J_{36}\\{}^{T6}J_{41}&{}^{T6}J_{42}&\cdots&{}^{T6}J_{46}\\{}^{T6}J_{51}&{}^{T6}J_{52}&\cdots&{}^{T6}J_{56}\\{}^{T6}J_{61}&{}^{T6}J_{62}&\cdots&{}^{T6}J_{66}\end{bmatrix}\begin{bmatrix}d\theta_1\\d\theta_3\\d\theta_4\\d\theta_5\\d\theta_6\end{bmatrix} \tag{6-30}$$

假设 $\boldsymbol{A}_1,\boldsymbol{A}_2,\cdots,\boldsymbol{A}_n$ 的任意组合可以用相应的 n,o,a 和 p 矩阵表示，则矩阵中相应的元素可以用来计算雅可比矩阵。

(1) 如果所考虑的关节 i 为旋转矩阵，那么

$${}^{T6}J_{1i}=(-n_xp_y+n_yp_x)\ ,{}^{T6}J_{2i}=(-o_xp_y+o_yp_x)\ ,{}^{T6}J_{3i}=(-a_xp_y+a_yp_x)\ ,$$
$${}^{T6}J_{4i}=n_z,{}^{T6}J_{5i}=o_z,{}^{T6}J_{6i}=a_z \tag{6-31}$$

(2) 如果所考虑的关节 i 为滑动关节，那么

$${}^{T6}J_{1i}=n_z,{}^{T6}J_{2i}=o_z,{}^{T6}J_{3i}=a^z,{}^{T6}J_{4i}=0,{}^{T6}J_{5i}=0,{}^{T6}J_{6i}=0 \tag{6-32}$$

对于公式(6-31)和公式(6-32)，对第 i 列用 ${}^{i-1}T_6$，就意味着：

$$
\begin{aligned}
&\text{第 1 列用}\ {}^{0}\boldsymbol{T}_6=\boldsymbol{A}_1\boldsymbol{A}_2\boldsymbol{A}_3\boldsymbol{A}_4\boldsymbol{A}_5\boldsymbol{A}_6\\
&\text{第 2 列用}\ {}^{1}\boldsymbol{T}_6=\boldsymbol{A}_2\boldsymbol{A}_3\boldsymbol{A}_4\boldsymbol{A}_5\boldsymbol{A}_6\\
&\text{第 3 列用}\ {}^{2}\boldsymbol{T}_6=\boldsymbol{A}_3\boldsymbol{A}_4\boldsymbol{A}_5\boldsymbol{A}_6\\
&\text{第 4 列用}\ {}^{3}\boldsymbol{T}_6=\boldsymbol{A}_4\boldsymbol{A}_5\boldsymbol{A}_6\\
&\text{第 5 列用}\ {}^{4}\boldsymbol{T}_6=\boldsymbol{A}_5\boldsymbol{A}_6\\
&\text{第 6 列用}\ {}^{5}\boldsymbol{T}_6=\boldsymbol{A}_6
\end{aligned}
\tag{6-33}
$$

可用公式(6-31)至公式(6-33)来计算相对于最后一个坐标系的雅可比矩阵。

例 6-5　求第 5.5 节简单的旋转机器人的雅可比矩阵中的 ${}^{T6}J_{41}$ 元素。

解：由简单旋转机器人正运动学推导可得

$$
{}^{R}\boldsymbol{T}_H=\boldsymbol{A}_1\boldsymbol{A}_2\boldsymbol{A}_3\boldsymbol{A}_4\boldsymbol{A}_5\boldsymbol{A}_6=\begin{bmatrix} n_x & o_x & a_x & p_x\\ n_y & o_y & a_y & p_y\\ n_z & o_z & a_z & p_z\\ 0 & 0 & 0 & 1\end{bmatrix}
$$

$$
=\begin{bmatrix}
C_1(C_{234}C_5C_6-S_{234}S_6)-S_1S_5C_6 & C_1(-C_{234}C_5C_6-S_{234}C_6)+S_1S_5S_6 & C_1(C_{234}S_5)+S_1C_5 & C_1(C_{234}a_4+C_{23}a_3+C_2a_2)\\
S_1(C_{234}C_5C_6-S_{234}S_6)+C_1S_5C_6 & S_1(-C_{234}C_5C_6-S_{234}C_6)-C_1S_5S_6 & S_1(C_{234}S_5)-C_1C_5 & S_1(C_{234}a_4+C_{23}a_3+C_2a_2)\\
S_{234}C_5C_6+C_{234}S_6) & -S_{234}C_5C_6+C_{234}C_6) & S_{234}S_5 & S_{234}a_4+S_{23}a_3+S_2a_2\\
0 & 0 & 0 & 1
\end{bmatrix}
$$

根据公式(6-31)可以推出：

$$
{}^{T6}J_{4i}=n_z=S_{234}C_5C_6+C_{234}S_6
$$

为了计算机器人关节上的微分运动(或速度)以得到所需要的手和微分运动(或速度)，需要计算雅可比矩阵的逆，对于微分运动方程(6-25)，两边同乘以 $\boldsymbol{J}^{-1}$ 可得：

$$
\boldsymbol{D}_\theta=\boldsymbol{J}^{-1}\boldsymbol{D} \tag{6-34}
$$

类似的有

$$
\boldsymbol{D}_\theta={}^{T6}\boldsymbol{J}^{-1}\times{}^{T6}\boldsymbol{D} \tag{6-35}
$$

据上述分析可见，知道了雅可比矩阵的逆，就可以计算出机器人末端所期望的微分运动(速度)所对应的每个关节的速度。实际上，微分运动的主要目的是分析而不是进行计算。

前面提到，机器人的构型变化以及运动的变化，机器人雅可比矩阵中所有元素的实际值也必须相应的发生改变。因此，虽然雅可比矩阵中的符号方程相同，但是它们的数值发生了改变。此时，我们需要不断地计算雅可比矩阵的值。这就是说，为了能够在每秒内计算出足够多的精确的关节速度，需要确定计算过程的高效和快速，否则，其结果将是无用且不准确的。

6.5　机器人连杆运动

前面利用雅可比矩阵建立机器人关节微分运动和机器人末端机械手执行器微分运动的

关系。基于此，本节分析机器人的连杆运动，有助于理解和预测机器人的运动，从而实现更准确控制机器人的运动。

在考虑机器人的连杆运动时，一般使用连杆坐标系{0}作为参考坐标系。$\boldsymbol{v}_i$ 是连杆坐标系{i}原点的线速度，$\boldsymbol{\omega}_i$ 是连杆坐标系{i}原点的角速度。在任一瞬间，机器人的每个连杆都具有一定的线速度和角速度，如图 6-3 所示。若将连杆看作一个刚体，则可以用线速度矢量和角速度矢量描述其运动。

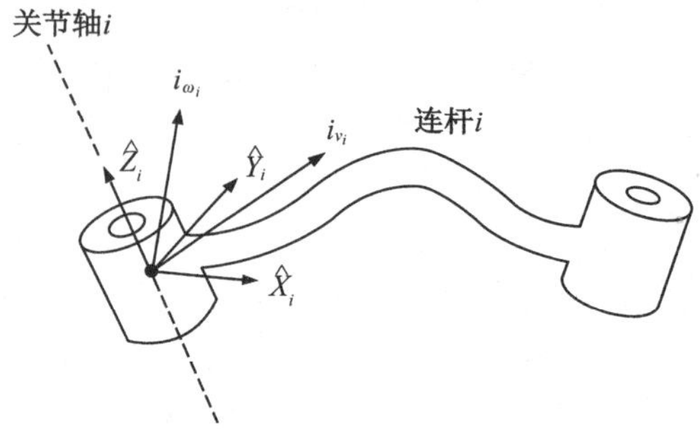

图 6-3　连杆 i 的线速度矢量和角速度矢量

操作臂是一个链式结构。每一个连杆都相对于相邻连杆运动。由基坐标系开始计算各连杆的速度。连杆的速度是指连杆坐标系原点的线速度和连杆的角速度。连杆 $i+1$ 的速度就是连杆 i 的速度加上那些由关节 $i+1$ 引起的新的速度分量；连杆 $i+1$ 的角速度等于连杆 i 的角速度加上那些由关节 $i+1$ 的角速度引起的分量。图 6-4 描述了相邻两个连杆之间速度“传递”关系。

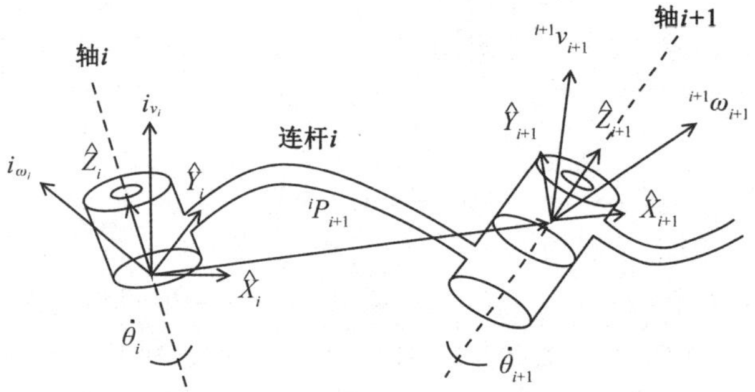

图 6-4　相邻连杆的速度矢量关系

(1) 连杆 $i+1$ 在坐标系{i}中角速度的描述

当两个 $\boldsymbol{\omega}$ 矢量都是相对于相同的坐标系时，这些角速度能够相加。因此，连杆 $i+1$ 的角速度就等于连杆 i 的角速度加上一个由于关节 $i+1$ 的角速度引起的分量。以坐标系 {i} 为参照，有

$$^{i}\boldsymbol{\omega}_{i+1} = {}^{i}\boldsymbol{\omega}_i + {}^{i}_{i+1}\boldsymbol{R}\dot{\theta}_{i+1}\,{}^{i+1}\hat{Z}_{i+1} \tag{6-36}$$

式中，${}^{i}_{i+1}\boldsymbol{R}$ 为旋转矩阵。注意：选定的瞬时转动轴为坐标系 $i+1$ 的 $\hat{Z}$ 轴，因此有：

$$\dot{\theta}_{i+1}{}^{i+1}\hat{Z}_{i+1}=\begin{bmatrix}0\\0\\\dot{\theta}_{i+1}\end{bmatrix} \tag{6-37}$$

(2) 连杆 $i+1$ 在坐标系$\{i+1\}$中角速度的描述

在式(6-36)两边同时左乘 ${}_{i}^{i+1}\boldsymbol{R}$ ，可以得到连杆 $i+1$ 的角速度相对于坐标系 $i+1$ 的表达式：

$$^{i+1}\boldsymbol{\omega}_{i+1}={}_{i}^{i+1}\boldsymbol{R}\,^{i}\boldsymbol{\omega}_{i}+\dot{\theta}_{i+1}{}^{i+1}\hat{Z}_{i+1} \tag{6-38}$$

(3) 连杆 $i+1$ 在坐标系$\{i\}$中速度的描述

坐标系 $\{i+1\}$ 原点的线速度等于坐标系 $\{i\}$ 原点的线速度加上一个由于连杆 $i+1$ 的角速度引起的新的分量，有：

$$^{i}\boldsymbol{v}_{i+1}={}^{i}\boldsymbol{v}_{i}+{}^{i}\boldsymbol{\omega}_{i}\times{}^{i}\boldsymbol{P}_{i+1} \tag{6-39}$$

公式(6-39)中位置矢量$^{i}\boldsymbol{P}_{i+1}$的表达式为：

$$^{i}\boldsymbol{P}_{i+1}=\begin{bmatrix}L_{i}\\-d_{i+1}s\alpha_{i}\\d_{i+1}c\alpha_{i}\end{bmatrix} \tag{6-40}$$

(4) 连杆 $i+1$ 在坐标系$\{i+1\}$中速度的描述

将公式(6-39)两边同时左乘 ${}_{i}^{i+1}\boldsymbol{R}$，可以得到连杆 $i+1$ 的速度相对于坐标系 $i+1$ 的表达式：

$$^{i+1}\boldsymbol{v}_{i+1}={}_{i}^{i+1}\boldsymbol{R}({}^{i}\boldsymbol{v}_{i}+{}^{i}\boldsymbol{\omega}_{i}\times{}^{i}\boldsymbol{P}_{i+1}) \tag{6-41}$$

公式(6-38)和公式(6-41)是本节的重要结论。

(5) 关节 $i+1$ 为移动关节的情况

当关节 $i+1$ 为移动关节时，其相应的角速度和速度的表达式为：

$$\begin{cases}^{i+1}\boldsymbol{\omega}_{i+1}={}_{i}^{i+1}\boldsymbol{R}\,^{i}\omega_{i}\\ ^{i+1}\boldsymbol{v}_{i+1}={}_{i}^{i+1}\boldsymbol{R}({}^{i}\boldsymbol{v}_{i}+{}^{i}\boldsymbol{\omega}_{i}\times{}^{i}\boldsymbol{P}_{i+1})+\dot{d}_{i+1}{}^{i+1}\hat{Z}_{i+1}\end{cases} \tag{6-42}$$

从一个连杆到下一个连杆依次应用这些公式，可以计算出最后一个连杆的角速度 $^{N}\boldsymbol{\omega}_{N}$ 和线速度 $^{N}\boldsymbol{v}_{N}$。注意，这两个速度均是在坐标系 $\{N\}$ 中表达的。如果用基坐标系来表达，那么用${}_{N}^{0}\boldsymbol{R}$ 左乘，向基坐标进行旋转变换。

例 6-6　图 6-5 所示是具有两个转动关节的操作臂。计算出操作臂末端的速度，将它表达成关节速度的函数。给出两种形式的解答，一种是用坐标系$\{3\}$表示的，另一种是用坐标系$\{0\}$表示的。

解：如图 6-6 所示，坐标系$\{3\}$固连于操作臂末端，求用坐标系$\{3\}$表示的该坐标系原点的速度。对于这个问题的第二部分，求用坐标系$\{0\}$表示的这些速度。同以前一样，首先将坐标系固连在连杆上(如图 6-6 所示)。

从基坐标系$\{0\}$开始，运用公式(6-38)和公式(6-41)依次计算出每个坐标系原点的速度，其中基坐标系的速度为 0。由于公式(6-38)和公式(6-41)将应用到连杆变换，因此先将它们计算如下：

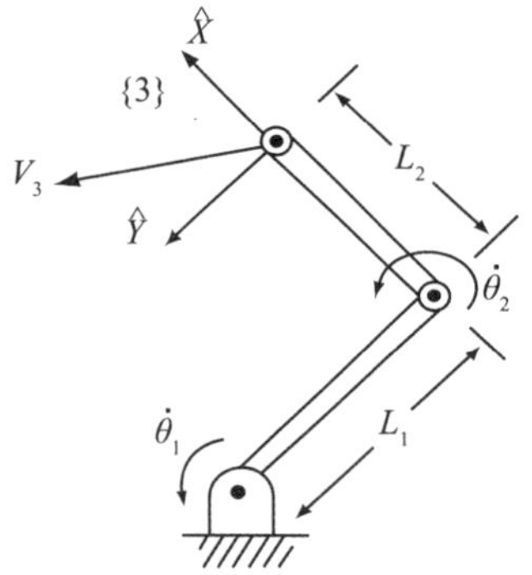

图 6-5　两连杆操作臂

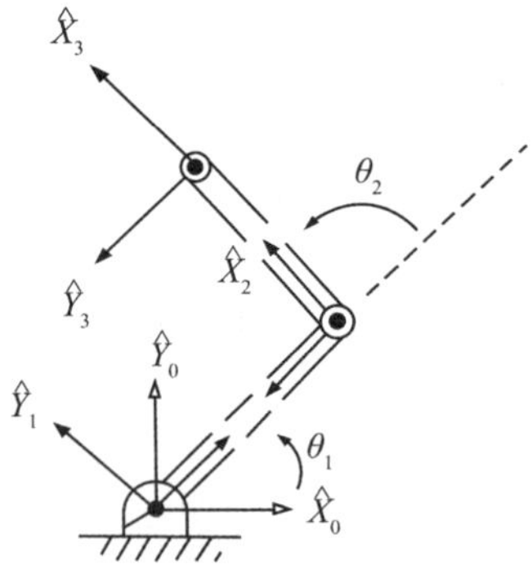

图 6-6　两连杆操作臂的坐标系配置

$$ {}_1^0\boldsymbol{T}=\begin{bmatrix} c_1 & -s_1 & 0 & 0\\ s_1 & c_1 & 0 & 0\\ 0 & 0 & 1 & 0\\ 0 & 0 & 0 & 1\end{bmatrix},{}_2^1\boldsymbol{T}=\begin{bmatrix} c_2 & -s_2 & 0 & l_1\\ s_2 & c_2 & 0 & 0\\ 0 & 0 & 1 & 0\\ 0 & 0 & 0 & 1\end{bmatrix},{}_3^2\boldsymbol{T}=\begin{bmatrix} 1 & 0 & 0 & l_2\\ 0 & 1 & 0 & 0\\ 0 & 0 & 1 & 0\\ 0 & 0 & 0 & 1\end{bmatrix} \tag{6-43}$$

在这里关节 3 的转角恒为 0 度。坐标系{2}和坐标系{3}之间的变换不必化成标准的连杆变换形式(尽管这样做可能是有用的)。对各连杆依次使用公式(6-38)和公式(6-41),其具体计算如下:

$$ {}^1\boldsymbol{\omega}_1=\begin{bmatrix}0\\0\\\dot{\theta}_1\end{bmatrix} \tag{6-44}$$

$$ {}^1\boldsymbol{v}_1=\begin{bmatrix}0\\0\\0\end{bmatrix} \tag{6-45}$$

$$ {}^2\boldsymbol{\omega}_2=\begin{bmatrix}0\\0\\\dot{\theta}_1+\dot{\theta}_2\end{bmatrix} \tag{6-46}$$

$$ {}^2\boldsymbol{v}_2=\begin{bmatrix} c_2 & s_2 & 0\\ -s_2 & c_2 & 0\\ 0 & 0 & 1\end{bmatrix}\begin{bmatrix}0\\ l_1\dot{\theta}_1\\ 0\end{bmatrix}=\begin{bmatrix} l_1s_2\dot{\theta}_1\\ l_1c_2\dot{\theta}_1\\ 0\end{bmatrix} \tag{6-47}$$

$$ {}^3\boldsymbol{\omega}_3={}^2\boldsymbol{\omega}_2 \tag{6-48}$$

$$ {}^3\boldsymbol{v}_3=\begin{bmatrix} l_1s_2\dot{\theta}_1\\ l_1c_2\dot{\theta}_1+l_2(\dot{\theta}_1+\dot{\theta}_2)\\ 0\end{bmatrix} \tag{6-49}$$

坐标系{3}的角速度由公式(6-48)给出,其线速度则为公式(6-49)。为了得到这些速度相对于固定基坐标系的表达,用旋转矩阵${}_3^0\boldsymbol{R}$对它们做旋转变换,即

$$ {}_3^0\boldsymbol{R} = {}_1^0\boldsymbol{R}{}_2^1\boldsymbol{R}{}_3^2\boldsymbol{R} = \begin{bmatrix} c_{12} & -s_{12} & 0 \\ s_{12} & c_{12} & 0 \\ 0 & 0 & 1 \end{bmatrix} \tag{6-50} $$

通过变换可以得

$$ {}^0\boldsymbol{v}_3 = \begin{bmatrix} -l_1 s_1 \dot{\theta}_1 + l_2 s_{12}(\dot{\theta}_1 + \dot{\theta}_2) \\ l_1 c_1 \dot{\theta}_1 + l_2 c_{12}(\dot{\theta}_1 + \dot{\theta}_2) \\ 0 \end{bmatrix} \tag{6-51} $$

在这里，公式(6-38)和公式(6-41)两个完全不同的用途。首先，可以利用它们推导解析表达式，在这里，可利用符号方程推导直到得出形如公式(6-49)的方程，针对某个应用问题可应用计算机进行计算。其次，公式(6-38)和公式(6-41)写出来后，就可以通过直接计算得出。这样很容易将它们写成子程序，然后通过迭代方法计算出连杆速度。这样一来，它们可以用于任何一个操作臂，而不必为每个特定的操作臂推导方程。然而，计算的数值解是隐式的结构。

思考与练习题

1. 在机器人学中，雅可比矩阵作用和意义是什么？

2. 6 自由度机器人的关节微分运动和机器人手坐标系微分运动是怎么联系起来的？

3. 什么是雅可比矩阵的奇异性，其具体有哪些表现？处理雅可比矩阵的奇异性一般采取哪些措施？

4. 给定某一时刻的机器人雅可比矩阵如下，计算给定关节的微分运动，求机器人手坐标系的线位移微分运动和角位移微分运动。

$$ \boldsymbol{J} = \begin{bmatrix} 2 & 0 & 0 & 0 & 1 & 0 \\ -1 & 0 & 1 & 0 & 0 & 0 \\ 0 & 1 & 0 & 0 & 0 & 0 \\ 0 & 0 & 0 & 2 & 0 & 0 \\ 0 & 0 & 1 & 0 & 0 & 0 \\ 0 & 0 & 0 & 0 & 0 & 1 \end{bmatrix}, \boldsymbol{D}_\theta = \begin{bmatrix} 0 \\ 0.1 \\ 0.1 \\ 0 \\ 0 \\ 0.2 \end{bmatrix} $$

5. 求绕三个坐标轴作微分旋转所产生的总微分变换。$\delta x=0.1, \delta y=0.05, \delta z=0.02$。

6. 对如下的坐标系 $\boldsymbol{B}$，绕 y 轴做 0.1 弧度的微分转动，然后微分平移[0.1,0,0.2]，求微分变换的结果。

$$ \boldsymbol{B} = \begin{bmatrix} 0 & 0 & 1 & 10 \\ 1 & 0 & 0 & 5 \\ 0 & 1 & 0 & 3 \\ 0 & 0 & 0 & 1 \end{bmatrix} $$

提示 $d\boldsymbol{B} = \boldsymbol{\Delta B}$。

7. 给定如下的5自由度机器人手的坐标系、即时的雅可比矩阵的具体数值及一组微分运动，这个机器人具有2RP2R构型，求经微分运动后机器人手的新位置。

$$\boldsymbol{T}_6=\begin{bmatrix}1 & 0 & 0 & 5\\0 & 0 & -1 & 3\\0 & 1 & 0 & 2\\0 & 0 & 0 & 1\end{bmatrix},\boldsymbol{J}=\begin{bmatrix}3 & 0 & 0 & 0 & 0\\-2 & 0 & 1 & 0 & 0\\0 & 4 & 0 & 0 & 0\\0 & 1 & 0 & 1 & 0\\-1 & 0 & 0 & 0 & 1\end{bmatrix},\begin{bmatrix}d\theta_1\\d\theta_2\\d\theta_3\\d\theta_4\\d\theta_5\end{bmatrix}=\begin{bmatrix}0.1\\-0.1\\0.05\\0.1\\0\end{bmatrix}$$

第 7 章　机器人动力学

机器人是由多个连杆和多个关节组成的复杂动力学系统，有多个输入和多个输出，存在着错综复杂的耦合关系和严重的非线性。机器人动力学研究的是各杆件的运动和作用力之间的关系。机器人动力学主要关注机器人系统中力、力矩和约束对机器人运动的影响以及机器人系统内部力的产生与分配。

机器人动力学问题有两类：

① 动力学正问题。已知机器人各关节力（力矩），求机器人系统相应的运动参数，包括关节位移、关节速度和关节加速度。动力学正问题可以模拟机器人的运动，有助于完成对机器人的运动仿真。

② 动力学逆问题。已知机器人运动轨迹点上的关节位移、关节速度和关节加速度，求出相应的关节力（力矩）。动力学逆问题有助于实现对机器人的动态实时控制。

机器人的正/逆动力学问题之间的关系如图 7-1 所示。

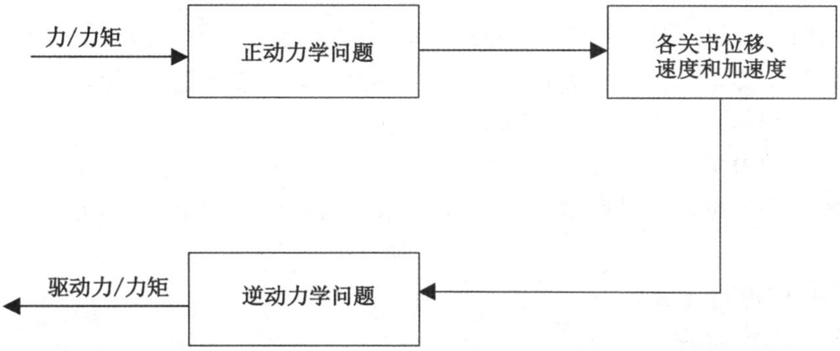

图 7-1　正逆运动学的关系

机器人动力学分析的方法有很多，有牛顿-欧拉法、拉格朗日法、高斯法、凯恩法、旋量（对偶数）法等。

7.1　动力学分析方法

7.1.1　牛顿-欧拉法

牛顿-欧拉方程是刚体力学中描述刚体运动的基本方程。它由牛顿定律和欧拉方程组成，用于描述刚体在外力和内部约束下的运动。

应用牛顿-欧拉法来建立机器人机构的动力学方程，是指对质心的运动和转动分别用牛顿方程和欧拉方程。把机器人每个连杆(或称构件)看作一个刚体。如果已知连杆的表征质量分布和质心位置的惯性张量，那么，为了使连杆运动，必须使其加速或减速，这时所需的力和力矩是期望加速度和连杆质量及其分布的函数。牛顿-欧拉方程就表明力、力矩、惯性和加速度之间的相互关系。

若刚体的质量为 m，则为使质心得到加速度 $\boldsymbol{a}$，由牛顿方程可得作用在质心上的力引起的加速度满足：

$$\boldsymbol{F}=m\boldsymbol{a} \tag{7-1}$$

为使刚体得到角速度 $\boldsymbol{\omega}$、角加速度 $\dot{\boldsymbol{\omega}}=\boldsymbol{\varepsilon}$ 的转动，必须在刚体上作用一个力矩 M，则按欧拉方程有：

$$M={}^{C}I\boldsymbol{\varepsilon}+\boldsymbol{\omega}\times{}^{C}I\boldsymbol{\omega} \tag{7-2}$$

式中，$\boldsymbol{F}$、$\boldsymbol{a}$、$\boldsymbol{M}$、$\boldsymbol{\omega}$ 和 $\boldsymbol{\varepsilon}$ 为三维矢量；I 为刚体在坐标系$\{C\}$中的惯性张量，且满足坐标系$\{C\}$的原点位于刚体的质心上。符号“×”表示叉乘运算。

牛顿-欧拉迭代动力学算法是以关节的位置、速度和加速度信息为基础，考虑机器人的运动学特性和质量分布信息，计算出驱动关节运动所需扭矩的方法。此法物理意义清晰，适合进行并联机构的正动力学问题和逆动力学问题。但此法需要考虑每个关节的约束反力，建模过程比较繁琐。

7.1.2　拉格朗日法

牛顿-欧拉公式可以被认为是一种解决动力学问题的力平衡方法。拉格朗日方程则被认为是一种基于能量的动力学方法。对于多自由度复杂的问题，利用牛顿动力学确定机器人的动力学方程非常困难，可用拉格朗日法来分析。

在机器人动力学分析过程中，拉格朗日法一般为二阶拉格朗日方程，是一种比较适合计算机计算的方法。拉格朗日函数 L 被定义为系统的动能和势能之差，即：

$$L=K-P \tag{7-3}$$

式中　L——拉格朗日函数；

K——系统动能；

P——系统势能。

系统拉格朗日方程为：

$$Q_i=\frac{\mathrm{d}}{\mathrm{d}t}\left(\frac{\partial L}{\partial \dot{q}_i}\right)-\frac{\partial L}{\partial q_i}\quad i=1,2,\cdots,n \tag{7-4}$$

式中　n——系统的广义坐标数；

q_i——第 i 个广义坐标；

$\dot{q}_i$——广义坐标对时间的变化率，称为广义速度；

Q_i——对应广义坐标 q_i 的广义坐标力。

显然，这是由 n 个二阶常微分方程组成的方程组。将此微分方程组积分，便可获得以广义坐标表示的质点的运动方程。

应用拉格朗日方程解题的步骤如下：

① 确定研究对象，判断系统的自由度数目，选取合适的广义坐标系，选定完全而且独立的广义关节变量θ_i，选定关节上的广义力（力矩）Q_i。

② 分析系统的运动，写出用广义坐标及广义速度表示的系统的动能。速度及角速度均为绝对的。

③ 计算对应每个广义坐标的广义力 Q_i，当主动力为势力时，需要写出用广义坐标表示的势能及拉格朗日函数 $L=K-P$。

④ 计算以下导数：$\dfrac{\partial L}{\partial q_i}$，$\dfrac{\partial L}{\partial \dot{q}_i}$，$\dfrac{\mathrm{d}}{\mathrm{d}t}\left(\dfrac{\partial L}{\partial \dot{q}_i}\right)$。

⑤ 写出拉格朗日方程并加以整理，求得机器人系统的动力学方程。

7.2　两关节机器人拉格朗日方程

图 7-2 所示为平面两关节机器人。选取笛卡尔坐标系分析该机器人动力学模型。连杆 1 和连杆 2 的质量分别为m_1和m_2，杆长为l_1和l_2，质心为k_1、k_2，质心离关节中心距离为p_1、p_2。

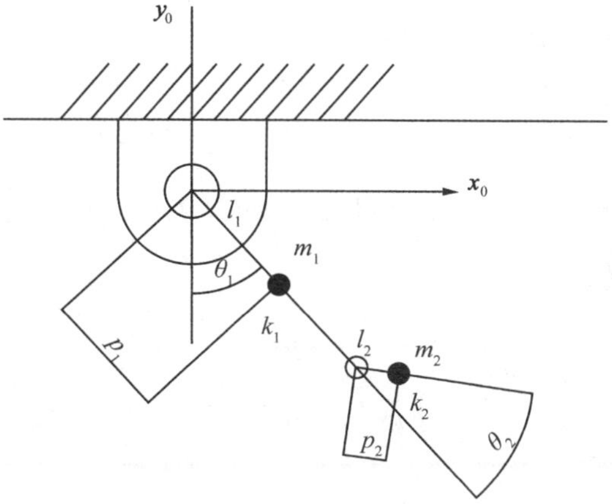

图 7-2　平面两关节机器人

机器人的连杆均为均质杆。每个连杆的质心均位于该连杆的中心且质量都集中在质心处。因此，机器人的动力学方程中含有向心加速度和科里奥利加速度等诸多加速度项。利用拉格朗日方法建立该两关节机器人动力学模型。

(1) 选定广义关节变量及广义力

选取广义关节变量为θ_1、θ_2，关节 1 和关节 2 的力矩为 M_1、M_2。

(2) 计算系统动能

连杆 1 质心k_1的位置坐标为 $x_1=p_1\sin\theta_1, y_1=-p_1\cos\theta_1$，据此可求得连杆 1 的质心$k_1$的速度平方为：

$$\dot{x}_1^2+\dot{y}_1^2=(p_1\dot{\theta}_1)^2 \tag{7-5}$$

连杆 2 质心k_2的位置坐标为：

$$\begin{cases}x_2=l_1\sin\theta_1+p_2\sin(\theta_1+\theta_2)\\ y_2=-l_1\cos\theta_1-p_2\cos(\theta_1+\theta_2)\end{cases} \tag{7-6}$$

可求得连杆 2 的质心k_2的速度平方为：

$$\dot{x}_2^2+\dot{y}_2^2=l_1^2\dot{\theta}_1^2+p_2^2(\dot{\theta}_1+\dot{\theta}_2)^2+2l_1p_2(\dot{\theta}_1^2+\dot{\theta}_1\dot{\theta}_2)\cos\theta_2 \tag{7-7}$$

可求得连杆 1 和连杆 2 的动能为：

$$\begin{cases}E_{k1}=\dfrac{1}{2}m_1p_1^2\dot{\theta}_1^2\\ E_{k2}=\dfrac{1}{2}m_2l_1^2\dot{\theta}_1^2+\dfrac{1}{2}m_2p_2^2(\dot{\theta}_1+\dot{\theta}_2)^2+m_2l_1p_2(\dot{\theta}_1^2+\dot{\theta}_1\dot{\theta}_2)\cos\theta_2\end{cases} \tag{7-8}$$

则系统动能为：

$$E_k=\sum_{i=1}^{2}E_{ki}=\frac{1}{2}(m_1p_1^2+m_2l_1^2)\dot{\theta}_1^2+\frac{1}{2}m_2p_2^2(\dot{\theta}_1+\dot{\theta}_2)^2+m_2l_1p_2(\dot{\theta}_1^2+\dot{\theta}_1\dot{\theta}_2)\cos\theta_2 \tag{7-9}$$

(3) 计算系统势能

连杆 1 和连杆 2 的势能分别为：

$$\begin{cases}E_{p1}=m_1gp_1(1-\cos\theta_1)\\ E_{p2}=m_2gl_1(1-\cos\theta_1)+m_2gp_2[1-\cos(\theta_1+\theta_2)]\end{cases} \tag{7-10}$$

则系统总势能为：

$$E_p=\sum_{i=1}^{2}E_{pi}=(m_1p_1+m_2l_1)g(1-\cos\theta_1)+m_2gp_2[1-\cos(\theta_1+\theta_2)] \tag{7-11}$$

(4) 构造拉格朗日函数

$$L=E_k-E_p=\frac{1}{2}(m_1p_1^2+m_2l_1^2)\dot{\theta}_1^2+\frac{1}{2}m_2p_2^2(\dot{\theta}_1+\dot{\theta}_2)^2+m_2l_1p_2(\dot{\theta}_1^2+\dot{\theta}_1\dot{\theta}_2)\cos\theta_2-(m_1p_1+m_2l_1)g(1-\cos\theta_1)-m_2gp_2[1-\cos(\theta_1+\theta_2)] \tag{7-12}$$

(5) 求系统动力学方程

根据拉格朗日方程 $Q_i=\dfrac{\mathrm{d}}{\mathrm{d}t}\left(\dfrac{\partial L}{\partial\dot{q}_i}\right)-\dfrac{\partial L}{\partial q_i}$ 计算各关节力矩。

首先，计算关节 1 上的力矩 M_1：

$$\begin{aligned}M_1&=\frac{\mathrm{d}}{\mathrm{d}t}\frac{\partial L}{\partial\dot{\theta}_1}-\frac{\partial L}{\partial\theta_1}\\ &=(m_1p_1^2+m_2p_2^2+m_2l_1^2+2m_2l_1p_2\cos\theta_2)\ddot{\theta}_1+(m_2p_2^2+m_2l_1p_2\cos\theta_2)\ddot{\theta}_2-\\ &\quad(2m_2l_1p_2\sin\theta_2)\dot{\theta}_1\dot{\theta}_2-(m_2l_1p_2\sin\theta_2)\dot{\theta}_2^2+(m_1p_1+m_2l_1)g\sin\theta_1+\\ &\quad m_2gp_2\sin(\theta_1+\theta_2)\end{aligned} \tag{7-13}$$

公式(7-13)可简写为：

$$M_1 = D_{11}\ddot{\theta}_1 + D_{12}\ddot{\theta}_2 + D_{112}\dot{\theta}_1\dot{\theta}_2 + D_{122}\dot{\theta}_2^2 + D_1 \tag{7-14}$$

式中，D_{11}、D_{12}、D_{112}、D_{122}、D_1分别为：

$$\begin{cases} D_{11} = m_1 p_1^2 + m_2 p_2^2 + m_2 l_1^2 + 2m_2 l_1 p_2 \cos\theta_2 \\ D_{12} = m_2 p_2^2 + m_2 l_1 p_2 \cos\theta_2 \\ D_{112} = -2m_2 l_1 p_2 \sin\theta_2 \\ D_{122} = -m_2 l_1 p_2 \sin\theta_2 \\ D_1 = (m_1 p_1 + m_2 l_1) g \sin\theta_1 + m_2 g p_2 \sin(\theta_1 + \theta_2) \end{cases} \tag{7-15}$$

之后，计算关节2上的力矩M_2：

$$\begin{aligned} M_2 &= \frac{\mathrm{d}}{\mathrm{d}t}\frac{\partial L}{\partial \dot{\theta}_2} - \frac{\partial L}{\partial \theta_2} \\ &= (m_2 p_2^2 + m_2 l_1 p_2 \cos\theta_2)\ddot{\theta}_1 + (m_2 p_2^2)\ddot{\theta}_2 + [(-m_2 l_1 p_2 + m_2 l_1 p_2)\sin\theta_2]\dot{\theta}_1\dot{\theta}_2 + \\ &\quad (m_2 l_1 p_2 \sin\theta_2)\dot{\theta}_1^2 + m_2 g p_2 \sin(\theta_1 + \theta_2) \end{aligned} \tag{7-16}$$

公式(7-16)可简写为：

$$\tau_2 = D_{21}\ddot{\theta}_1 + D_{22}\ddot{\theta}_2 + D_{212}\dot{\theta}_1\dot{\theta}_2 + D_{211}\dot{\theta}_1^2 + D_2 \tag{7-17}$$

式中，D_{21}、D_{22}、D_{212}、D_{211}、D_2分别为：

$$\begin{cases} D_{21} = m_2 p_2^2 + m_2 l_1 p_2 \cos\theta_2 \\ D_{22} = m_2 p_2^2 \\ D_{212} = (-m_2 l_1 p_2 + m_2 l_1 p_2)\sin\theta_2 \\ D_{211} = m_2 l_1 p_2 \sin\theta_2 \\ D_2 = m_2 g p_2 \sin(\theta_1 + \theta_2) \end{cases} \tag{7-18}$$

上述公式分别表示了关节驱动力矩与关节位移、速度、加速度之间的关系(即力和运动之间的关系)，称为二自由度机器人的动力学方程，即：

$$\begin{cases} M_1 = D_{11}\ddot{\theta}_1 + D_{12}\ddot{\theta}_2 + D_{112}\dot{\theta}_1\dot{\theta}_2 + D_{122}\dot{\theta}_2^2 + D_1 \\ M_2 = D_{21}\ddot{\theta}_1 + D_{22}\ddot{\theta}_2 + D_{212}\dot{\theta}_1\dot{\theta}_2 + D_{211}\dot{\theta}_1^2 + D_2 \end{cases} \tag{7-19}$$

可以将两个运动方程(7-19)写成矩阵的形式：

$$\boldsymbol{M} = \boldsymbol{D}(\theta)\ddot{\theta} + \boldsymbol{H}(\theta,\dot{\theta})\dot{\theta} + \boldsymbol{G}(\theta) \tag{7-20}$$

式中，$\boldsymbol{M} = [\boldsymbol{M}_1 \quad \boldsymbol{M}_2]^{\mathrm{T}}$，$\theta = [\theta_1 \quad \theta_2]^{\mathrm{T}}$，$\dot{\theta} = [\dot{\theta}_1 \quad \dot{\theta}_2]^{\mathrm{T}}$，$\ddot{\theta} = [\ddot{\theta}_1 \quad \ddot{\theta}_2]^{\mathrm{T}}$。$\boldsymbol{D}(\theta)$是$n \times n$的正定对称矩阵，是关于$\theta$的函数，称为机器人的惯性矩阵；$\boldsymbol{H}(\theta,\dot{\theta})$是$n \times 1$的离心力和科氏力矢量；$\boldsymbol{G}(\theta)$是$n \times 1$的重量矢量，与机器人位形$n$有关。$\boldsymbol{D}(\theta)$、$\boldsymbol{H}(\theta,\dot{\theta})$、$\boldsymbol{G}(\theta)$分别为：

$$\boldsymbol{D}(\theta) = \begin{bmatrix} m_1 p_1^2 + m_2(l_1^2 + p_2^2 + 2l_1 p_2 \cos\theta_2) & m_2(p_2^2 + l_1 p_2 \cos\theta_2) \\ m_2(p_2^2 + l_1 p_2 \cos\theta_2) & m_2 p_2^2 \end{bmatrix} \tag{7-21}$$

$$\boldsymbol{H}(\theta,\dot{\theta}) = \begin{bmatrix} m_2 l_1 p_2 \sin\theta_2(\dot{\theta}_2^2 + 2\dot{\theta}_1\dot{\theta}_2) \\ m_2 l_1 p_2 \sin\theta_2 \dot{\theta}_1^2 \end{bmatrix} \tag{7-22}$$

$$G(\theta)=\begin{bmatrix}(mp_1+m_2l_1)g\sin\theta_1+m_2p_2g\sin(\theta_1+\theta_2)\\ m_2p_2g\sin(\theta_1+\theta_2)\end{bmatrix} \tag{7-23}$$

推导动力学方程的方法很多，各有优缺点。拉格朗日方法思路清晰、不考虑连杆之间的内力，是推导动力学方程的常用方法之一。为了更好地理解两关节机器人动力学方程，需对其进行分析和说明。

(1) 含 $\ddot{\theta}_1$、$\ddot{\theta}_2$ 的项表示由加速度引起的关节力矩项，包括D_{11}、D_{22}、D_{12} 和D_{21} 四项。

① 含D_{11}的项表示由关节 1 加速度引起的惯性力矩项；② 含D_{22}的项表示由关节 2 加速度引起的惯性力矩项；③ 含D_{12}的项表示关节 2 的加速度对关节 1 的耦合力矩项；④ 含D_{21}的项表示关节 1 的加速度对关节 2 的耦合惯性力矩项。

(2) 含有$\dot{\theta}_1^2$、$\dot{\theta}_2^2$的项表示由于科氏力引起的关节力矩项，包含D_{122}和D_{211}两项。

① 含D_{122}的项表示关节 2 速度引起的向心力对关节 1 的耦合力矩项；② 含D_{211}的项表示关节 1 速度引起的向心力对关节 2 的耦合力矩项。

(3) 含有$\dot{\theta}_1$、$\dot{\theta}_2$的项表示由于科氏力引起的关节力矩项，包含D_{112}和D_{212}两项。

① 含D_{112}的项表示科氏力对关节 1 的耦合力矩项；② 含D_{212}的项表示科氏力对关节 2 的耦合力矩项。

(4) 只含关节变量θ_1和θ_2的项表示由重力引起的关节力矩项，包含D_1和D_2两项。

① 含D_1的项表示连杆 1、连杆 2 的质量对关节 1 引起的重力矩项；② 含D_2的项表示连杆 2 的质量对关节 2 引起的重力矩项。

简单的 2 自由度平面关节机器人动力学方程已经很复杂了，包含很多耦合项。对于复杂的多自由度机器人，其动力学方程和推导过程更复杂。通常，可用一些方法来简化动力学方程。例如：

① 当杆件质量不是很大，重力很小时，动力学方程中的重力矩项可以省略。

② 当关节速度不是很大，机器人不是高速机器人时，含有$\dot{\theta}_1^2$、$\dot{\theta}_2^2$、$\dot{\theta}_1\dot{\theta}_2$ 的项可以省略。

③ 当关节加速度不是很大，即关节电动机的升降速不是很突然时，含$\ddot{\theta}_1$、$\ddot{\theta}_2$ 的项可省略。当然，关节加速度减小，会引起速度升降时间增加，机器人作业时间延长。

7.3 双轮差速移动机器人动力学

描述轮式机器人的动力学方程与描述机械臂的动力学方程不同。双轮差速移动机器人在运动过程中存在轮子之间的转向约束和差速驱动约束，无法独立自由地改变所有自由度的状态，因此被认为是非完整系统。

非完整性约束不仅对控制系统空间位置进行限制，同时对约束系统的广义运动速度起到约束作用(即约束广义位置的一阶导数)。位置导数部分不能通过积分转化为位置的约束称为不可积分约束(即 Pfafian 约束)。系统的非完整性约束形式为：

$$A(q,\dot{q},t)=0 \tag{7-24}$$

因为 $A(q,\dot{q},t)$ 为光滑函数，即函数不仅连续而且所有导数都存在且连续，故存在所有一阶导数 $\dot{q}_i=\frac{\mathrm{d}q_i}{\mathrm{d}t}(i=0,1,2\cdots,n)$，$\dot{q}_i$ 为系统的广义速度向量。

运动学和动力学模型主要区别：在运动学中研究运动时，不考虑影响运动的力，而只处理控制系统的几何关系。因此，在轮式机器人低速运动的状况下，采用运动学控制可以满足要求，但在高速运动下必须考虑动力学控制。

具有 n 维广义坐标 q 的机器人系统在非完整约束条件下，其标准的广义力学系统可用如下形式表示：

$$\boldsymbol{M}(q)\ddot{q}+\boldsymbol{V}_{\mathrm{m}}(q,\dot{q})\dot{q}+\boldsymbol{G}(q)+\boldsymbol{F}(\dot{q})+\tau_d=\boldsymbol{B}(q)\tau-\boldsymbol{A}^{\mathrm{T}}(q)\lambda \tag{7-25}$$

式中，$q\in R^n$ 为位移向量，$\boldsymbol{M}(q)\in R^{n\times n}$ 为系统的对称正定惯性矩阵，$\boldsymbol{V}_{\mathrm{m}}(q,\dot{q})\in R^{n\times n}$ 为系统与位置和速度有关的离心力和哥氏力矩阵，$\boldsymbol{G}(q)$ 和 $\boldsymbol{F}(\dot{q})$ 分别为重力项和摩擦阻力项，τ_d 为外界干扰项，$\boldsymbol{B}(q)\in R^{n\times(n-m)}$ 为系统的输入变换矩阵，$\tau\in R^{(n-m)\times 1}$ 为系统的输入向量，$\boldsymbol{A}^{\mathrm{T}}(q)\in R^{m\times n}$ 为 Pfafian 约束矩阵，$\lambda\in R^{m\times 1}$ 为系统约束的反力向量（即拉格朗日乘子）。

轮式机器人动力学方程由拉格朗日乘子法转换得到的。根据力学平衡的原理，在不考虑外部干扰、重力以及摩擦阻力等对系统的影响时，非完整约束移动机器人的简化动力学模型为：

$$\boldsymbol{M}(q)\ddot{q}+\boldsymbol{V}_m(q,\dot{q})\dot{q}=\boldsymbol{B}(q)\tau-\boldsymbol{A}^{\mathrm{T}}(q)\lambda \tag{7-26}$$

如图 5-15 所示，轮式移动机器人结构动力学模型在全局坐标中的 X、Y、Z 三个方向均满足力平衡以及两轮驱动电机轴方向的力矩平衡条件。据此可得到下面的动力学约束方程：

$$\begin{cases} m\ddot{x}+2m_{\mathrm{w}}d\ddot{\theta}\sin\theta+2m_{\mathrm{w}}d\dot{\theta}^2\cos\theta-(f_{\mathrm{xl}}+f_{\mathrm{xr}})\cos\theta-f_{\mathrm{y}}\sin\theta=0 \\ m\ddot{y}-2m_{\mathrm{w}}d\ddot{\theta}\cos\theta+2m_{\mathrm{w}}d\dot{\theta}^2\sin\theta-(f_{\mathrm{xl}}+f_{\mathrm{xr}})\sin\theta+f_{\mathrm{y}}\cos\theta=0 \\ J\ddot{\theta}+2m_{\mathrm{w}}d\ddot{x}\sin\theta-2m_{\mathrm{w}}d\ddot{y}os\theta+R(f_{\mathrm{xl}}-f_{\mathrm{xr}})-df_{\mathrm{y}}=0 \\ J_{\mathrm{l}}\ddot{\theta}_{\mathrm{l}}+f_{\mathrm{xl}}r=M_{\mathrm{l}} \\ J_{\mathrm{r}}\ddot{\theta}_{\mathrm{r}}+f_{\mathrm{xr}}r=M_{\mathrm{r}} \end{cases} \tag{7-27}$$

式中，m_{c} 为车体质量，m_{w} 为一个轮子的质量，$m=m_{\mathrm{c}}+2m_{\mathrm{w}}$ 为小车的总体质量，d 是系统质心到几何中心的距离，f_{xl} 和 f_{xr} 分别为左右两轮沿 X 方向的约束反力，f_{y} 为整车 Y 方向的约束反力，J_{l} 和 J_{r} 分别为左右两轮输出轴的惯量，M_{l} 和 M_{r} 分别为左右两轮驱动电机的输出力矩，J 为整车绕垂直质心轴的转动惯量。J 满足

$$J=J_{\mathrm{c}}+2m_{\mathrm{w}}(d^2+R^2)+2J_{\mathrm{m}} \tag{7-28}$$

式中，J_{c} 为车体部分的惯量，J_{m} 为电机轴输出的惯量。整理公式(7-27)可得到方程(7-26)中的各个矩阵，分别为：

$$\boldsymbol{M}(q)=\begin{bmatrix} m & 0 & 2m_{w}d\sin\theta & 0 & 0 \\ 0 & m & -2m_{w}d\cos\theta & 0 & 0 \\ 2m_{w}d\sin\theta & -2m_{w}d\cos\theta & J & 0 & 0 \\ 0 & 0 & 0 & J_{l} & 0 \\ 0 & 0 & 0 & 0 & J_{r} \end{bmatrix}$$

$$\boldsymbol{B}(q)=\begin{bmatrix} 0 & 0 & 0 & 1 & 0 \\ 0 & 0 & 0 & 0 & 1 \end{bmatrix}^{\mathrm{T}}$$

$$\boldsymbol{V}_{m}(q,\dot{q})\dot{q}=\begin{bmatrix} 2m_{w}d\dot{\theta}^{2}\cos\theta & 2m_{w}d\dot{\theta}^{2}\sin\theta & 0 & 0 & 0 \end{bmatrix}^{\mathrm{T}}$$

$$\boldsymbol{\lambda}=\begin{bmatrix} f_{y} & f_{xl} & f_{xr} \end{bmatrix}^{\mathrm{T}}$$

$$\boldsymbol{\tau}=\begin{bmatrix} r_{l} & \tau_{r} \end{bmatrix}^{\mathrm{T}}$$

取满秩矩阵 $\boldsymbol{U}(q)=\begin{bmatrix} \cos\theta & \sin\theta & 0 & \frac{1}{r} & \frac{1}{r} \\ 0 & 0 & 1 & \frac{R}{r} & \frac{R}{r} \end{bmatrix}^{\mathrm{T}}$，根据前面的 Pfafian 约束条件 $\boldsymbol{A}(q)\dot{q}=0$ 可知，$\dot{q}$ 在 $\boldsymbol{A}(q)$ 的零空间，作为 $\boldsymbol{A}(q)\boldsymbol{U}(q)=0$ 解空间的一组基，满足

$$\dot{q}=\boldsymbol{U}(q)\eta \tag{7-29}$$

对公式(7-29)求微分得到

$$\ddot{q}=\boldsymbol{U}(q)\dot{\eta}+\dot{\boldsymbol{U}}(q)\eta \tag{7-30}$$

将公式(7-29)和公式(7-30)代入公式(7-26)可得：

$$\boldsymbol{M}(q)\boldsymbol{U}(q)\dot{\eta}+[\boldsymbol{M}(q)\dot{\boldsymbol{U}}(q)+\boldsymbol{V}_{m}(q,\dot{q})\boldsymbol{U}(q)]\eta=\boldsymbol{B}(q)\boldsymbol{\tau}-\boldsymbol{A}^{\mathrm{T}}(q)\boldsymbol{\lambda} \tag{7-31}$$

双轮差速移动机器人的运动是基于两个独立驱动的轮子，它们分别控制机器人的线速度和角速度。这种运动方式引入了一个关键的假设：轮子之间没有侧滑(Pfafian 约束)。当轮子没有侧滑时，机器人的中心点的速度和加速度只与线速度和角速度有关，而与位置无关。$\boldsymbol{V}_{m}(q,\dot{q})$涉及位置变量和位置导数的项，但在这种情况下，位置相关的导数为零，因为机器人的位置不影响其速度和加速度，故有$\boldsymbol{V}_{m}(q,\dot{q})=0$

因 $\boldsymbol{A}(q)\boldsymbol{U}(q)=0$ 和$\boldsymbol{V}_{m}(q,\dot{q})=0$，则将公式(7-31)左右两端同时左乘 $\boldsymbol{U}(q)$，则可推出：

$$\boldsymbol{U}(q)\boldsymbol{M}(q)\boldsymbol{U}(q)\dot{\eta}+\boldsymbol{U}(q)\boldsymbol{M}(q)\dot{\boldsymbol{U}}(q)\eta=\boldsymbol{U}(q)\boldsymbol{B}(q)\boldsymbol{\tau} \tag{7-32}$$

令 $\boldsymbol{S}(q)=\boldsymbol{U}(q)\boldsymbol{M}(q)\boldsymbol{U}(q)$，$\boldsymbol{F}(q)=\boldsymbol{U}(q)\boldsymbol{M}(q)\dot{\boldsymbol{U}}(q)$，$\boldsymbol{E}(q)=\boldsymbol{U}(q)\boldsymbol{B}(q)$，则公式(7-32)可以简化为：

$$\boldsymbol{S}(q)\dot{\eta}+\boldsymbol{F}(q)\eta=\boldsymbol{E}(q)\boldsymbol{\tau} \tag{7-33}$$

公式(7-33) 结合第 5 章的运动学模型公式(5-61)即为非完整轮式移动机器人的运动学和动力学模型。

思考与习题

1. 常用的动力学分析方法有哪些？
2. 什么是机器人的动力学正问题，其有助于实现机器人的哪部分分析？
3. 什么是机器人的动力学逆问题，其有助于实现机器人的哪部分分析？
4. 牛顿-欧拉法的核心思想是什么，有哪些优缺点？
5. 拉格朗日法的核心思想是什么，有哪些优缺点？
6. 简述用拉格朗日法进行两关节机器手臂动力学分析的基本过程。
7. 简述用拉格朗日法进行轮式机器人动力学分析的基本过程。

第8章 机器人轨迹规划

机器人规划指的是机器人根据自身的任务，求得完成这一任务的解决方案的过程。这里的任务是一个广义的概念，这个任务既可以指机器人需要完成的一个具体任务，也可以是机器人需要完成的一个动作。

机器人规划从高层到底层分为高层的任务规划、动作规划到低层的手部轨迹规划和关节轨迹规划，最后才是低层的控制。任务规划、动作规划属于机器人高级规划的范畴，一般依赖人来完成。把任务分解为一系列子任务的规划称为任务规划；将每个子任务分解为一系列动作的规划称为动作规划。机械手的轨迹规划是指在给定的工作空间和任务要求下，确定机械手从起始位置到目标位置的具体运动轨迹。关节的轨迹规划是指确定机械臂各个关节的运动轨迹，使机械臂能够在给定任务和约束条件下，从起始状态运动到目标状态。这里所谓的轨迹是指操作臂在运动过程中的位移、速度和加速度。图 8-1 是机器人倒水的规划层次。

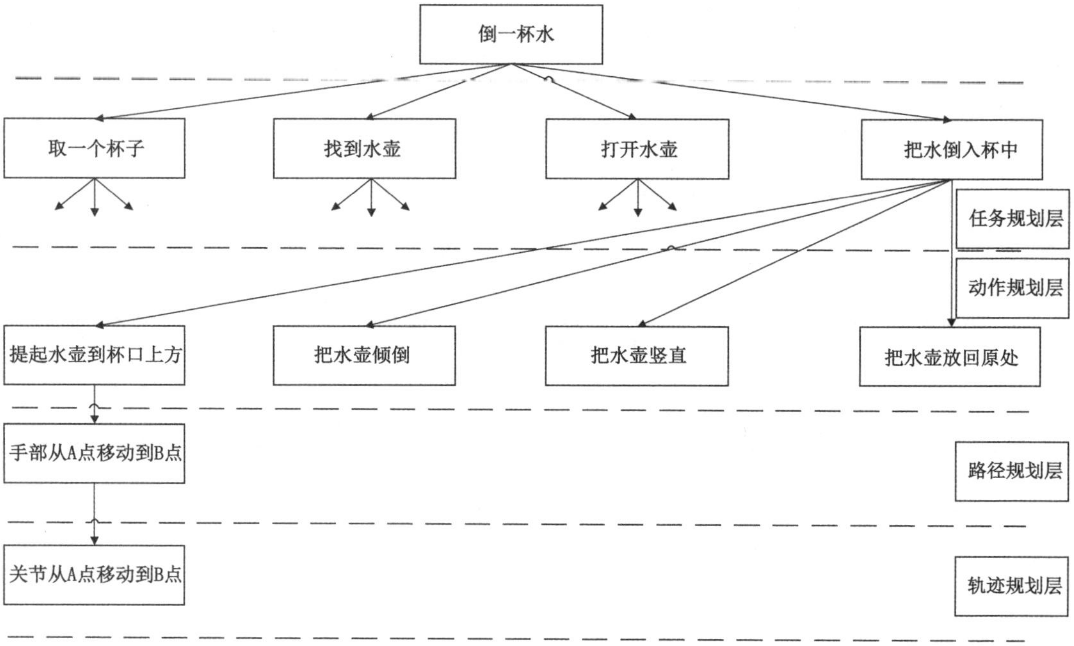

图 8-1　机器人倒水的规划层次

在第一层任务规划中，操作员输入机械手需要达成的任务；然后在动作规划层，针对每个子任务，操作员输入机械手末端的位置和方位，从而通过多个动作来实现最终的任务；最后利用路径规划层和轨迹规划层使机械手实现倒一杯水的预定运动。

由此可见，要使机器人完成一项具体任务，其轨迹规划通常包括路径规划和轨迹规划。两者是机器人运动控制的前提。严格来说，“路径”与“轨迹”是不一样的。路径是指机器人或物体从起始点到目标点所经过的空间位置序列。路径可以是简单的直线、曲线或复杂的多段连接线段。路径不考虑时间信息，只关注位置的序列。路径规划的目标是找到一个有效的、可行的、最优的(例如最短的、最快的或者能量消耗最小的)路径。轨迹是指机器人或物体在时间上的运动状态随时间变化的路径。轨迹除了包括路径上的位置信息，还包括对应的速度、加速度和姿态信息等。轨迹规划的目标是在满足机器人动力学和运动学约束的前提下，生成一个平滑、连续且安全的运动轨迹。在运动规划中，首先需要确定一个合适的路径，然后根据具体需求生成对应的轨迹。路径规划算法通常考虑避障、最短路径等问题，而轨迹规划算法则进一步考虑到运动的平滑性、动力学约束、时间分配等因素，以生成合理的运动轨迹。

对于目前绝大多数商用机器人，用户完全可以只进行手部的路径规划，机器人控制器会自动进行各关节轨迹的规划。

8.1 轨迹规划一般性问题

轨迹规划指根据作业任务的要求，计算出预期的运动轨迹。

机器人的作业可以描述成工具坐标系$\{T\}$相对于工件坐标系$\{S\}$的系列运动。例如，图8-2所示的将销插入工件孔中的作业可以借助工具坐标系的一系列位姿$P_i(i=1,2,\cdots,n)$来描述。这种描述方法不仅符合机器人用户考虑问题的思路，而且有利于描述和生成机器人的运动轨迹。

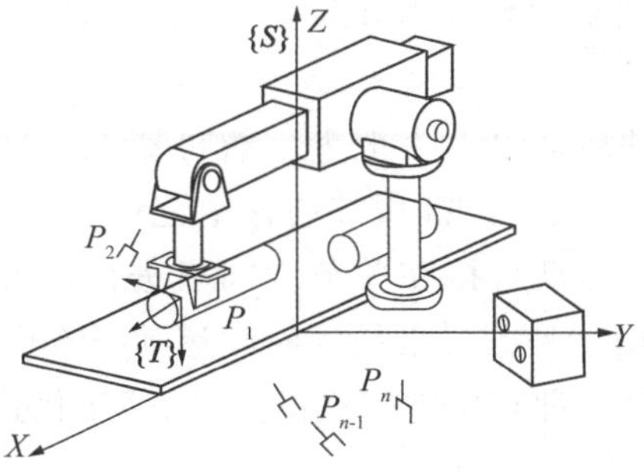

图8-2 机器人将销插入工件孔中的作业描述

用$\{T\}$相对于$\{S\}$的运动来描述作业路径是一种通用的作业描述方法。它把作业路径描述与具体的机器人、手爪或工具分离开来，形成了模型化的作业描述方法，从而使这种描述既适用于不同的机器人，也适用于在同一机器人上装夹不同规格的工具。有了这种描述方法就可以把如图 8-3 所示的机器人从初始状态运动到终止状态的作业看作是工具坐标系从初始位置$\{T_0\}$变化到终止位置$\{T_f\}$的坐标变换。显然，这种变换与具体机器人无关。需要注意，一般情况下，这种变换包含了工具坐标系位置和姿态的变化。

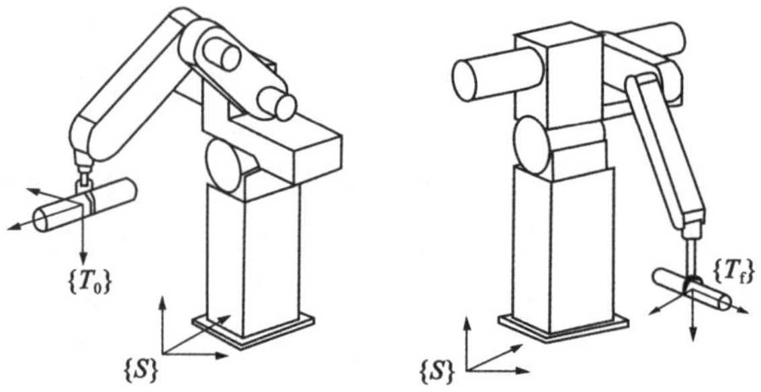

图 8-3　机器人的初始状态和终止状态

在轨迹规划中，为了叙述方便，也常用点来表示机器人的状态，或用点来表示工具坐标系的位姿。更详细地描述运动时不仅要规定机器人的起始点和终止点，而且要给出介于起始点和终止点之间的中间点(也称为路径点)。这时，运动轨迹除了位姿约束外，还存在着各路径点之间的时间分配问题。例如，在路径描述中可能要指定各中间点之间的时间间隔。

机器人的运动应当平稳。不平稳的运动将加剧机械部件的磨损，并导致机器人的振动和冲击。为此，要求所选择的运动轨迹描述函数必须连续，而且它的一阶导数(速度)，有时甚至二阶导数(加速度)也应该连续。故此，为了保证路径平滑，必须在各中间点之间对路径的空间和时间特性添加一些限制条件。

8.2　轨迹规划主要问题

在研究轨迹规划之前，要学习机器人在特定环境中如何生成一条运动的路径。轨迹生成的方式主要包括以下几种。

① 示教再现运动。这种运动由人手把手示教机器人，定时记录各关节变量，得到沿路径运动时各关节的位移时间函数；再现时，按内存中记录的各点的值产生序列动作。

② 关节空间运动。这种运动直接在关节空间里进行。由于动力学参数及其极限值直接在关节空间里描述，所以用这种方式求最短时间运动很方便。

③ 空间直线运动。这是一种直角空间里的运动，便于描述空间操作，计算量小，适合应用于简单的作业。

④ 空间曲线运动。这是一种在描述空间中用明确的函数表达的运动，如圆周运动、螺旋运动等。

为了描述一个完整的作业，往往需要将上述运动进行组合。通常这种规划涉及以下几个方面的问题。

① 对工作对象及作业进行描述，用示教方法给出轨迹上若干个节点。

② 用一条轨迹通过或逼近节点。此轨迹可按一定的原则优化，如加速度平滑得到直角空间的位移时间函数 $X(t)$ 或关节空间的位移时间函数 $q(t)$；在节点之间进行插补，即根据轨迹表达式在每一个采样周期实时计算轨迹上点的位姿和各关节变量值。

③ 以上生成的轨迹是机器人位置控制的给定值，可以据此并根据机器人的动态参数设计一定的控制规律。

④ 规划机器人的运动轨迹时，需明确其路径上是否存在障碍约束的组合。一般将机器人的规划与控制方式分为四种情况，如表 8-1 所示。

表 8-1　机器人规划与控制方式组合

		障碍约束	
		有	无
路径约束	有	离线无碰撞路径规划＋在线路径跟踪	离线路径规划＋在线路径跟踪
	无	位置控制＋在线障碍探测和避障	位置控制

轨迹规划器可形象地看成为一个黑箱（图 8-4），其输入包括路径的“设定”和“约束”，其输出是操作臂末端手部的“位姿序列”，表示手部在各离散时刻的中间形态。在进行轨迹规划时，除了要考虑动力学约束、路径约束之外，还应该考虑轨迹的平滑性、最优性和实时性等问题。

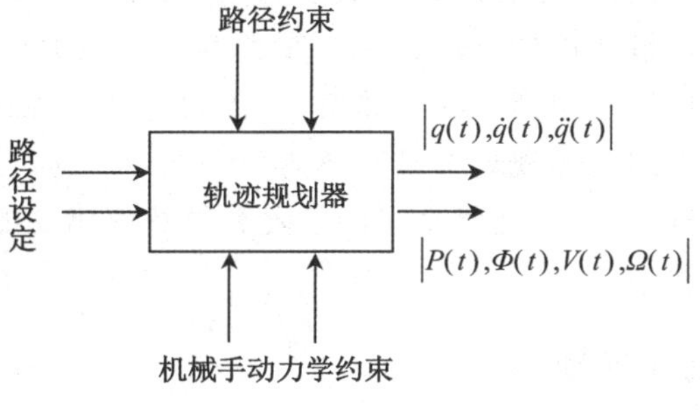

图 8-4　轨迹规划数学模型基本框架

操作臂最常用的轨迹规划方法有两种。第一种方法要求用户对于选定的轨迹节点（插值点）上的位姿、速度和加速度给出一组显式约束（例如连续性和光滑程度等），轨迹规划器从一类函数（例如 n 次多项式）中选取参数化轨迹，对节点进行插值，并满足约束条件。第二种方法要求用户给出运动路径的解析式（如直角坐标空间中的直线路径），轨迹规划器在关节空间或直角坐标空间中确定一条轨迹来逼近用户给定的路径。在第一种方法中，约束的设定和轨迹规划均在关节空间进行。由于对操作臂手部（直角坐标空间中的姿态）没有施加任何约束，用户很难弄清手部的实际路径，因此手部可能会与障碍物相碰。第二种方法的路径约束是在直角坐标空间中给定的，而关节驱动器是在关节空间中受控的。因此，为了得到与给定路径十分接近的轨迹，首先必须采用某种函数逼近的方法将直角坐标路径约束转化为关节坐标路径约束，然后确定满足关节路径约束的参数化路径。

轨迹规划既可以在关节空间中进行，也可以在直角坐标空间中进行。在关节空间中进行轨迹规划指将所有关节变量表示为时间的函数，用这些关节函数及其一阶、二阶导数描述机器人预期的运动；在直角坐标空间中进行轨迹规划指将手爪位姿、速度和加速度表示为时间的函数，而相应的关节位置速度和加速度由手爪信息导出。通常通过运动学反解得出关节位移，用逆雅可比矩阵求出关节速度，用逆雅可比矩阵及其导数求解关节加速度。

关节空间描述方式是建立在正运动学基础上的，具体讲，是将机器人的各个关节角度作为自变量，通过正运动学方程可以计算出末端执行器的位置和姿态。而直角空间描述则以笛卡尔坐标系为基准，直接使用位置和姿态信息来描述机器人末端执行器的状态。关节空间描述和直角空间描述各有优势。关节空间描述在某些情况下更加直观，特别适用于对机器人各个关节进行独立控制的场景。直角空间描述则更加直观地描述了机器人末端执行器在笛卡尔空坐标系中的位置和姿态，适用于需要精确控制机器人末端执行器位置和姿态的场景。

8.3 关节空间轨迹规划

关节空间轨迹规划主要用于关节的运动轨迹规划，通常需要考虑机器人的运动学和动力学特性以及关节的限制条件，然后通过插值或优化等算法，生成一条平滑的轨迹。插值算法是关节空间轨迹规划中最常用的方法之一。通过对给定的关节角度进行插值，生成一条平滑的轨迹。常见的插值算法包括多项式插值、样条插值、优化插值等。

多项式插值是关节空间轨迹规划中最简单的方法之一。通过对给定的关节角度进行多项式逼近，生成一条平滑的轨迹。在每个点的位置和导数值相同的情况下，可以通过多项式插值来生成一条平滑的轨迹。

8.3.1 三次多项式轨迹规划

（1）第一种情况：用于初始点和终止点的三次多项式轨迹规划

假设机器人的初始位姿是已知的，通过求解逆运动学方程可求得机器人期望末端位姿对应的关节角。然而，机器人每个关节的运动都必须单独规划。

一个关节从初始点运动到目标点的过程，可以用一个关于时间变量的角度函数 $\theta(t)$ 来描述。设机器人在起始点 $t=0$ 和终止点 $t=t_f$，即为位置约束条件。为保证各关节能够平稳运动，还需要对轨迹上起点和终点的速度进行约束，即两点的速度为零。由此可得四个关于位置和速度的约束条件为：

$$\begin{cases}\theta(0)=\theta_0 \\ \theta(t_f)=\theta_f \\ \dot{\theta}(0)=0 \\ \dot{\theta}(t_f)=0\end{cases} \tag{8-1}$$

为了生成平滑且连续的机器人轨迹，需设计次数至少为 3 的多项式才能满足这 4 个约束条件，且这些约束条件唯一确定了一个三次多项式。该三次多项式具有如下形式：

$$\theta(t)=a_0+a_1t+a_2t^2+a_3t^3 \tag{8-2}$$

对公式(8-2)所表示的角度函数进行求导，可得关节运动速度和加速度：

$$\begin{cases}\dot{\theta}(t)=a_1+2a_2t+3a_3t^2\\ \ddot{\theta}(t)=2a_2+6a_3t\end{cases} \tag{8-3}$$

将位置和速度的四个约束条件[式(8-1)]代入公式(8-2)和公式(8-3)，可得到含有 4 个未知量的 4 个方程：

$$\begin{cases}\theta_0=a_0\\ \theta_f=a_0+a_1t_f+a_2t_f^2+a_3t_f^3\\ 0=a_1\\ 0=a_1+2a_2t_f+3a_3t_f^2\end{cases} \tag{8-4}$$

解出方程(8-4)中的 $a_i(i=0,1,2,3)$，得出三次多项式的四个系数为：

$$\begin{cases}a_0=\theta_0\\ a_1=0\\ a_2=\dfrac{3(\theta_f-\theta_0)}{t_f^2}\\ a_3=-\dfrac{2(\theta_f-\theta_0)}{t_f^3}\end{cases} \tag{8-5}$$

例 8-1　要求机器人某关节 5 s 内从初始角 30°运动到终止角 80°，使用三次多项式规划，计算在 1 s、2 s、3 s 时关节的角度。

解：将边界条件代入公式(8-5)，得$a_0=30$，$a_1=0$，$a_2=6$，$a_3=-0.8$。

从而得位置、速度、加速度的方程为：

$$\theta(t)=30+6t^2-0.8t^3$$

$$\dot{\theta}(t)=12t-2.4t^2$$

$$\ddot{\theta}(t)=12-4.8t$$

分别代入 1 s、2 s、3 s 时间，可得

$$\theta(1)=35.2°, \theta(2)=47.6°, \theta(3)=62.46°$$

(2) 第二种情况：用于具有中间点路径的三次多项式轨迹规划

所规划的机器人作业路径在多个点上有位姿要求。如图 8-5 所示，机器人作业除在 A、B 点有位姿要求外，在路径点 C、D 也有位姿要求。对于这种情况，若末端执行器在路径点停留，即各路径点上速度为 0，则轨迹规划可连续直接使用前面介绍的三次多项式插值方法；若末端执行器只是经过，并不停留，则应该归纳出一种能够使三次多项式满足路径约束条件的方法。

如果已知各关节在中间点的期望速度，那么就可以像第一种情况一样构造出三次多项式。但是，此时的每个终止点的速度限制条件就不再是速度为 0，而是为已知的速度。因此，公式(8-1)的速度限制条件变为：

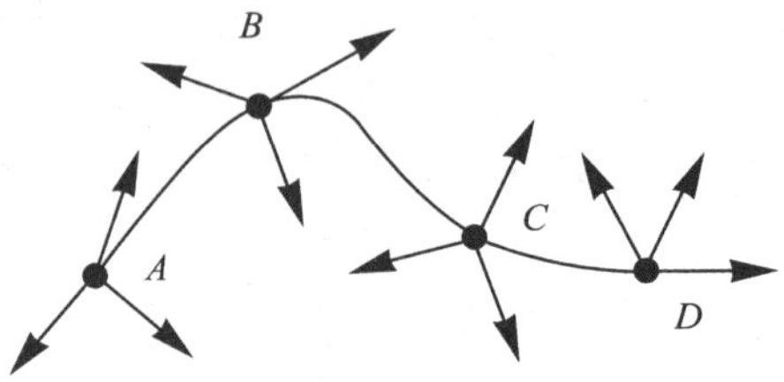

图 8-5　具有中间点路径示意图

$$\dot{\theta}(0)=\dot{\theta}_0$$
$$\dot{\theta}(t_f)=\dot{\theta}_f \tag{8-6}$$

将速度约束条件[式(8-6)]和位置约束条件代入公式(8-3)，可得到三次多项式的 4 个方程变为：

$$\begin{aligned}\theta_0&=a_0\\ \theta_f&=a_0+a_1t_f+a_2t_f^2+a_3t_f^3\\ \dot{\theta}_0&=a_1\\ \dot{\theta}_f&=a_1+2a_2t_f+3a_3t_f^2\end{aligned} \tag{8-7}$$

求解方程组可得 $a_i(i=0,1,2,3)$ 为：

$$\begin{aligned}a_0&=\theta_0\\ a_1&=\dot{\theta}_0\\ a_2&=\frac{3}{t_f^2}(\theta_f-\theta_0)-\frac{2}{t_f}\dot{\theta}_0-\frac{1}{t_f}\dot{\theta}_f\\ a_3&=-\frac{2}{t_f^3}(\theta_f-\theta_0)+\frac{1}{t_f^2}(\dot{\theta}_f+\dot{\theta}_0)\end{aligned} \tag{8-8}$$

当路径点上的关节速度为 0 时，该情况下所确定的三次多项式与第一种情况下的完全相同，这就说明了这里所确定的三次多项式描述了起始点和终止点具有任意给定位置和速度约束条件的运动轨迹。

8.3.2　五次多项式轨迹规划

在约束条件更多、运动轨迹要求更高的情况下，为获得更光滑的运动曲线，可采用高次多项式。例如，要对机器人运动路径上起始点和终止点的位置、速度以及加速度进行约束，此时边界条件增加到 6 个，则需要用一个五次多项式[式(8-9)]来规划关节空间轨迹。

$$\theta(t)=a_0+a_1t+a_2t^2+a_3t^3+a_4t^4+a_5t^5 \tag{8-9}$$

为保证关节速度函数的连续，在起点 $t=0$ 和终点 $t=t_f$ 两个时刻，假设机械臂的各关节角加速度为 0，即：

$$\ddot{\theta}(0)=0,\ \ddot{\theta}(t_f)=0 \tag{8-10}$$

对公式(8-9)所表示的角度函数进行求导，可得关节运动速度和加速度：

$$\begin{cases}\dot{\theta}(t)=a_1+2a_2t+3a_3t^2+4a_4t^3+5a_5t^4\\ \ddot{\theta}(t)=2a_2+6a_3t+12a_4t^2+20a_5t^3\end{cases}\tag{8-11}$$

将位置和速度的四个约束条件[式(8-1)]和加速度约束条件[式(8-10)]代入公式(8-9)和公式(8-11),可得到含有 6 个未知量的 6 个方程:

$$\begin{cases}\theta_0=a_0\\ \theta_f=a_0+a_1t_f+a_2t_f^2+a_3t_f^3+a_4t_f^4+a_5t_f^5\\ \dot{\theta}_0=a_1\\ \dot{\theta}_f=a_1+2a_2t_f+3a_3t_f^2+4a_4t_f^3+5a_5t_f^4\\ \ddot{\theta}_0=2a_2\\ \ddot{\theta}_f=2a_2+6a_3t_f+12a_4t_f^2+20a_5t_f^3\end{cases}\tag{8-12}$$

通过对公式(8-12)的 6 个线性方程联立求解,即可确定五次多项式(8-9)中的a_0、a_1、a_2、a_3、a_4、a_5这 6 个系数。

$$\begin{cases}a_0=\theta_0\\ a_1=\dot{\theta}_0\\ a_2=\dfrac{\ddot{\theta}_0}{2}\\ a_3=\dfrac{20\theta_f-20\theta_0-(8\dot{\theta}_f+12\dot{\theta}_0)t_f-(3\ddot{\theta}_0-\ddot{\theta}_f)t_f^2}{2t_f^3}\\ a_4=\dfrac{30\theta_0-30\theta_f+(14\dot{\theta}_f+16\dot{\theta}_0)t_f+(3\ddot{\theta}_0-2\ddot{\theta}_f)t_f^2}{2t_f^4}\\ a_5=\dfrac{12\theta_f-12\theta_0-(6\dot{\theta}_f+6\dot{\theta}_0)t_f-(\ddot{\theta}_0-\ddot{\theta}_f)t_f^2}{2t_f^5}\end{cases}\tag{8-13}$$

8.3.3 关节插值规划

关节插值规划是一种基于关节空间的机器人轨迹规划方法。其目的是生成一条机器人可以按照预先设定的移动轨迹,同时满足关节位置、速度和加速度等约束条件。关节插值规划的原理是:先给出机器人在时间轴上的路径,即每个时刻机器人各个关节的期望位置,并通过插值算法计算出机器人在整个运动过程中的关节位置、速度和加速度。

一般来说,关节插值规划包括描述轨迹和插值计算两个步骤。描述轨迹:给出机器人运动的轨迹方程或点集,通常通过手工设定或者外部传感器获取;插值计算:在保证机器人运动平滑性的同时,计算出机器人在整个运动过程中的关节位置、速度和加速度等运动参数。常用的插值算法包括线性插值、三次样条插值等。

为了控制机械手,在规划运动轨迹之前,需要给定机器人在初始点和终止点的手臂形态。在规划机器人关节插值运动轨迹时,需要注意以下几点。

① 抓住一个物体时,手的运动方向应该是指向离开支持面的方向,否则,手可能与支持

面相碰。

② 若沿支持面的法线方向从初始点向给定一个位置移动,并要求手经过此位置,则这种运动是允许的。若给定初始点到离开位置的时间,则可以控制提升物体运动的速度。

③ 手臂运动提升点要求同样适用于终止位置的下方点,这样可获得和控制正确的接近点。

④ 手臂的每一种运动,都设定上述四个点:初始点、提升点、下放点以及终止点,如图 8-6 所示。

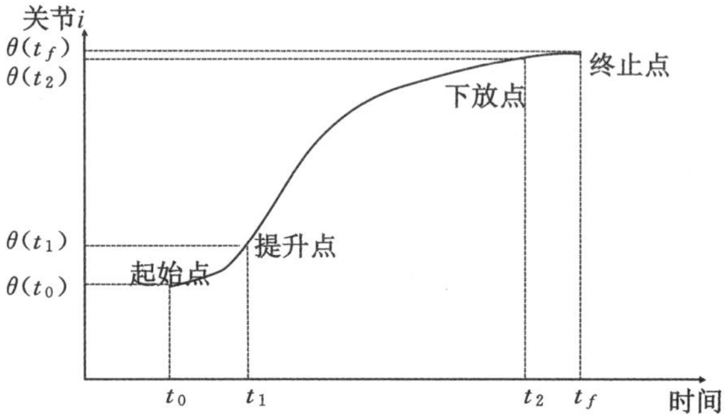

图 8-6　手臂运动初始点、提升点、下放点以及终止点

⑤ 规划关节插值轨迹的约束条件。

初始位置:(a) 位置(给定)、(b) 速度(给定,通常为零)、(c) 加速度(给定,通常为零)。中间位置:(a) 提升点位置(给定)、(b) 提升点位置(与前一段轨迹连续)、(c) 速度(与前一段轨迹连续)、(d) 加速度(与前一段轨迹连续)、(e) 下方点位置(给定)、(f) 下方点位置(与前一段轨迹连续)、(g) 速度(与前一段轨迹连续)、(h) 加速度(与前一段轨迹连续)。终止位置:(a) 位置(给定)、(b) 速度(给定,通常为零)、(c) 加速度(给定,通常为零)。

除上述约束外,所有关节轨迹的极值不能超出每个关节变量的物理极限和几何极限。

一般来说,关节插值规划思路为:在上述约束条件下,需要一种 n 次的多项式函数,使得在各节点上满足对位置、速度和加速度的要求,并使各关节位置、速度和加速度在整个时间间隔$[t_0, t_f]$中保持连续。

下面介绍两种规划方法。

方法一:为每个关节规定一个七次多项式函数[见式(8-14)]。

$$q_i(t)=a_7t^7+a_6t^6+a_5t^5+a_4t^4+a_3t^3+a_2t^2+a_1t^1 \tag{8-14}$$

式中,$a_i(i=1,2,\cdots,7)$由已知的位置和连续条件确定。

方法二:将整个关节空间轨迹分割为几段。

将整个关节空间轨迹分割为几段,在每段轨迹中用不同的低次多项式来插值。常用的分割轨迹方法有 4-3-4 轨迹、3-5-3 轨迹和 5 段 3 次轨迹。4-3-4 轨迹,即每个关节有如下三段轨迹:第一段由起始点到提升点的轨迹,用四次多项式表示;第二段由提升点到下放点的轨迹,用三次多项式表示;最后一段由下放点到终止点的轨迹,用四次多项式表示。3-5-3 轨迹,与 4-3-4 轨迹相似,但每一段轨迹所用的多项式次数不同:第一段轨迹用三次多项式;第二段轨迹用五次多项式;最后一段轨迹使用三次多项式。5 段 3 次轨迹,再增加二个中间点，且对五段轨迹都使用三次多项式。

注意，上述讨论对每个关节轨迹都是有效的，即每个关节轨迹可分割成三段或五段。

8.4　直角坐标空间轨迹规划

关节空间轨迹规划以机器人关节空间中每个关节的位置、速度和加速度作为规划的基本元素，用各个关节的角度来描述机器人的姿态。在这种方法下，机器人关节的运动轨迹是首先确定的，并通过正向运动学计算机器人执行器末端的位置和姿态。因此，这种方法不考虑机器人的工作空间限制。

直角坐标空间轨迹规划以机器人器末端执行的位置和姿态作为轨迹规划的基本元素，用直角坐标系下的坐标和旋转矩阵来描述机器人的姿态。在这种方法下，需要考虑机器人的运动轨迹（位置、姿态），并通过逆运动学求解机器人关节运动的轨迹，因此可以在规划时考虑机器人的工作空间限制。

直角坐标空间轨迹规划与机器人相对于直角坐标系的运动有关。除了简单的直线轨迹以外，也可用许多其他的方法来控制机器人在不同点之间沿一定轨迹运动。实际上所有用于关节空间轨迹规划的方法都可用于直角坐标空间的轨迹规划。两种空间轨迹规划的根本的差别在于：直角坐标空间轨迹规划必须通过反复求解逆运动方程来计算关节角。对于关节空间轨迹规划，规迹函数生成的值就是关节值，而对于直角坐标空间轨迹规划，规迹函数生成的值是机器人末端手的位姿，需要通过求解逆运动方程才能把它转化为关节量。这个过程可以将直角坐标空间轨迹规划简化为以下 5 个步骤：① 将时间增加一个增量 $t_i = t_{i-1} + \Delta t$。② 利用所选择的轨迹函数计算出手的位姿。③ 利用机器人逆运动方程计算出对应手位姿的关节量。④ 将关节信息传递给控制器。⑤ 返回到循环的开始。

在工业应用中，最实用的轨迹是点到点之间的直线运动，但经常遇到多目标点（例如有中间点）间需要平滑过渡的情况。为实现一条直线轨迹，必须计算起点和终点位姿之间的变换，并将该变换划分为许多小段。起点构型 $\boldsymbol{T}_i$ 和终点构型 $\boldsymbol{T}_f$ 之间的总变换矩阵 $\boldsymbol{R}$ 可通过下面的方程进行计算：

$$\boldsymbol{T}_f = \boldsymbol{T}_i \boldsymbol{R} \tag{8-15}$$

公式两侧分别乘 $\boldsymbol{T}_i^{-1}$，可推出总变换矩阵 $\boldsymbol{R}$ 为：

$$\boldsymbol{R} = \boldsymbol{T}_i^{-1} \boldsymbol{T}_f \tag{8-16}$$

至少有以下三种不同方法可用来将该总变换转化为许多的小段变换。

① 若在起点和终点之间有平滑的线性变换，则需要大量很小的分段，从而产生了大量的微分运动。利用微分运动方程，可将末端手坐标系在每个新段的位姿与微分运动方程、雅可比矩阵及关节速度方程联系在一起。该方法需要进行大量的计算，并且仅当雅可比矩阵的逆存在时才有效。

② 在起点和终点之间的总变换矩阵 $\boldsymbol{R}$ 分解为一个平移和两个旋转。平移是将坐标原点从起点移动到终点。第一个旋转是将末端手坐标系与期望姿态对准，而第二个旋转是末端手坐标系绕其自身轴转到最终的姿态。所有这 3 个变换同时进行。

③ 在起点和终点之间的总变换矩阵 $\boldsymbol{R}$ 分解为一个平移和一个绕 q 轴的旋转(图 8-7)。平移仍是将坐原点从起点移动到终点,而旋转则是将末端手坐标系与最终的期望姿态对准。两个变换同时进行。

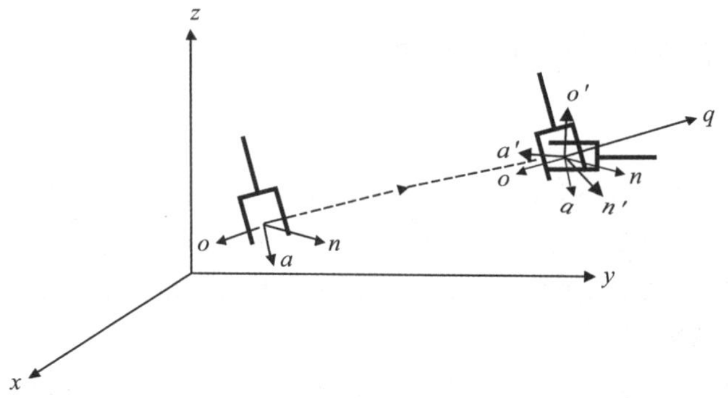

图 8-7　总变换矩阵 $\boldsymbol{R}$ 分解为一个平移和一个绕 q 轴的旋转

例 8-2　实验室研究使用的一个 3 自由度机器人有两根连杆,每根连杆长 9 in,如图 8-8 所示。假设定义坐标系使当所有关节角均为 0°时手臂处于垂直向上状态。根据已知的该机器人的逆运动方程可以求得各关节的角度为:

$$
\begin{cases}
\theta_1 = \arctan(p_x/p_y) \\
\theta_2 = \arccos\{[C_1(p_z-8)(1+C_3)+p_yS_3]/[18(1+C_3)C_1]\} \\
\theta_3 = \arccos\{[(p_y/C_1)^2+(p_z-8)^2-162]/162\}
\end{cases}
$$

要求机器人沿直线从点(9,6,10)移动到点(3,5,8)。求 3 个关节在每个中间点的角度值,并绘制出这些角度值。

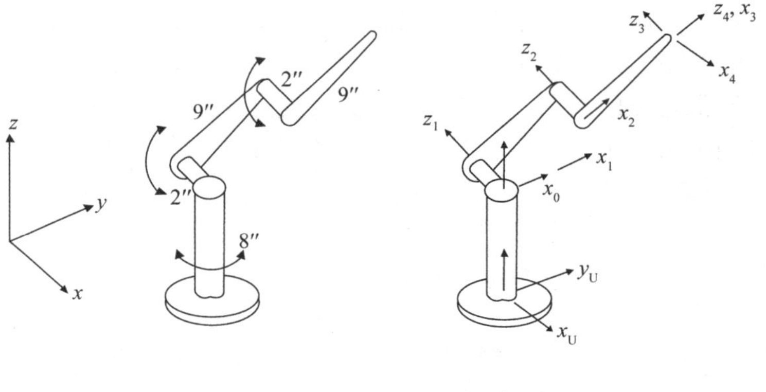

图 8-8　例 8-2 中的机器人及其坐标系

解:虽然在实际应用中起点和终点之间要分成许多很小的部分,但求解本题时只将其分为 10 段。每个中间点的坐标可简单地通过将起点和终点之间的距离进行 10 等分得到。通过求解运动方程即可算得每个中间点的关节角,其结果如表 8-2 所示。图 8-9 显示了相应的关节角曲线。

表 8-2　例 8-2 中的机器人的手坐标系坐标及关节角

p_x/in	p_y/in	p_z/in	θ_1/(°)	θ_2/(°)	θ_3/(°)
9	6	10	56.3	27.2	104.7
8.4	5.9	9.8	54.9	25.4	109.2
7.8	5.8	9.6	53.4	23.8	113.6
7.2	5.7	9.4	51.6	22.4	117.9
6.6	5.6	9.2	49.7	21.2	121.9
6	5.5	9	47.5	20.1	125.8
5.4	5.4	8.8	45	19.3	129.5
4.8	5.3	8.6	42.2	18.7	133
4.2	5.2	8.4	38.9	18.4	136.3
3.6	5.1	8.2	35.2	18.5	139.4
3	5	8	31	18.9	142.2

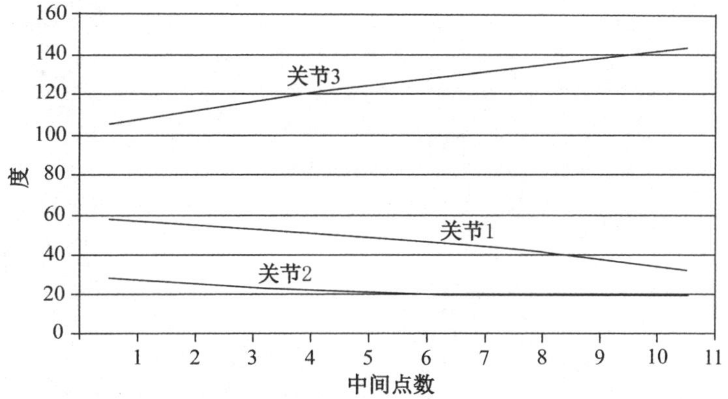

图 8-9　例 8-2 中的机器人的关节角曲线

思考与练习题

1. 简述一下“路径规划”与“轨迹规划”的异同点。

2. 关节空间的轨迹规划有哪几种方法，其特色是什么？

3. 简述一下关节空间的轨迹规划和直角坐标空间的轨迹规划的异同点。

4. 要求 6 轴机器人的第 1 关节用 3 s 由初始角 30°移动到终止角 60°。假设机器人从静止开始运动，最终停在目标点上，计算一条三次多项式关节空间轨迹的系数，确定 1 s、2 s、3 s 时的关节角度、速度和加速度。

5. 设 6 轴机器人的第 2 关节用 5 s 由初始角 20°始移动到 80°到的中间角，然后再用 5 s 运动到 25°到的目标点。假设该关节在中间点停止后再运动，计算一条三次多项式关节空间轨迹的系数，并绘制关节角度、速度和加速度曲线。

6. 用一个5次多项式来控制机器人在关节空间的运动，求5次多项式的系数，使得该机器人关节用3 s由初始角0初运动到终止角75°，机器人的起点和终点速度为0°/s，初始加速度和终点减加速度均为10 °/s^2。

7. 一个2自由度平面机器人在直角坐标空间中沿直线从起点(2,6)运动到终点(12,3)。若将路径划分为10段，且每一连杆长9 in，则求该机器人的关节量。

第 9 章　机器人路径规划

移动机器人可以模仿人类工作或动物活动的方式，从而使人类脱离劳动繁重且持续时间长的重复工作。在通常情况下，为了适应现实环境的复杂性与动态性，移动机器人需要有较强的决策能力进行实时路径规划，且在一般情况下需要路径满足无碰撞、距离短、少重复等要求。对于某些特殊任务，机器人所规划路线的平滑性、安全性等有特别要求。路径规划是机器人领域中的基础和关键技术之一，是实现机器人自主决策和行动的重要手段，也是人工智能和智能制造等方向的重要应用之一。

9.1　路径规划主要研究内容和分类

9.1.1　路径规划主要研究内容

路径规划指在给定的空间环境中，通过计算机算法规划出从起点到终点之间的一条可行路径的过程；在智能物流、无人驾驶、工业自动化等领域都有广泛应用。例如，智能配送机器人路径规划：在仓库内部，为了提高配送效率和安全性，智能配送机器人首先需要获取环境地图以及起点、终点信息，然后利用 A^* 算法或智能仿生路径搜索算法计算出一条最短路径，最后对路径进行进一步优化，使其更平滑并避免冲突。由此可见，路径规划需要解决三个问题。(a) 机器人能够从初始点运动到目标点；(b) 用一定的算法确保机器人能够绕开障碍物并经过某些必须经过的点；(c) 在完成上述任务的前提下尽量优化机器人的运行轨迹。因此，机器人的路径规划问题可以看作为一个带约束条件的优化问题。其研究内容主要包括环境建模、路径搜索和路径优化等。

① 路径规划首先需要对机器人所处的环境进行建模。这包括对环境的地形、障碍物位置、可行走区域等信息进行表示和记录。常见的环境建模方法包括栅格地图、代价地图、点云地图等。环境建模的准确性直接影响到路径规划的可靠性和效果。

② 路径搜索指在环境模型上寻找从起始点到目标点的可行路径。搜索算法需要考虑环境中的障碍物、限制条件(如最小转弯半径、机器人尺寸等)以及优化目标(如最短路径、最少时间等)。

③ 路径优化指路径搜索得到的初始路径通常需要进行进一步的优化，以满足机器人的运动特性和约束条件。路径优化的目标是使路径更加平滑、避免不必要的转弯和振荡，并尽

可能提高通过路径的效率和安全性。常用的路径优化方法包括二次规划、样条插值、优化启发式搜索等。

9.1.2 路径规划分类

路径规划分类有很多种。

(1) 按照是否具有环境信息的先验知识

按照是否具有环境信息的先验知识,路径规划分为已知环境下的全局路径规划算法和未知环境下的局部路径规划算法。全局路径规划指在整个地图上进行规划,从机器人的初始位置到目标位置,生成一条完整路径。局部路径规划指在机器人当前位置周围的局部区域内进行规划,主要是为了避免碰撞或者绕过障碍物。局部路径规划算法通常采用迭代修正法或者优化方法,在较短时间内得到一个安全、高效的局部路径。

需要注意的是,全局路径规划和局部路径规划并不是互相独立的,常常需要综合两者来得到一条完整的路径。一般而言,全局路径规划生成的路径是一条近似最优解的路径。在实际运动过程中,机器人需要根据自身传感器的数据来进行实时修正,通过局部路径规划来使机器人保持沿着全局路径行进的方向,并在必要的情况下进行路径重新规划。

(2) 根据外界环境中障碍物是否移动

根据外界环境中障碍物是否移动,路径规划可以分为静态规划和动态规划。静态规划是在没有外部变化的条件下进行路径规划的方法。假设环境不会发生变化,机器人可以事先获取到完整的地图信息,并根据该地图信息进行路径规划。静态规划的优势是可以通过全局搜索算法寻找最优路径,适用于无须考虑动态障碍物的情况,比如机器人在静止的工作场景中进行路径规划。动态规划是在环境可能发生变化的条件下进行路径规划的方法。假设环境中的障碍物是移动的,机器人需要根据实时感知到的信息来进行路径规划。动态规划的关键是能够及时更新地图信息,并根据最新的信息重新规划路径。需要注意的是,静态规划和动态规划并不是彻底独立的,实际应用中常常会结合两者进行综合规划。比如,在静态环境中预先规划好一条路径,并在动态环境中根据实时信息对路径进行调整和优化,以适应变化的情况。这种综合规划方法可以充分利用静态规划的全局最优性和动态规划的实时响应能力。

(3) 根据目标是否已知

根据目标是否已知,路径规划可以分为空间搜索以及路径搜索。空间搜索指在一个给定的空间中搜索某个特定的目标。空间搜索通常需要考虑环境的物理特性,如地图、障碍物分布、机器人传感器范围等因素,并尝试从这些信息中找到目标物体或区域。空间搜索通常被用于发现某些物体或区域,如寻找目标物体、探测未知区域等。路径搜索指在一个空间中搜索一条从起点到终点的最短路径。路径搜索与空间搜索相比,需要更加关注搜索路径的连续性和可行性,并且需要将搜索结果表示为一条规划好的路径。路径搜索通常被用于规划机器人路径、车辆导航、无人机飞行路径规划等领域。需要注意的是,在实际应用中,空间搜索和路径搜索常常是紧密相关的,两者在很多场景下难以进行严格的区分。例如,机器人在探测未知区域时需要同时进行空间搜索和路径规划;而在已知地图中寻找目标物体时,则只需要进行空间搜索即可。

(4) 根据机器人所处环境的不同

根据机器人所处环境的不同，路径规划可以分为室内规划以及室外规划。室内规划指在封闭的室内环境中进行路径规划。室内环境通常为有限的空间，存在建筑物、房间、走廊、家具等障碍物。在室内规划中，需要考虑障碍物的形状、大小和位置，并生成一条安全避障的路径。室外规划指在开放的室外环境中进行路径规划。室外环境通常较为复杂，包含街道、交通信号灯、行人、车辆等各种动态障碍物。在室外规划中，除了考虑静态障碍物外，还需要考虑动态障碍物的移动和交通规则。需要注意的是，室内规划和室外规划并不是完全独立的，两者在某些场景下可能会有交叉。例如，在室内外相结合的场景中，机器人需要从室内环境出发，穿越门口进入室外环境，这时就需要进行室内外过渡规划。

(5) 根据机器人系统中可控制的变量的数目是否少于其姿态空间维数

根据机器人系统中可控制的变量的数目是否少于其姿态空间维数，可以分为非完整系统的运动规划以及完整系统的路径规划。在非完整系统中，机器人的可控制变量的数量少于其姿态空间的维数。这意味着机器人无法直接控制所有的自由度，而只能通过一些限制或约束来实现运动。非完整系统的运动规划旨在找到满足系统约束条件的运动轨迹或运动模式。常见的非完整系统包括汽车、自行车等。在非完整系统中，路径规划问题被转化为寻找满足非完整系统约束条件的合适运动轨迹的问题。在完整系统中，机器人的可控制变量的数量与其姿态空间的维数相等。完整系统的路径规划旨在找到一个最优或满足特定约束的连续路径，使得机器人从起始姿态到达目标姿态。常见的完整系统包括多关节机械臂、移动机器人等。在完整系统中，路径规划问题通常是通过优化目标函数来求解最优路径或通过搜索算法来找到满足约束条件的路径。需要注意的是，非完整系统和完整系统的路径规划方法略有不同。对于非完整系统，由于受到约束条件的限制，通常使用较为复杂的运动学和约束动力学模型进行建模，并采用运动规划的方法来求解合适的运动轨迹。而对于完整系统，通常使用基于几何和运动学的模型进行建模，并采用路径规划的方法来求解连续路径。

(6) 根据规划的时机和使用的信息

根据规划的时机和使用的信息可分为离线路径规划和在线路径规划。离线路径规划是在机器人实际执行任务之前，在预先知道环境信息的情况下进行的完全离线状态的路径规划。离线路径规划通常在计算机上进行，通过对环境地图的建模和分析，利用搜索算法、优化方法等规划算法，计算出满足特定目标和约束条件的最佳路径。离线路径规划的优势是可以充分利用计算资源，针对复杂场景进行较为精确和全面的路径规划。但是离线路径规划无法实时适应动态变化的环境，一旦环境发生变化，就需要重新进行规划。在线路径规划指在机器人实际执行任务的过程中，根据实时感知到的环境信息和任务要求进行路径规划。在线规划能够根据实时的传感器数据和环境感知信息，及时调整路径，适应动态环境。在线路径规划通常结合了全局路径规划和局部路径规划两个阶段。在开始执行任务之前，机器人会进行全局路径规划，得到一个大致的路径。然后，在执行过程中，根据实时感知到的环境信息，通过局部路径规划来调整机器人的具体运动轨迹，以避免障碍物、优化路径等。离线路径规划和在线路径规划各有优劣，选择使用哪种方式取决于具体的应用场景和需求。离线路径规划适合静态环境下需要高精度和全面性路径规划的任务，例如工业自动化、航空航天等领域的任务。在线路径规划适用于需要实时感知和适应动态环境的机器人任务，例如移动机器人、自动驾驶车辆等。在实际应用中，通常会综合考虑离线规划和在线规划的优势，采用混合规划方法来实现更有效的路径规划策略。

9.2 传统路径规划算法

传统路径规划算法包括几何法、栅格建模法、人工势场法。

9.2.1 栅格建模法

栅格建模法，首先将机器人的环境空间划分成一系列大小相同的栅格单元，并对这些栅格单元进行坐标标定，然后对这一系列栅格单元进行赋值，以区分栅格单元是自由空间还是障碍物空间。

应用栅格建模法进行机器人的路径规划主要分为两步，包括栅格模型设计和路径搜索。

(1) 栅格模型设计

设机器人所处环境的最大长度为 L、宽度为 W，栅格的长宽均为 b，则栅格数为 $(L/b)\times(W/b)$，环境 Map 由栅格 map_i 构成：

$$Map=\{map_i, map_i=0 \text{ 或 } 1, i \text{ 为整数}\} \tag{9-1}$$

其中，$map_i=0$ 表示此为自由区域，栅格内无障碍物，机器人可通行；$map_i=1$ 表示此为障碍区域，栅格内存在障碍物，机器人不可通行。机器人可以识别栅格的属性，绕过障碍物寻找一条到达终点目标的路径。栅格大小会直接导致算法复杂度。若栅格过大，则机器人无法辨别障碍物；若栅格过小，则算法会非常复杂。如图 9-1 所示，黑色代表障碍物，白色代表自由空间。

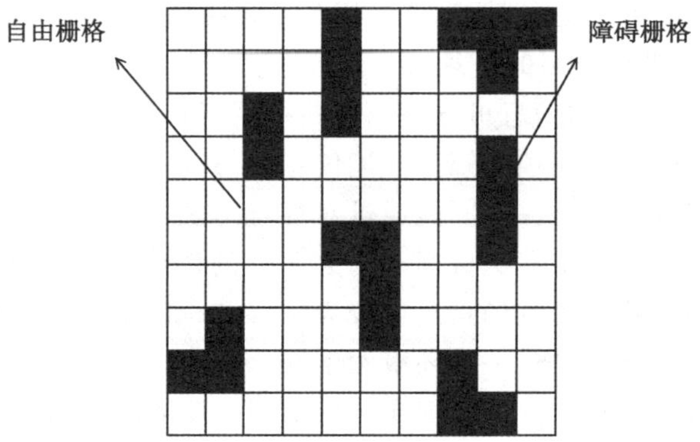

图 9-1 栅格法的栅格模型

将环境空间划分成一系列大小相同的栅格单元之后，需对这些栅格单元进行坐标标定，然后对这一系列栅格单元进行赋值，以区分栅格单元是自由空间还是障碍物空间。在栅格建模中，栅格的标识方法通常有坐标系法和编号法两种。

① 坐标系法指使用栅格所处位置的笛卡尔坐标系或极坐标系表示栅格位置，并将其表示为一个坐标对或极坐标对。其中，笛卡尔坐标系的表示方式为 (x_i, y_i)，表示横坐标为 x_i、纵坐标为 y_i 的栅格。极坐标系的表示方式为 (r_i, θ_i)，表示距离原点 r_i，极角 θ_i 的栅格。这种极坐标系的表示方式能够精确地定位栅格在空间中的位置，但是在存储和计算时需要

较长的时间，因此不适合大规模的应用场合。图 9-2 为典型的用笛卡尔坐标系表示的栅格地图。在图 9-2 中，坐标原点为(0,0)，左上角横坐标方向为由左向右，纵坐标方向为由上向下。这种坐标定义方式是参照计算机的设备坐标，可以方便将栅格状态通过计算机显示出来。

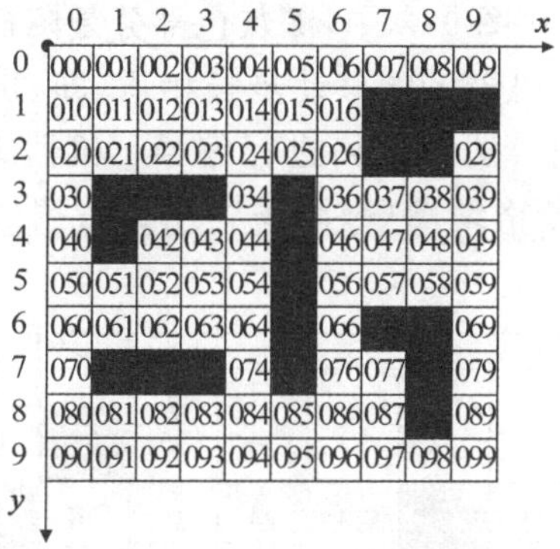

图 9-2　用笛卡尔坐标系表示的栅格地图

② 编号法指使用行优先或列优先的方式给栅格进行编号。其中行优先编号法将栅格按照从左到右、从上到下的顺序进行编号，而列优先编号法则按照从上到下、从左到右的顺序进行编号。例如，在行优先编号法中，第一个栅格的编号为 1，第二个栅格的编号为 2，以此类推。行优先编号法的特点在于编号简单明了，易于计算和存储，因此在处理大规模栅格数据时比较常用。

(2) 路径搜索

对于传统的路径搜索方法，将起点处的栅格视为参考栅格，从该栅格相邻的栅格中选取表征值最小的栅格作为机器人的行进方向，并将该栅格作为新的参考栅格。重复该过程，直到机器人抵达目标点所处的栅格。

假定将栅格用二维矩阵的形式表示，一共分 S 行 T 列。起始点栅格(x_0, y_0)，目标点(x_m, y_m)。D 表示所有栅格坐标，$Nature[x][y]$代表栅格(x, y)属性。$M_{(x,y)}$表示所有自由栅格和障碍物的集合。$F(i)_{(x,y)}$代表所有自由栅格。L 表示所有的可能的路径，P 表示最短距离。

假设(x, y)是机器人的坐标点，则表示整个环境中机器人所有的坐标点的集合 D 为：

$$D = \{(x, y) \mid 0 < x \leqslant S, 0 < y \leqslant T, x, y \in \mathbf{Z}\} \tag{9-2}$$

障碍物栅格和可通行栅格(不包括无法通行的栅格)的集合 $M_{(x,y)}$ 为：

$$M_{(x,y)} = \{(x+1, y), (x, y+1), (x-1, y), (x, y-1) \mid (x, y) \in D\} \tag{9-3}$$

自由栅格，即可通行的栅格 $F(i)_{(x,y)}$ 的表达式为：

$$F(i)_{(x,y)} = (a, b), \quad (a, b) \in M_{(x,y)} \text{ 且 } Nature[a][b] \neq 1 \tag{9-4}$$

其中，$Nature[x][y]$是栅格的属性，主要分为两种情况。

$$Nature[x][y] = \begin{cases} 1, \text{栅格}(x, y) \text{ 为障碍栅格}, (x, y) \in D \\ 0, \text{栅格}(x, y) \text{ 为自由栅格}, (x, y) \in D \end{cases} \tag{9-5}$$

从起点到终点所有的可行路径 L 可以表示为：

$$L=\begin{Bmatrix}F(1)(x_0,y_0),F(2)(x_0,y_0),\cdots,F(i)(x_0,y_0)\\F(k)(x_0,y_0)\in D,k=1,2,\cdots,i\text{ 且 }R(i)(x_0,y_0)=(x_1,y_1)\end{Bmatrix}\tag{9-6}$$

最短距离 P 表示为：

$$P=\min\{|l|,l\in L\}\tag{9-7}$$

传统路径搜索见图 9-3。在图 9-3 中，深灰色部分是障碍物的位置，灰色线表示的是遍历的规律和方向。栅格大小与机器人的移动步长相适，即机器人移动可以转化为从一个栅格移动到另一个栅格。采用编号法对栅格进行编号。机器人初始位置对应栅格号为 1，目标位置对应栅格号为 82。在栅格地图中，障碍物用其占据的栅格表示，如果不满一个栅格也按一个栅格计算。

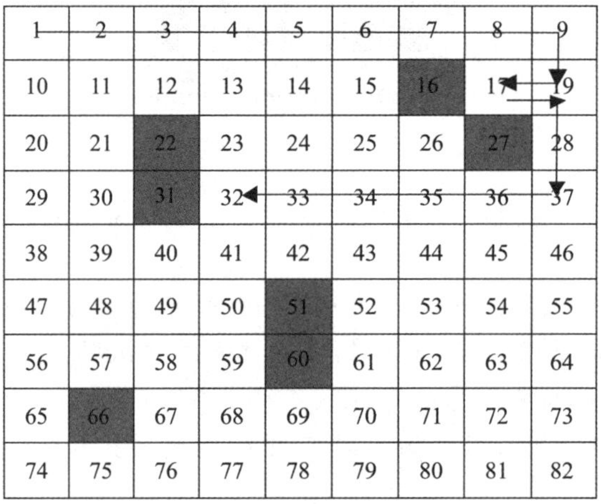

图 9-3 传统路径搜索示意图

除此之外，目前最常用的路径搜索方法还包括启发式算法 A＊算法、Dijkstra 算法、广度优先搜索算法、遗传算法等。

栅格建模法的优点包括简单、易于实现、可扩展性好等。栅格建模法也存在一些局限性，如对环境的分辨率要求较高、障碍物形状需要精确表示等。为了克服这些限制，人们还提出了一些改进方法，如使用不规则栅格、多分辨率栅格建模等。除了栅格建模法之外，还有几何模型、点云数据、深度图像等其他建模方法。

栅格建模法是一种常用的环境建模方法，对于路径规划和导航等任务有很好的应用效果。

9.2.2 A＊算法

A＊(A-Star)算法是一种静态网络最短路径搜索方法，被广泛应用在移动机器人的全局路径规划中。

9.2.2.1 基本原理

A＊算法是一种启发式优先路径搜索算法，其核心过程是代价估计函数的构造。A＊算法的数学模型如下：

$$f(n)=g(n)+h(n)\tag{9-8}$$

式中，$f(n)$表示从初始节点经由节点 n 到目标节点的代价估计函数；$g(n)$表示从初始节点到节点 n 的实际代价；$h(n)$表示从节点 n 到目标节点的估计代价，也称为启发代价。

由公式(9-8)可知，A＊算法综合了从初始节点到当前节点 n 的实际代价和从当前节点 n 到目标节点的估计代价两方面的考虑因素，具有一定的可行性和准确性。其中，启发代价函数 $h(n)$的构建是 A＊算法的关键，影响着该算法的可行性和效率。

假设从当前节点 n 到目标节点的实际代价为 $h^*(n)$。若 $h(n)<h^*(n)$，算法扩展的节点会增多，搜索范围变大，准确性提高，能找到最优路径，但搜索运行时间会增加，效率会降低；若 $h(n)>h^*(n)$，搜索范围变小，扩展节点变少，效准确性下降，可能搜不到最优路径；若 $h(n)=h^*(n)$，算法会直接搜索最优路径的节点，效率高，准确性高，一般这种情况很难实现。除此之外，一种极端情况是 $h(n)=0$，其相当于 Dijkstra 算法；另一种极端情况是 $h(n)\gg h^*(n)$，此时 $g(n)$的作用微乎其微，可忽略不计，相当于广度优先搜索算法。

比较流行的估价函数 $h(n)$有三种：曼哈顿距离、切比雪夫距离和欧几里得距离。

① 曼哈顿距离函数为：

$$h_m(n)=D\cdot(|x_n-x_E|+|y_n-y_E|) \tag{9-9}$$

② 切比雪夫距离函数为：

$$h_c(n)=D\cdot max(|x_n-x_E|,|y_n-y_E|) \tag{9-10}$$

③ 欧几里得距离函数为：

$$h_e(n)=D\cdot\sqrt{(x_n-x_E)^2+(y_n-y_E)^2} \tag{9-11}$$

式中，(x_n,y_n)为当前节点 n 的坐标，(x_E,y_E)为目标节点 E 的坐标；D 为常数，一般为栅格地图中相邻栅格的距离。

由公式(9-9)知，曼哈顿距离为直角坐标系中的绝对轴距之和，又称为出租车距离，常用于移动机器人只能在水平和竖直两个方向运动的情况。由公式(9-10)知，切比雪夫距离为在直角坐标系中的两绝对轴距中的较大值，又称为切氏距离，常用于移动机器人能朝上、下、左、右、左上、左下、右上、右下这八个方向运动的情况。由公式(9-11)知，欧几里得距离为两节点在标系中的直线最短距离，又称为欧氏距离，适用于移动能在任意方向和角的运动情况。

9.2.2.2 算法流程与实现

在设计算法的工作流程之前，首先需要理解开放列表、关闭列表和父节点三个概念。

① 开放列表(Open 表)：在路径搜索过程中，保存待检测的扩展节点，并将这些节点按代价值 F(N)的大小进行排序。

② 关闭列表(Close 表)：在路径搜索过程中，记录已检测的扩展节点，以避免重复搜索增大工作量。

③ 父节点(Parent)：存储节点的指针，在路径搜索过程中用于回溯节点，从而形成路径。

在这里假设采用 A＊算法常用的一种环境建模方法——栅格法，完成环境建模，那么，在以上概念的基础上，A＊算法的路径规划的具体实施步骤描述如下：

Step 1：采用栅格法进行环境建模，设置移动机器人的起始节点为 S，目标节点为 G，建立 Open 列表和 Close 列表，将起始节点 S 添加到 Open 列表中，此时 Close 列表为空。

Step 2：算法开始遍历初始节点周围的节点并将起始节点 S 从 Open 列表中移动到 Close 列表中。若此时 Open 列表为空，不存在待搜索节点，则算法结束，不存在到达路径。

Step 3：若 Open 列表不为空，存在待搜索节点，则计算所有待搜索节点的 $f(n)$ 值。选择 $f(n)$ 值最小的节点作为下一路径节点，同时将该节点从 Open 列表中移动到 Close 列表中。

Step 4：判定该扩展节点是否为目标节点 G，若其是，输出所规划的路径；若其不是，该节点继续扩展其周围节点并计算节点的 $f(n)$ 值，将不在 Close 列表中的周围子节点添加到 Open 列表中。

Step 5：返回到步骤 Step 3，直到扩展到目标节点，输出规划路径。

传统 A＊算法的搜索过程如图 9-4 所示。全黑栅格表示障碍栅格，带＊栅格表示起始栅格节点，带△栅格对应目标栅格节点。对于每一个栅格内部，左下角为 $g(s)$ 的值，右下角为 $h(s)$ 的值，两者之和 $f(s)$ 被标注在左上角。当 A＊算法开始搜索时，自起始栅格起以评价函数 f 值的大小为约束条件，不断进行迭代运算，最终到达目标栅格节点。由图 9-4 可以看到，黑色椭圆点对应的 $f(s)$ 值相对最小，最终由黑色椭圆点连接形成期望获得的最优路径。

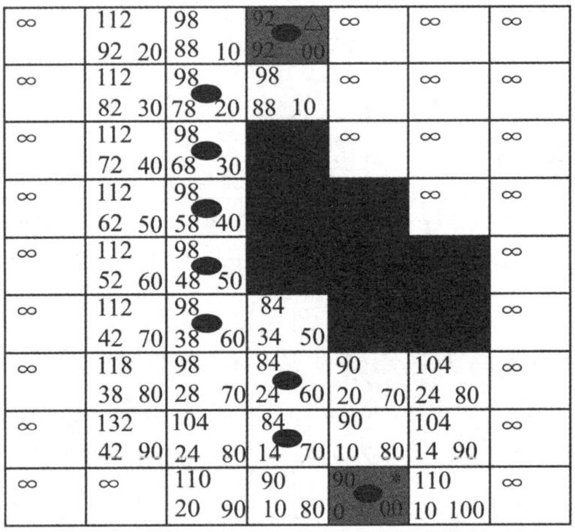

图 9-4　A＊算法搜索过程示意图

9.2.2.3　算法改进

A＊算法虽然是一种简单、直观的搜索算法，但是当环境规模和复杂度大大增加时，A＊算法的路径搜索效率会急剧下降。在实际应用中，存在一些改进的方法，以提高 A＊算法的性能和效果。

① 启发式函数的改进

A＊算法中使用的启发式函数对于估计节点到目标的代价很关键。改进启发式函数的准确性可以提高算法的效率和路径质量。例如，采用更精确的距离估计方法或结合问题特点设计更合适的启发式函数。

② A＊算法变种

有许多基于 A＊算法的变种方法，如加权 A＊（Weighted A＊）、迭代加深 A＊（Iterative Deepening A＊）等。这些变种算法通过调整搜索策略、限制搜索空间或动态调整启发式函数的权重等方式，来提高算法的效率和路径质量。

③ 地图预处理技术

在实际应用中，可以通过预处理地图信息来降低路径规划的计算复杂度。例如，可以使用格网(Grid)表示地图，并进行图像处理、剪枝、压缩等操作，以减少搜索的时间和空间开销。

④ 并行化搜索

利用并行计算的优势，将搜索过程分解为多个子任务，并同时进行处理。通过并行化搜索，可以加速路径规划的过程，特别是在大规模地图或复杂场景中。

这些改进方法可以根据具体的问题和应用场景进行选择和组合，以获得更高效和优质的路径规划。

9.2.3 人工势场法

人工势场法是将障碍物和目标抽象为虚拟势能场，通过建立对应势能场函数解决机械臂避障问题的一种算法。该算法通过建立关于障碍物的斥力场函数和关于目标的引力场函数，确定机器人的行进方向，并确保不会与障碍物碰撞，以实现路径规划的功能。

9.2.3.1 工作原理

人工势场法引入物理学中场论的概念，把移动机器人在环境中的运动视为一种在人工虚拟力场中的运动。人工势场法的基本思想是目标物产生吸引势，进而对机器人产生引力作用，而障碍物产生排斥势，进而对机器人产生斥力作用。吸引势和排斥势叠加构成机器人运动的虚拟势场。该势场的负梯度作为作用在机器人上的虚拟力。机器人在引力和斥力的合力下运动。该思想类似于电子在正负电荷产生的电场中的运动。势场力分析如图9-5所示。

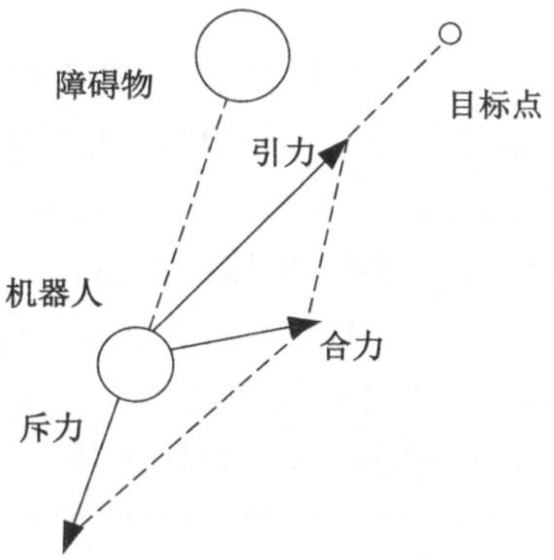

图9-5 势场力分析示意图

在传统的人工势场法中，机器人所受的引力势场函数相当于异性电荷的吸引力。利用二次函数将其定义为：

$$U_{att}(X)=\frac{1}{2}k_{att}d^2(X,X_{goal}) \tag{9-12}$$

式中，k_{att}为一个引力势场的正比例增益系数，X为机器人在工作空间地图中的当前移动位置，X_{goal}为目标点的所在坐标位置，$d(X,X_{goal})$为机器人和目标点的相对距离。机器人所受的引力方向为当前移动位置和目标点的连线上，并且指向目标点方向。

由于移动机器人与障碍物间距离对规划路径会产生不同程度影响，所以设置以障碍物为中心的斥力场影响半径 d_0。当 $d(X, X_{goal}) > d_0$ 时，移动机器人不再受斥力场的影响，此时受斥力为 0；当 $d(X, X_{goal}) \leqslant d_0$ 时，障碍物与移动机器人间距离 $d(X, X_{goal})$ 和斥力场 U_{rep} 呈线性关系。因此，定义机器人的斥力势场函数为：

$$U_{rep}(X) = \begin{cases} \frac{1}{2} k_{rep} \left[\frac{1}{d(X, X_{goal})} - \frac{1}{d_0} \right]^2, & d(X, X_{goal}) \leqslant d_0 \\ 0, & d(X, X_{goal}) > d_0 \end{cases} \tag{9-13}$$

式中，k_{rep} 为斥力势场常量；$d(X, X_{goal}) = \sqrt{(x - x_{goal})^2 + (y - y_{goal})^2}$。

在机器人的某点处，机器人总势场（合力势场）由引力势场和斥力势场叠加合成，其表达式为：

$$U(X) = U_{rep}(X) + U_{att}(X) \tag{9-14}$$

利用梯度势场法，计算引力势场函数的负梯度，得出引力函数为：

$$F_{att}(X) = -\nabla U_{att}(X) = -k_{att} d(X, X_{goal}) \tag{9-15}$$

利用梯度势场法，计算斥力势场函数的负梯度，得出斥力函数为：

$$F_{rep}(X) = -\nabla U_{rep}(X) = \begin{cases} k_{rep} \left(\frac{1}{d(X, X_0)} - \frac{1}{d_0} \right) \frac{1}{d^2(X, X_0)} \frac{\partial (d(X, X_0))}{\partial X}, & d(X, X_0) \leqslant d_0 \\ 0, & d(X, X_0) > d_0 \end{cases} \tag{9-16}$$

机器人在某点处所受的合力为：

$$F(X) = F_{rep}(X) + F_{att}(X) \tag{9-17}$$

9.2.3.2 存在的问题

将人工势场法应用于机器人的路径规划时，具有速度快、数学公式简单和工作量少等优点。虽然人工势场法使用范围比较广，但是人工势场法在路径规划过程中主要存在目标不可达、局部极小点和动态规划等问题。① 目标不可达问题。如图 9-6(a)所示，当目标位置距离障碍物比较近时，斥力变大，引力变小，机器人在目标位置附近往复振荡，无法到达目标位置。② 局部极小点问题。如图 9-6(b)所示，不同障碍物位置因素，使得机器人在某点处的合力为 0，出现局部极小点问题。③ 动态规划问题。当环境中存在动态障碍物时，人工势场法因不能适应动态运行环境而无法完成路径规划任务。

9.2.3.3 改进方法

针对人工势场法路径规划存在的问题采用不同的改进方法进行解决。① 当存在目标不可达问题时，实时地调节算法的各个参数，改变机器人受到的斥力和引力，使机器人最终到达目标位置，如图 9-6(c)所示。② 当存在局部极小点问题时，增大机器人的初始速度，使得机器人依靠惯性逃离局部极小点范围，从而到达目标点，如图 9-6(d)所示。③ 对于动态规划问题，可以通过对动态障碍物的运动进行预测，并将这些预测信息用于势场计算，使得机器人能够更有效地避开动态障碍物；同时，根据实际观测到的动态障碍物位置，及时进行修正，以更准确地反映动态环境的变化。

除上述改进之外，还可以采用基于算法融合的人工势场法，以应对这些问题。算法融合指将不同的算法结合起来，发挥各自的优点，提高算法的性能。基于算法融合的人工势场法通常包括以下几个方面的改进。

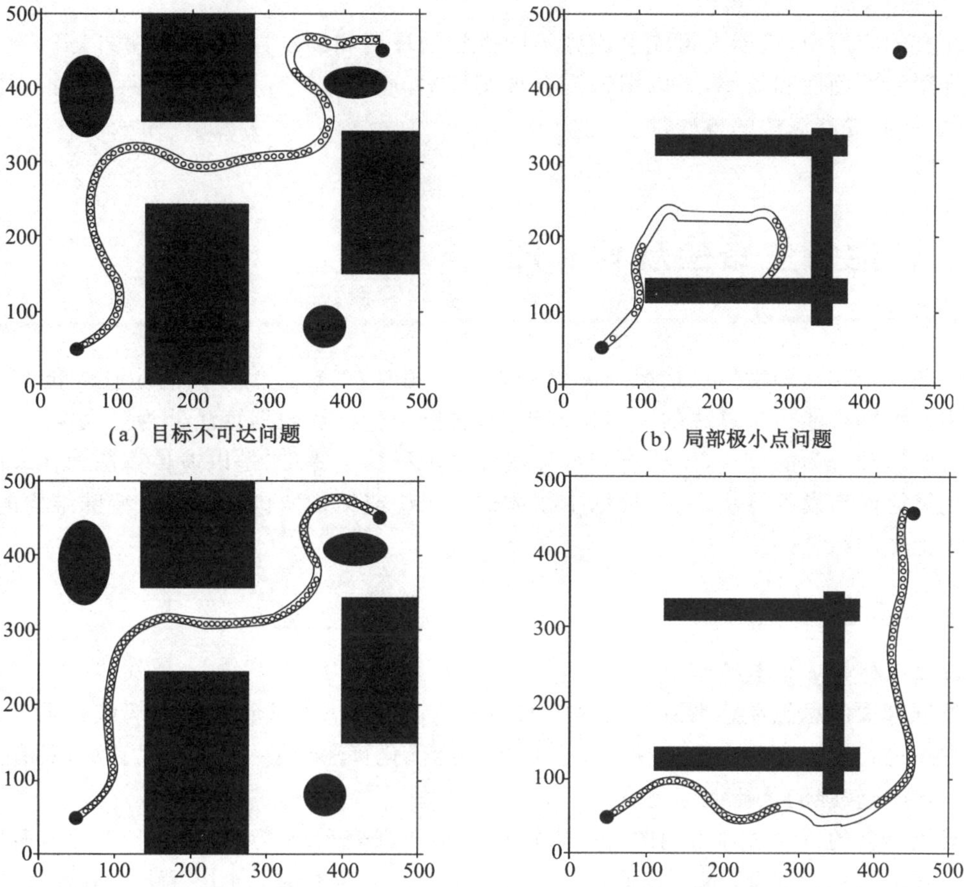

(a) 目标不可达问题　(b) 局部极小点问题

(c) 改进目标不可达问题　(d) 改进局部极小点问题

图 9-6　人工势场法在路径规划时存在的问题及其改进方法

(1) 引入机器学习算法

利用机器学习算法对环境进行学习和建模，生成更精确、准确的势场地图。例如，可以使用深度学习模型来处理高维数据，以提取有用的特征信息，并生成与环境相关的权重参数，用于构建人工势场。

(2) 结合路径优化算法

在传统的人工势场法中，机器人可能被困在局部极小值中，无法找到全局最优解。为此，可以结合路径优化算法(如遗传算法、粒子群算法等)，生成更优的路径规划结果。

(3) 引入动态可调参数

为了提高控制策略的鲁棒性，可以引入动态可调参数。例如，在特定情况下，可以增加摆脱障碍物的斥力权重，以保证机器人能够尽快避免障碍物。

(4) 采用跟踪控制算法

在机器人实际移动过程中，需要跟踪控制算法来检测机器人当前姿态和位置，并对其进行实时调整。例如，可以采用模型预测控制或反馈线性化等方法，进行目标跟踪和轨迹校正，保证机器人沿着规定的路径运动。

(5) 引入混合现实技术

在实际应用中,机器人可能会遇到不同类型的环境和场景,如室内和室外等。为了保证路径规划的准确性和效率,可以引入混合现实技术,通过虚拟现实和增强现实模拟不同环境和场景,从而提高算法的鲁棒性。

9.3 智能仿生路径规划算法

处理复杂动态环境信息情况下的路径规划问题时,来自自然界的启示往往能起到很好的作用。根据智能仿生算法的受启发源不同,智能仿生路径规划算法分为三大类:一是借鉴动物集群活动行为的算法,主要有蚁群算法和粒子群算法等;二是以遗传算法为代表的受生物进化规律而启发的算法;三是根据生物体部分组织或结构所构建的具有特殊结构的算法,如人工神经网络算法等。

9.3.1 蚁群算法

9.3.1.1 蚁群算法基本思想

蚁群算法的思想灵感来源自然界中的蚂蚁觅食行为。蚁群算法是对蚂蚁在觅食过程中寻径方式进行模拟而得出的一种概率型仿生智能优化算法,是一种启发式算法,具有正反馈性、并行性和较强的鲁棒性等优点。

蚂蚁觅食的行为过程可用图 9-7 来描述。小圆圈表示蚂蚁,黑色矩形表示障碍物。蚂蚁从蚁穴出发到食物源觅食,需要向上或向下绕开障碍物行走,向上绕路的距离远,向下绕路的距离近。由图 9-7(a)可知,在觅食初期,蚂蚁选择向上和向下路径的概率相同,一部分蚂蚁向上绕路,一部分蚂蚁向下绕路。由于向下绕路的蚁群能更快地寻找到食物而返回蚁穴,因而向下绕的路径积累的信息素浓度会更高,从而吸引更多的蚂蚁行走该路径。由图 9-7(b)可知,到了觅食中期,越来越多的蚂蚁朝着信息素浓度更高的向下绕路方向行走,向上绕路的路径由于信息素的挥发将越来越难吸引蚂蚁。由图 9-7(c)可知,到了觅食末期,所有蚂蚁都会沿着向下绕的最优路径行走直至结束觅食行为。

蚁群算法的基本思想可描述为:起初,蚁群在事先不知道食物具体位置的情况下开始随机地选择路径进行觅食活动,觅食过程中蚂蚁会不断地释放出一种挥发性的特殊分泌物(称为信息素)遗留在走过的路径上,能引导其他蚂蚁的路径走向。如果一只蚂蚁找到了食物就会沿原路返回,那么该条路径上积累的这只蚂蚁往返释放的信息素浓度较高,后续蚂蚁会较大概率地选择该路径行走并释放信息素。若有其他蚂蚁通过其他路径找到食物,则也会在其他路径上遗留信息素。如果有另外距离更短的路径能寻找到食物,那么新的路径会吸引更多蚂蚁过来,逐渐形成信息素浓度高的路径。在距离短的觅食路径上,相同时间内往返的蚂蚁数量越多,路径上积累的信息素浓度越高,后续蚂蚁选择该条路径的概率越大。由于信息素具有挥发性,距离长的觅食路径积累的信息素浓度随着蚂蚁数量减少而不断降低,一段时间后信息素将挥发殆尽,最终所有的蚂蚁都会集中在最短路径上觅食。由此可见,蚁群觅食通过蚂蚁释放的信息素来进行相互间信息的传递,从而影响蚂蚁选择觅食路径的方式。

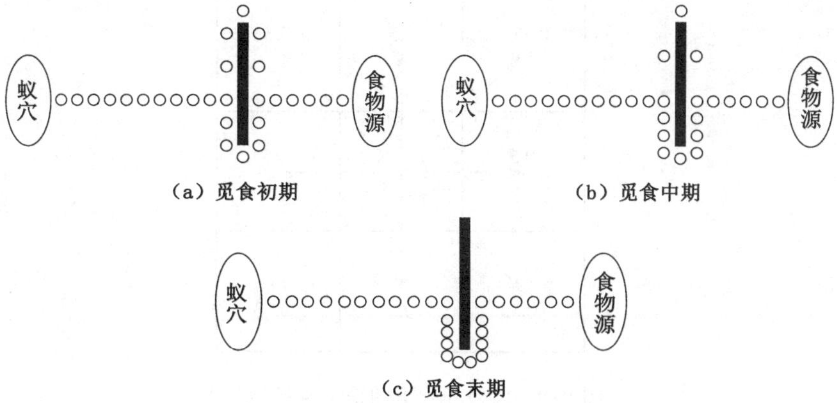

图 9-7 蚂蚁觅食行为过程

通过以上对蚁群算法基本思想的叙述可知，蚂蚁的智能觅食行为策略具有多样性和正反馈的特点。多样性保证了蚂蚁在觅食路径选择上的全局性，以避免蚂蚁陷入局部最优路径中，反映了蚂蚁的创新能力；正反馈使得相对较优的路径被保存下来，缩短了觅食时间，反映了蚂蚁的强化学习能力。

9.3.1.2 蚁群算法数学模型

根据蚁群觅食行为策略的阐述，可建立蚁群算法的数学模型。该模型包括状态转移规则和信息素更新规则两个方面。

(1) 状态转移规则

假设蚁群蚁穴的起始节点为 S，食物源的终点节点为 E，每波蚁群的蚂蚁数目为 M，则蚂蚁 k 在 t 时刻从元素(节点)i 向元素(节点)j 转移的概率函数为：

$$p_{i,j}^{k}(t)=\begin{cases}\dfrac{[\tau_{i,j}(t)]^{\alpha}\,[\eta_{i,j}(t)]^{\beta}}{\sum_{c\in \text{allowed}_k}[\tau_{ic}(t)]^{\alpha}\,[\eta_{ic}(t)]^{\beta}}, & j\in \text{allowed}_k\\ 0, & \text{否则}\end{cases} \tag{9-18}$$

式中，$\tau_{i,j}$ 表示从节点 i 到节点 j 的信息素浓度；$\eta_{i,j}$ 表示节点 i 到节点 j 的启发式信息(比如距离、代价等)；α 和 β 是蚁群算法的参数，α 表示信息素的相对重要性，β 表示启发式因子的相对重要性；$\text{allowed}_k=\{0,1,\cdots,n-1\}=\{C-\text{tabu}_k\}$ 表示蚂蚁 k 在 t 时刻下一步允许选择的节点集合。蚂蚁 k 走过的节点会依次添加在禁忌表 tabu_k 中，因此，集合 tabu_k 随着进化过程做动态调整。

当蚁群算法用于栅格环境下的路径规划时，为了计算方便，蚂蚁只能在当前栅格周围的 8 个栅格进行选择，因此信息素仅向周围的 8 个栅格进行扩散。这 8 个栅格分别为：蚂蚁当前节点 i 的上$(i-n)$、下$(i+n)$、左$(i-1)$、右$(i+l)$、左上$(i-n-1)$、左下$(i+n-1)$、右上$(i-n+1)$和右下$(i+n+1)$。根据周围栅格距离当前栅格的远近，设置不同的信息素扩散值。假设当前栅格的信息素浓度为 1，则相应的信息素扩散模型如图 9-8 所示。

公式(9-18)中的 $\eta_{i,j}(t)$ 为启发函数，表示蚂蚁从节点 i 到节点 j 的期望度，也称为能见度。传统蚁群算法常将其定义为：

$$\eta_{i,j}(t)=\frac{1}{d(j,E)} \tag{9-19}$$

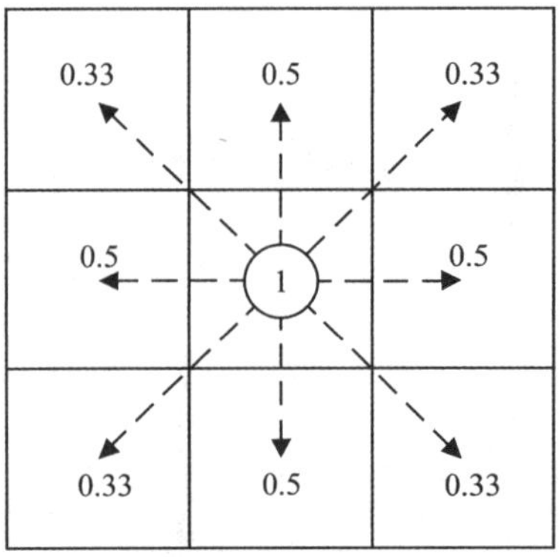

图 9-8 栅格环境下的信息素扩散模型

式中，$d(j,E)$代表节点 j 和终点节点 E 之间的直线距离。显然，$d(j,E)$越小，则 $\eta_{i,j}(t)$越大，相应的 $p_{i,j}^{k}(t)$也就越大，即蚂蚁 k 从节点 i 向节点 j 转移的概率越大。

根据状态转移规则和公式(9-19)可求得蚂蚁选择下一步节点的概率，然后采用轮盘赌法确定下一步的节点。

(2) 信息素更新规则

在传统蚁群算法中，当蚂蚁完成 1 次遍历循环后，路径上的信息素浓度会产生变化。蚂蚁走过的路径上会残留一定的信息素，同时旧的信息素会挥发一部分，以避免残留信息素过多而淹没启发因子的影响，因此需要对各个节点路径上的信息素浓度进行更新。

假设每一波蚂蚁完成单次循环觅食行为所需要的时间为 t_0，单次循环的蚂蚁数目为 M，则完成单次循环后在 $t+t_0$时刻信息素的更新策略为：

$$\begin{cases}\tau_{i,j}(t+t_0)=(1-\rho)\tau_{i,j}(t)+\Delta\tau_{i,j}(t)\\ \Delta\tau_{i,j}(t)=\sum\limits_{k=1}^{M}\Delta\tau_{i,j}{}^{k}(t)\end{cases} \tag{9-20}$$

式中，ρ 是信息素挥发因子，$0\leqslant\rho\leqslant1$，ρ 越大，路径信息素挥发速度越快；$\Delta\tau_{i,j}(t)$表示本次循环在路径(i,j)上产生的信息素增量；$\Delta\tau_{i,j}{}^{k}(t)$表示本次循环中第 k 只蚂蚁在路径(i,j)上留下的信息素。公式(9-20)能够根据当前蚂蚁所构建路径的情况动态地调整当前最优路径上的信息素。

由公式(9-20)可知，信息素的更新规则包含蚂蚁信息素的释放与挥发两个方面。针对蚂蚁 k 释放的全局信息素增量 $\Delta\tau_{i,j}{}^{k}(t)$，蚁群算法信息素释放方式的数学模型有蚁密系统(Ant-density System)模型、蚁量系统(Ant-quantity System)模型、蚁周系统(Ant-cycle System)模型三种。

① 蚁密系统模型可表示为：

$$\Delta\tau_{i,j}^{k}=\begin{cases}Q, & \text{若第 } k \text{ 只蚂蚁在当前循环中经过路径}(i,j)\\ 0, & \text{否则}\end{cases} \tag{9-21}$$

② 蚁量系统模型可表示为：

$$\Delta\tau_{i,j}^{k}=\begin{cases}\dfrac{Q}{d(i,j)}, & \text{若第 } k \text{ 只蚂蚁在当前循环中经过路径}(i,j)\\ 0, & \text{否则}\end{cases} \tag{9-22}$$

③ 蚁周系统模型可表示为：

$$\Delta\tau_{i,j}^{k}=\begin{cases}\dfrac{Q}{L_k}, & \text{若第 } k \text{ 只蚂蚁在当前循环中经过路径}(i,j)\\ 0, & \text{否则}\end{cases} \tag{9-23}$$

在公式(9-21)至公式(9-23)中，Q 是一个常数，用于控制信息素更新时释放的信息素总量；L_k 是第 k 只蚂蚁所选择路径的长度；$d(i,j)$ 表示节点 i 与节点 j 之间的直线距离。

蚁周系统是在当前循环完成后才更新信息素，属于全局性的，而蚁密系统和蚁量系统都是局部性的。

在蚁群系统中，除全局信息素更新外，还需要局部信息素更新，以降低已访问路径被再次选择的概率，增加对未访问区域的探索，避免陷入局部最优。当蚂蚁选择一个新节点时，需要按公式(9-24)进行局部信息素更新。

$$\tau_{i,j}(t+1)=(1-\xi)\tau_{i,j}(t)+\xi\tau_0 \tag{9-24}$$

式中，ξ 为信息素局部更新的蒸发率；τ_0 为信息素的初始值。使用信息素局部更新的作用在于：当蚂蚁经过路径 (i,j) 时，公式(9-24)会减少该条边上的信息素，这会降低其他蚂蚁选中该路径的概率，增加蚂蚁探索其他路径的机会。

9.3.1.3　基于蚁群算法的移动机器人路径规划

蚁群算法的机理是蚁群在蚁巢与食物源之间寻觅一条最短的可行路径，这恰好与机器人路径规划的物理过程不谋而合。两者在内部机理上的天然联系，为基于蚁群算法的路径规划研究的合理性提供了有力的依据。为了模拟实际蚂蚁的觅食行为，设机器人出发点 S 为蚁穴位置，食物源在最终目标点 E 处。蚂蚁觅食的过程就是从 S 出发，在所有节点范围内寻找食物源 E 的过程。经过蚂蚁群体的反复寻食，由于蚂蚁留下的信息素的正反馈作用，最终蚂蚁群体绕开所有障碍物找到一条安全的最短路径。将蚁群算法用于栅格环境下的路径规划，其主要步骤如下：

Step 1：利用栅格法建立环境模型，以矩阵形式描述承载环境信息的栅格信息，以单元数组的形式描述栅格的连通信息。

Step 2：设置初始化蚁群算法搜索路径的参数，设置信息素的初始分布，将蚂蚁置于初始位置（即初始栅格）。即设置蚂蚁数目为 M，初始信息素为 $\tau_{i,j}(0)=\text{const}$，$\Delta\tau_{i,j}(0)=0$。

Step 3：提取蚂蚁所在栅格的连通信息，计算蚂蚁移动到与其所在栅格连通栅格的转移概率，并根据概率移动蚂蚁，局部更新两栅格之间的信息素。

Step 4：判断蚂蚁是否移动到目标栅格。如果没有移动到目标栅格，就转到 Step 3；否则，进入 Step 5。

Step 5：比较判断选出本次迭代中的当前最优路径，对较优的路径进行信息素的全局更新。判断是否求得最优路径或满足终止条件。如果没有求得最优路径或满足终止条件，则返回 Step 2；否则，程序结束，进入 Step 6。

Step 6：对最优路径进行可行性处理，输出最优路径。

在 Step 1 中设置移动机器人的移动范围为 20×20 的栅格方形，单位长度为 1，如图 9-9 所示。机器人前进必须占用栅格。考虑到移动机器人在真实环境下会有很多方向可供选择，为了简化移动方向，规定机器人停在每个活动区域的中心点为准，每一步移动可供参考的方向只有 8 种，如图 9-8 所示。

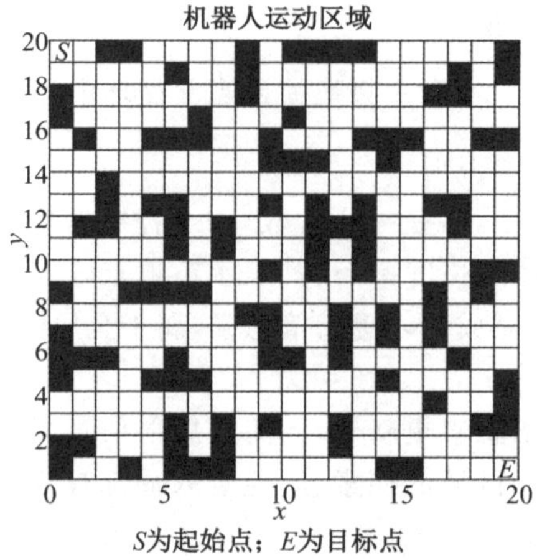

图 9-9　20×20 栅格地图

在 MATLAB 上，利用已建成的栅格地图运行程序，设定机器人初始坐标为(0.5,19.5)，终点坐标为(19.5,0.5)，其仿真结果如图 9-10 所示。

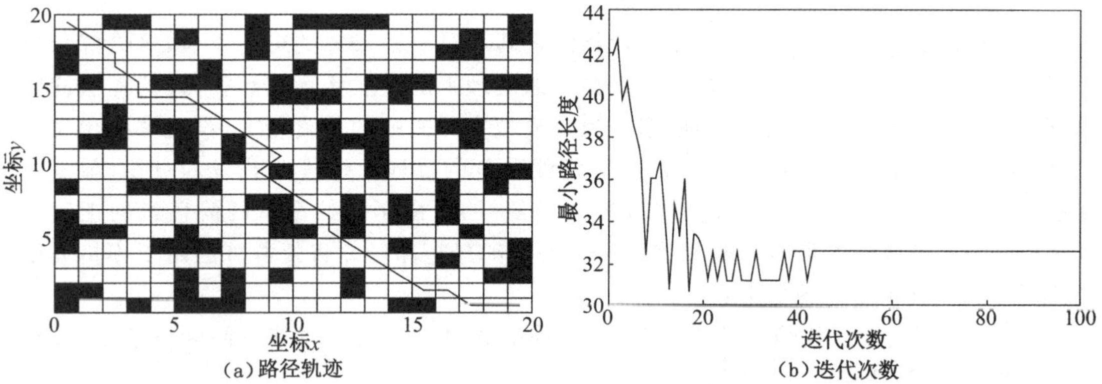

图 9-10　传统蚁群算法路径规划

由图 9-10 可知，传统蚁群算法在初期无法确定搜索方向，盲目性大，迭代次数高达 40 次以上，最短路径长度为 32.5。为了提高搜索效率，降低路径长度，需要对传统蚁群算法进行改进。

9.3.1.4　蚁群算法改进

蚁群算法广泛应用于机器人的路径规划任务，但是存在收敛速度慢、易陷入局部最优、早熟收敛等不足。因此，在实际应用中可以通过一些改变来提高其性能和效果。

(1) 多目标优化

传统的蚁群算法主要针对单个目标进行优化，而在实际问题中往往存在多个冲突的目标。为了解决多目标优化问题，可以引入多目标蚁群算法。多目标蚁群优化算法(MOACO)能够通过维护多个蚂蚁群体，并且每个蚂蚁群体负责优化一个目标，从而得到一组帕累托最优解。

(2) 动态调整参数

蚁群算法中的参数设置对蚁群算法性能和搜索结果有着重要影响。传统蚁群算法中通常采用固定的参数值。但在实际问题中，问题的规模和性质可能会随时间变化。因此，动态调整参数可以根据问题的特点自适应地调整蚁群算法的参数，以提高蚁群算法的性能和收敛速度。

(3) 路径更新策略

路径更新策略决定信息素在路径上的更新方式。传统的蚁群算法中使用全局信息素更新策略，即所有蚂蚁完成一次迭代后才更新信息素。然而，这种更新策略可能导致算法陷入局部最优解。改进的方法包括局部信息素更新和启发式信息素更新。这些改进方法可以帮助蚂蚁更快地找到更好的路径。

(4) 蚂蚁数量和初始信息素设置

蚂蚁数量和初始信息素的设置对算法的性能影响较大。蚂蚁数量较多时，搜索空间被充分地探索，但计算任务量和时间复杂度也会增加。初始信息素的设置可以通过经验或启发式规则进行调整，以加快蚁群算法的收敛速度和搜索效果。

这些改进方法可以根据具体问题和应用场景的需求进行选择和组合。通过适当的改进，可以提高蚁群算法的搜索能力、收敛性、稳定性和鲁棒性，从而在实际问题中获得更好的优化效果。

9.3.2 遗传算法

9.3.2.1 遗传算法基本思想

传统的遗传算法(Genetic Algorithm，GA)遵循达尔文进化论的基本原则。该算法通过模拟自然界中的进化过程，在解空间中搜索最优解或接近最优解，通常包括遗传编码、选择操作和遗传操作。

① 遗传编码是将问题的解表示为染色体或基因的形式。染色体通常用二进制字符串表示。每个基因位上的值代表问题的一个可行解的部分。例如，对于旅行商问题(TSP)，染色体可以表示为一个城市序列。

② 选择操作是根据适应度函数，在当前种群中选择出优秀的个体作为父代，用于下一代的繁衍。选择的概率与个体适应度相关。适应度高的个体被选中的概率较大，从而提高其在下一代中的代表性。

③ 遗传操作包括交叉(Crossover)和变异(Mutation)两种操作。交叉操作模拟生物个体的交配过程，通过染色体之间的交换和重组，产生新的个体。变异操作模拟基因突变的过程，以一定的概率改变染色体中的基因位的值。

遗传算法从任意一个初始种群开始，经过交叉、变异和选择等操作，得到一群对其所处环境有较强适应性的新个体，从而使得该群体在搜索空间不断演化到更优范围。通过几代繁衍与进化，最终获得对所处环境最为适应的个体，即获得了求解优化问题的最优解。对较为复杂优化问题的求解，传统遗传算法仅需利用选择、交叉和变异三种遗传算子即可获得最优解。传统遗传算法流程如图 9-11 所示。

由此可见，传统的 GA 主要包括种群初始化、选择策略、交叉算子、变异算子和适应度函数设计等 5 个重要组成部分。当把该算法应用于路径规划问题时，其各个要素需要进行适当的调整。

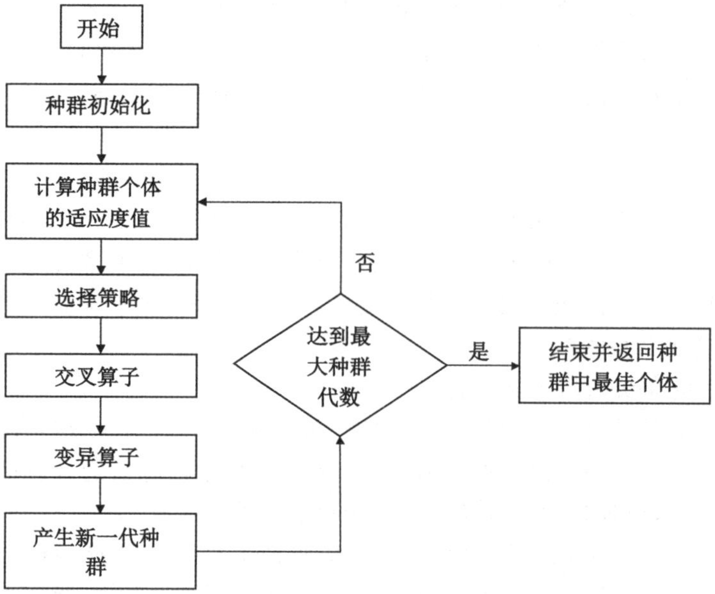

图 9-11　传统遗传算法流程

9.3.2.2　遗传算法数学模型

根据遗传算法基本思想的阐述,可建立遗传算法的数学模型。

(1) 编码

编码是针对具体问题解的一种表示方式,其与优化问题本身直接相关。编码方式的不同直接影响算法的每个遗传操作。常见的编码技术主要有二进制编码、十进制编码、格雷编码。

(2) 交叉算子

交叉算子是指从父代种群中选择两个个体按照某种特定的方式以概率 P_c 进行部分基因交换的过程。交叉算子是一种全局搜索策略。引入交叉算子有利增加种群的多样性。因此,交叉概率一般会设定为一个较大的概率值。交叉算子的具体操作与个体编码方式直接相关。由于二进制编码易于呈现具体的遗传操作,下面将以二进制编码为例介绍交叉算子。在现有研究中,遗传算法的常见交叉算子包括单点交叉算子、多点交叉算子和均匀交叉算子。

① 单点交叉算子是指在两个待交叉个体的基因中随机选择一个交叉点,如图 9-12 中箭头所指之处,分别交换交叉点后面或者前面的基因,然后组合成新个体。

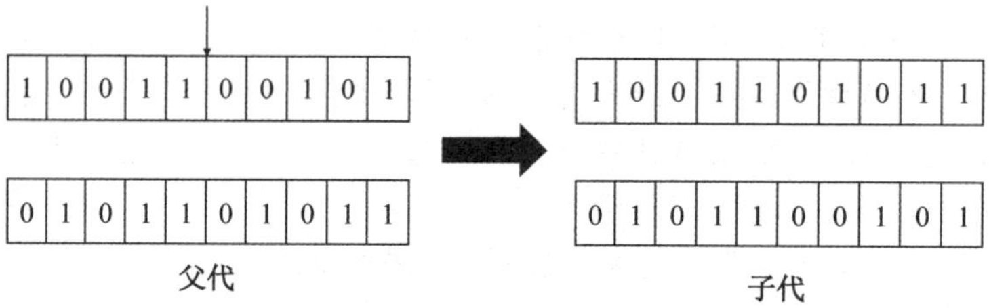

图 9-12　单点交叉算子

② 与单点交叉算子相比，多点交叉算子表示从待操作的个体中选择多个交叉点并且将相应基因进行替换。四点交叉算子如图 9-13 所示。

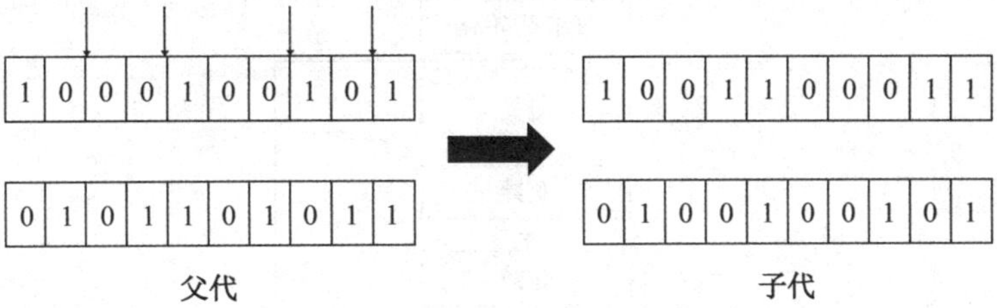

图 9-13　多点交叉算子

③ 均匀交叉算子又称为一致交叉算子，是指每个个体的基因都有一半的可能来自父代个体中任意一个交叉点。其具体交叉方式如图 9-14 所示。

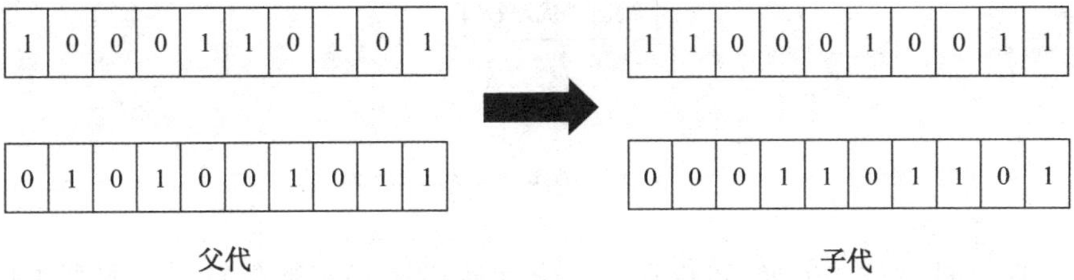

图 9-14　均匀交叉算子

(3) 变异算子

变异算子是指种群中的个体以一定的概率 P_m 进行一个或者多个基因的突变过程。以二进制编码为例，个体基因的变异是指对要变异的基因进行二进制取反操作。变异算子不仅有利于增加种群的多样性，还可以在一定程度上避免过早收敛现象的发生。

变异算子中运用最多的是基本变异和自适应变异。① 基本变异是指待变异的个体随机选择单个或者多个基因进行基因的改变，不仅包括离散基因的突变，还包括一些连续基因的同时突变。② 自适应变异是指由种群的多样性来引导变异的方向。目前常见的技术是通过计算个体的海明距离来指导个体的变异过程——当海明距离大时，自适应变异的概率相对低；反之，其比较高。

(4) 选择策略

遗传算法中选择策略的目的是把种群中具有优良基因的个体传递到下一代。现有研究中选择策略大多基于适应度值的方法。选择策略的具体实施步骤为：首先计算种群中每个个体的适应度值，然后根据适应度值确定每个个体被选择的概率，最后基于选择概率依据某种选择方法来选择出新一代的种群。被选择的概率与个体的适应度值成正比——个体适应度值越高，被选择的概率越大；反之，被选择的概率越小。遗传算法的选择策略遵循生物进化中“适者生存”的规律。选择策略会直接影响遗传算法的性能。常用的选择策略中有轮盘赌、随机通用抽样、精英保留、锦标赛等。

传统遗传算法流程如图 9-15 所示。

9.3.2.3　遗传算法改进

传统遗传算法在机器人路径规划中的应用存在一些局限性，如搜索空间较大、存在局部

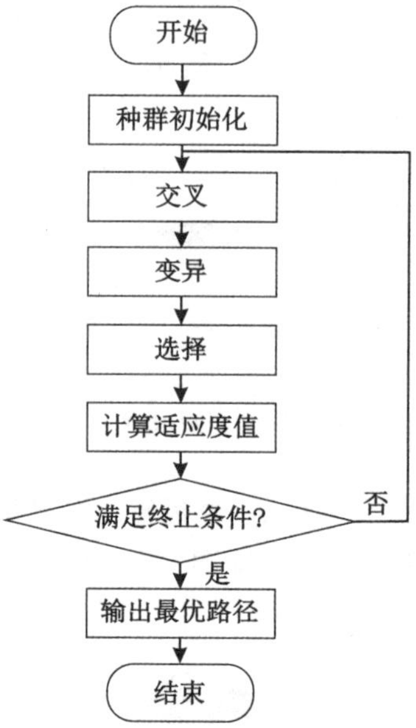

图 9-15 传统遗传算法流程

最优解等问题。针对这些问题,可以通过多方面改进来提高遗传算法在机器人路径规划中的性能。

① 遗传算子的设计。可以设计更有效的遗传算子。例如,针对路径规划问题的特殊性质进行设计遗传算子,引入更多的路径信息,避免遗传算法陷入局部最优解的问题。

② 适应度函数的设计。可以使用更合适的适应度函数来评估每个个体的优劣。例如,将路径长度、时间、安全性等因素考虑进适应度函数的计算中,以更全面地评估每条路径的优劣。

③ 约束条件的处理。机器人路径规划通常需要考虑多种约束条件,如机器人的动力学约束、避障约束等。因此,在遗传算法中,需要设计有效的方法来处理这些约束条件,以避免生成不合法的路径。

④ 多目标的优化。在机器人路径规划中,往往需要同时优化多个目标函数,如路径长度、时间、能耗等。此时,可以采用多目标遗传算法来求解,以寻求一组帕累托最优解。

⑤ 混合算法的应用。可以将遗传算法与其他优化方法(如 A * 算法、Dijkstra 算法等)进行混合,以充分利用各种算法的优点,并提高路径规划的性能。

总之,针对机器人路径规划问题的特殊性质,需要根据具体应用场景进行算法改进和优化。通过设计有效的遗传算子、适应度函数、约束处理方法等,可以提高遗传算法在路径规划中的搜索效率和路径质量,从而更好地满足实际应用需求。

9.3.3 神经网络

神经网络是一种能够学习和解决复杂问题的人工智能技术,是受到人脑神经元之间的相互作用的启发而创造的一种计算模型。神经网络是由神经元表示的相互连接的数学函数组成的模型。这些神经元通常被组织成多层神经网络,其中每一层都包含许多神经元。在多层神经网络(图 9-16)中,每一层都由相同深度的神经元组成。多层神经网络由输入层、输出层和隐藏层组成。输入层负责收集神经网络的初始数据;在输入数据被收集后,它们将通过神经网络的隐藏层进行处理。隐藏层是神经网络中的一个或多个层,其作用是通过数学函数将输入数据转换为输出层的输入。在隐藏层中,每个神经元都接收来自输入层或上一隐藏层的信息,并使用激活函数将其转换为输出值,这些输出值将作为下一层神经元的输入值。最终,神经网络将输出一个分类结果。输出层接收来自最后一个隐藏层的输出,并将其映射到一个或多个类别。这整个过程可以看作是一个将输入数据映射到输出结果的函数。

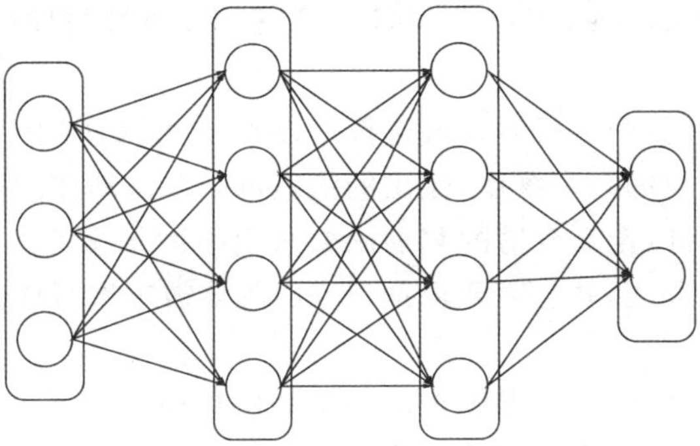

图 9-16 多层神经网络结构

自 20 世纪 50 年代以来,神经网络已经经历了多个阶段的发展。神经网络在机器人路径规划中有着广泛的应用。神经网络能够通过学习和训练的方式,对环境信息进行处理和分析,从而实现高效、智能的路径规划。以下是神经网络在机器人路径规划中的几个应用。

① 环境感知与地图构建。神经网络可以用于机器人的环境感知和地图构建。通过对传感器数据的处理和分析,神经网络可以提取环境中的特征,如障碍物位置、路面状况等,并将其转化为机器人可理解的形式,用于路径规划。

② 基于图像的路径规划。利用神经网络的图像处理能力,可以将视觉信息与路径规划相结合。例如,通过卷积神经网络(CNN)对图像进行识别和分类,机器人可以根据图像中的目标位置和障碍物位置进行路径规划,实现避开障碍物、到达指定目标的目标导向路径。

③ 强化学习路径规划。神经网络结合强化学习方法,可以实现智能化的路径规划。通过强化学习算法和神经网络的结合,机器人能够在环境中不断尝试和学习,最终找到最优的路径规划策略。这种方法在复杂的环境下可以实现自适应、自主的路径规划。

④ 预测和动态规划。神经网络可以用于预测未来环境状态和动态变化,从而进行路径规划。通过对历史数据的学习,神经网络可以预测出未来可能的障碍物位置、交通状况等信息,从而调整机器人的路径规划策略,以便实现更安全、高效的路径规划。

综合而言,神经网络在机器人路径规划中的应用可以提高机器人的感知能力、学习能力和决策能力,从而实现更精准、高效的路径规划,使机器人适应不同环境和任务的需求。

下面以基于深度强化学习的神经网络为例来介绍移动机器人的路径规划的一种可能实现思路。

Step 1 数据准备:准备训练数据集,包括环境地图信息和对应的有效路径。可以通过模拟或真实场景中的机器人运动记录生成数据集。

Step 2 状态表示:将环境地图转换为神经网络可接受的状态表示。常见的方法是将地图划分为网格,并将每个网格单元的状态编码为输入向量。例如,使用二进制来表示障碍物、目标位置等。

Step 3 神经网络设计:设计一个适合路径规划任务的神经网络模型。常见的神经网络包括卷积神经网络(CNN)和循环神经网络(RNN)。神经网络的输入是状态表示,神经网络的输出是机器人在当前状态下采取各个动作的概率。

Step 4 强化学习框架:利用强化学习框架进行路径规划训练。采用的一种常见方法是深度 Q 网络(Deep Q-Network,DQN)。在训练过程中,通过与环境交互、执行动作并观察奖励来更新网络参数。

Step 5 定义动作空间:确定机器人可选择的动作空间,如向上、向下、向左和向右移动。每个动作都对应网络输出的一个维度,输出的值表示采取该动作的概率。

Step 6 奖励函数设计:定义合适的奖励函数来引导网络学习。奖励函数通常基于机器人成功到达目标位置的程度,并且需要根据任务的具体需求进行调整,以平衡探索和利用的效果。

Step 7 训练过程:使用训练数据集来训练神经网络模型。通过最小化预测与实际路径之间的误差,神经网络逐步学习到正确的路径规划策略。

Step 8 验证和评估:使用测试集或真实环境中的数据验证训练好的模型性能,并进行评估。可以通过路径规划的准确率、平均轨迹长度等指标来评估模型性能的优劣。

思考与练习题

1. 机器人的路径规划问题可以看作为一个带约束条件的优化问题,其研究内容主要包括哪些方面?

2. 何为全局路径规划,其有哪些实现算法?

3. 何为局部路径规划,其有哪些实现算法?

4. 简述栅格建模法实现移动机器人路径规划的原理和基本过程。

5. 简述 A* 算法的基本原理和实现过程。

6. 简述智能仿生路径规划算法种类和特点。

7. 假设一个机器人位于一个二维平面上,起始位置为(0,0),目标位置为(5,5),并且在平面上存在一些障碍物。请问,如何规划机器人的路径以避开障碍物,并最快到达目标位置?请采用蚁群算法说明上述过程如何实现。

第 10 章　机器人发展与展望

机器人技术在过去几十年中有了显著的进步。在未来,机器人技术将继续呈现出许多令人期待的趋势和创新。

10.1　机器人发展

机器人前沿技术出现了具身智能、垂直大模型等特点;相关热点产品包括仿生机器人、微纳机器人等。

10.1.1　具身智能与大模型

人工智能的下一个浪潮,将是具身智能 (embodied AI),即机器人智能系统能理解、推理,并与物理世界进行互动。Tesla 人形机器人 Optimus[见图 10-1(a)]能够完成更为复杂工作,也就是说 Optimus 正向着具身智能飞速前进。Optimus 能够自动校准它的手臂和腿,仅通过视觉和关节位置传感器,即可定位其肢体位置。经过精确的自校准,Optimus 还可以更有效地学习各种任务。Optimus 依靠神经网络能够实现完全本地运行而无须联网,仅使用视觉作为感知。比如,Optimus 可以完全自主地按颜色对色块进行排序,同时能够应对外界干扰并进行自主纠错。

“大模型”是指在深度学习和人工智能领域中,使用大量参数和数据进行训练的复杂神经网络模型。在以 ChatGPT4 为代表的大模型出现之后,具身智能新进展井喷式涌现,其技术更新呈现非线性、跳跃式特点。将大模型与具身智能相结合,与文本、图像、音频等多模态数据的联合分析,可创造更强大、更智能的机器人系统,称其为智能语言机器人。大模型接入机器人,把复杂指令转化成具体行动规划,无须额外数据和训练。如图 10-1(b)所示,利用“大模型”将用户的语音指令转化为机械臂可以理解的指令。通过语音识别技术,将用户的语音输入转换为文本形式,然后利用大规模预训练语言模型分析文本指令的意图和要求,使得用户可以直接通过语音指令控制机械臂。

在人机交互领域,结合知识性和适合标准化的场景与大模型紧密融合。在机器人聊天、陪护、助理、科教等领域,机器人可以更好地应对各种情境和复杂的环境,有望获得规模化的良好应用。

智能语言机器人核心技术包括:智能体环境感知与建模、智能体自主决策与规划、人机交互、群控协作、机器学习与强化学习等技术。

（a）Optimus（擎天柱）机器人　　（b）大语言模型赋能机械臂规划控制

图 10-1　具身智能与垂直大模型机器人

10.1.2　仿生机器人

仿生机器人是指受生物学原理和生物体结构启发，设计和制造的机器人。仿生机器人包括四足机器人、人形机器人、仿鱼水下机器人、仿生扑翼机器人等。几种仿生机器人实例见图 10-2。

（a）仿生恐龙　　（b）仿生“黄蜂杀手”　　（c）人形机器人

图 10-2　仿生机器人

仿生机器人设计主要包括以下几个方面。

① 结构和外貌。可以模仿动物（如人类、昆虫、鱼类等）的外形。这需要考虑到生物的运动方式、身体比例和环境适应性等因素。

② 传感与感知。需要具备与真实生物类似的感知能力（包括视觉、听觉、触觉等）。通过模仿生物的感官系统，使机器人能够感知周围环境和获取信息。

③ 运动与控制。可以模仿生物的步态、肢体运动等。通过仿生的控制方法，使机器人能够实现灵活的运动和动作。

④ 自适应能力。可以借鉴生物的自适应能力，根据环境的变化进行自主调整和适应。例如，改变机器人步态以适应不同的地形或环境。

高性能关节驱动器、运动算法、机器视觉、灵巧操作以及大模型等技术的快速发展，使得四足、人形等机器人成为现实。仿生机器人在许多领域都有潜在的应用，包括救援任务、探索与勘察、医疗和康复、农业和制造等。通过模仿生物的特性和能力，仿生机器人可以在复杂和多变的环境中展示出更高的适应性。

仿生机器人核心技术主要来自仿生学、生物学、神经科学等多个领域的研究成果，主要包括材料和结构的设计、多感知与交互、运动控制与平衡控制、自主学习与适应、智能控制与决策等方面。

10.1.3　三维感知模型与多模态信息融合

三维感知模型与多模态信息融合将来自不同传感器和数据源的多种信息进行整合，可更全面、准确地理解环境的特征。融合信息涵盖图像、点云、声音等不同类型的数据。

多模态信息融合可克服单一传感器存在的局限性，提供更全面、鲁棒的信息，有助于在机器人导航、人机交互、环境监测、自动驾驶等取得更好性能。

三维感知模型指通过感知设备（如激光雷达、摄像头、深度相机等）获取环境的三维信息，并将其转化为计算机可理解和处理的形式。三维感知模型可以用于识别和重建环境中的物体、场景和结构，从而实现对环境的感知和理解。常见的三维感知模型包括以下几种。

① 点云模型（Point Cloud Model）。点云是由大量离散的三维点组成的数据集合。每个点代表环境中的一个位置。通过激光雷达或深度相机等传感器获取的距离测量数据可以转化为点云模型。点云模型广泛应用于目标检测、地图构建、物体识别等。

② 三维立体视觉模型（Stereo Vision Model）。利用摄像头或摄像头组获取多视角图像，并通过比较不同视角的图像来计算场景中物体的深度信息。通过匹配和三角化等算法，可以生成三维立体视觉模型。

③ 结构光模型（Structured Light Model）。通过投射特定的光纹或格栅到环境中，再通过摄像头等感知设备记录光纹的形变，从而计算出物体表面的三维结构。结构光模型常用于人脸识别、姿态估计等。

④ 雷达图像模型（Radar Imaging Model）。通过雷达发送无线电波并接收反射信号，根据信号的时间延迟和强度信息来计算环境中物体的位置和速度。雷达图像模型用于无可见光条件下的物体探测和跟踪，广泛应用于自动驾驶、航空航天等。

这些三维感知模型在机器人、自动化、计算机视觉、虚拟现实等领域都有广泛的应用。它们能够提供丰富的环境信息，支持机器人和系统做出准确和智能的决策。

10.1.4　机器人新型核心零部件与灵巧操作

机器人新型核心零部件是指具有重要作用和创新性的关键部件。它们对于机器人的性能、功能和应用具有重要影响。以下是一些新型核心零部件的例子。

① 深度学习处理器（Deep Learning Processor）。它是专门设计用于加速深度学习算法的集成电路芯片。它能够高效地执行大规模神经网络的计算，提供强大的计算能力和实时决策支持，使机器人具备更高级的感知和认知能力。

② 柔性传感器（Flexible Sensor）。它采用柔性材料制成，可以弯曲和拉伸，具有良好的适应性和可靠性。它可以用于测量和感知机器人的形变、触觉和环境参数，为机器人的操作和交互提供更精确和灵活的信息。

③ 智能驱动器(Smart Actuator)。它集成传感器、控制电路和执行机构,能够实现更高级的运动控制和反馈调节。它可以提供更高精度、更快速度和更安全可靠的运动能力,使机器人的运动更加灵活和精准。

④ 高精度定位传感器(High-precision Positioning Sensor)。它实时获取机器人的位置和姿态信息,并提供高精度的定位和导航。它可以基于全球定位系统(GPS)、惯性导航、激光测距等技术,实现机器人在复杂环境下的精确定位和路径规划。

⑤ 人机交互传感器(Human-Robot Interaction Sensor)。它可以感知人类的动作、语音、表情等信息,实现人机自然、智能的交互。例如,面部识别、语音识别、手势识别等传感器,使机器人能够与人类进行更直接和友好的沟通与合作。

机器人灵巧操作是指机器人在执行任务时,能够以高度灵活、精准和协调的方式进行物体抓取、操纵等。以下是一些机器人实现灵巧操作的技术和方法。

① 视觉引导。机器人通过视觉系统获取环境及物体的信息,并利用计算机视觉技术进行目标检测、定位和跟踪。通过视觉引导,机器人可以准确定位并抓取不同形状、尺寸和位置的物体。

② 传感器反馈控制。机器人配备各种传感器(如力传感器、力矩传感器等),能够实时感知机器人与物体之间的力、压力和接触情况。根据传感器反馈的信息,机器人可以对抓取力度、姿态等进行实时调节,以实现灵活且稳定的操作。

③ 柔性手爪和终端效应器。采用柔性手爪或可变形结构的机器人手爪,能够更好地适应不同形状的物体,并提供更大的抓取灵活性。同时,配备不同类型的终端效应器(如吸盘、夹具、钳子等)能够适应不同的抓取和操作需求。

④ 运动规划和控制。机器人通过高级的运动规划算法和控制策略,实现复杂运动轨迹的规划和执行。同时结合反馈控制,可以精确控制机器人的运动速度、加速度和位置,以实现精准的操纵和操作。

⑤ 机器学习和自适应控制。利用机器学习方法,机器人可以通过大量的训练数据和算法优化,提高对物体的理解和抓取能力。通过自适应控制,机器人可以在与环境和物体的交互中不断调整策略,提高操作的准确性和效率。

10.1.5 脑机接口、生机电一体化技术与微纳机器人

脑机接口(Brain-computer Interface,BCI)是一种直接连接人类或动物大脑与外部设备,能够实现脑与设备之间信息交流。将机器人与脑部认知相结合,应用于残障、医疗、航空航天、教育、娱乐等领域,具有广泛的应用前景。在 2023 年的 BCI 脑控机器人大赛中,我国首次引入脑卒中患者脑电科研数据,探索脑机接口技术在医疗康复领域的应用,如图 10-3(a)所示。

生机电一体化技术是近年来快速发展的前沿科学技术,是指将生物学、机械和电子技术相结合,以实现更高级别的功能和性能集成的技术。它将传统的生物学、机械和电子三个学科,通过集成和协同的方式,创造具有更高效、智能和自主性的系统。它通过将生物体的神经信息获取、处理和传递的机制与电子技术相结合,创造出更紧密连接人体和机器的交互模式。它在机器人中应用主要包括感知与控制、运动规划、人机交互与协作、柔性机械和多模态传感器、自主学习与智能决策技等。例如,在工业领域,生机电一体化的机器人可以实现自动化装配、柔性制造等;在医疗护理领域,机器人可以协助手术、康复训练等;在智能家居

领域，机器人可以提供家庭服务、社交娱乐等。如图 10-3(b)所示，智能假肢腿通过集成生物传感技术、机器学习和人工智能算法以及神经接口，能够与用户的神经系统进行交互，实现更高级别的控制和感知。

(a) BCI　　(b) 康复训练

图 10-3　机器人在医疗康复领域的应用

微纳机器人具备微小、精准、靶向、低损伤、超高精度可控等优点，被认为是未来对抗人体疾病的理想武器之一。微纳机器人在生物医学、组织工程、微电子技术等领域具有广阔应用前景。近年来，微纳机器人逐渐进入市场，涵盖多个领域。

① 微型医疗机器人。这类机器人通常用于诊断、治疗和手术等医疗领域。

② 微型工业机器人。这类机器人通常用于工业自动化生产线的装配、喷漆、拼接、搬运等。例如，YuMi 机器人就是一种专门为办公室、实验室、教育和轻型装配等应用设计的双臂协作机器人。

③ 环境监测机器人。这类机器人主要用于恶劣环境下的勘测、监测、救援等。例如，PackBot 机器人就是一种用于战地、消防、安保等的微型机器人。

④ 微型机器人玩具。这类机器人主要为娱乐和教育领域提供服务。例如，微型球形机器人球，能够通过蓝牙连接智能手机或平板电脑。用户可以通过手机控制该机器人球的运动和灯光效果。

10.1.6　医疗与康复机器人

医疗机器人通过结合机器人技术和医疗专业知识，为医生提供更精确、稳定和精细的手术控制，从而改善手术过程，减少创伤和恢复时间，同时为医生提供更多的信息。医疗机器人[见图 10-4(a)]在骨科、脑外科、穿刺介入、牙科、眼科、可穿戴式等医疗操作中得到广泛运用。康复机器人凭借先进传感、精确控制等技术，可辅助相关偏瘫患者实现运动能力的恢复，或满足永久损伤患者的生活需求，提升患者的生活质量，如图 10-4(b)所示。

随着智能图像导航、机器人方位控制、高精度运动控制、遥操作等技术的快速发展，医疗与康复机器人将变得更加智能化、自主化。医疗与康复机器人主要包括以下核心技术。

① 物理附加技术。它是指机器人通过力、姿态等手段，对患者进行治疗和康复的技术。机器人手臂结合轻松自然的接触感应技术，可以模仿人类动作，帮助瘫痪患者进行机能训练，促进肢体机能恢复。运用锻炼装置和微电流控制技术，能够实现在线控制，以改善患者的肌肉强度。

② 计算机视觉技术。它是指机器人通过摄像头等设备，获取患者的图像信息，并通过计算机视觉算法对其进行识别、实时跟踪、手势控制等。例如，康复机器人可以根据患者的视觉反馈，自动调整治疗过程，实现更好的用户体验。

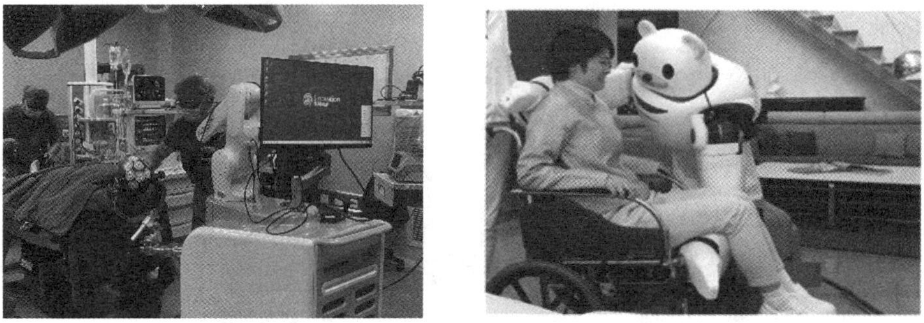

（a）医疗机器人　　　　（b）康复机器人

图 10-4　医疗与康复机器人

③ 语音交互与合成技术。它是机器人与患者之间进行有效沟通和协作的基础。这方面的技术包括语音识别、语音合成、自然语言处理等，以实现方便、直观的交互方式，并满足患者与机器人间的协作需求。

④ 机器学习技术。它可以让机器人智能化。机器人根据康复过程中不同患者的情况，进行自适应性调整和配置。通过机器学习技术，机器人可以自动识别、监控和反馈患者的状态，以及采取措施促进其恢复。

⑤ 安全与可靠性技术。它是确保机器人在操作过程中安全可信的重要保障。这方面的技术包括故障检测与容错、防碰撞与避障、机器人安全控制等，以确保机器人操作不会对患者和医护人员造成伤害，并减少机器人系统故障的风险。

10.1.7　商业服务机器人

商业服务机器人是一种应用于商业领域的机器人。它能够提供更高效、更便捷的商业服务。可以根据不同的需求对它进行分类。客服机器人可以通过语音识别、智能问答等技术，代替人工完成客户咨询、投诉等服务。营销机器人[见图 10-5(a)]可以通过语音、图文互动等方式，为企业直接向客户推广产品和服务。服务机器人可以代替人工服务员，提供餐饮、酒店、物流等行业的服务，这类机器人包括无人配送机器人[见图 10-5(b)]、点餐机器人等。安保机器人可以对商业场所进行安全巡逻、保卫等工作，这类机器人包括巡检机器人[见图 10-5(c)]、安防机器人等。智能导购机器人[见图 10-5(d)]可以根据顾客的购买需求和购物行为，为顾客提供更加个性化的产品推荐、购买指导等服务。数据分析机器人可以帮助企业对商业数据进行分析和预测，这类机器人包括销售数据分析机器人、用户画像分析机器人等。智能后勤机器人可以实现货物运输、库存管理等，这类机器人包括自动仓储机器人、拣货机器人[见图 10-5(e)]等。

商业服务机器人主要包括以下核心技术。

① 语音识别技术。商业服务机器人一般需要具备语音交互的能力，能够对人们的语音指令进行准确的识别。

② 自然语言处理技术。商业服务机器人需要理解自然语言，并且能够根据用户的表达意图提供相关服务。该技术包括文本语义理解、自动语音识别和文本生成等。

③ 机器视觉技术。利用视觉感知的能力，机器人能够自主地辨认环境中的物体和人

(a)　(b)　(c)　(d)　(e)

图 10-5　商业服务机器人

物，并通过机器学习算法不断完善自己的视觉能力。该技术包括目标检测、人脸识别、图像分类等技术。

④ 多传感器融合技术。利用激光雷达、摄像头、声呐等多种传感器获取环境信息，并通过融合技术可以将不同传感器的信息整合起来，提高机器人对环境的感知精度。

⑤ 路径规划和运动控制技术。为了能够根据环境和任务要求来规划机器人的行进路径，需要路径规划和运动控制技术来实现高效、准确的运动控制。

需要注意的是，商业服务机器人的技术应用也与其具体的使用场景和任务需求密切相关。不同场景下的商业服务机器人可能会使用不同的核心技术。电销机器人通常具备语音识别、语义理解、自然语言生成等核心技术，能够理解人们的语音指令、提取对话信息以及生成自然流畅的回答。电销机器人还可能结合数据分析和机器学习技术，通过对大量客户数据的分析和模式识别，提供个性化的销售推荐和精准的营销策略。

10.1.8　机器人操作系统

机器人操作系统包括硬件抽象、底层设备控制、常用功能实现、进程间消息和数据包管理等功能。不同行业需求，衍生出不同场景的机器人操作系统，如面向教育科研、商业服务、无人驾驶、工业智能等场景的操作系统或平台。

(1) 国外机器人操作系统

① 商用工业机器人操作系统

机器人操作系统的研发引起了世界工业强国和有影响力的机器人公司的重要关注。国外机器人操作系统的典型产品如表 10-1 所示。目前国外的机器人操作系统都已经相当成熟，在稳定性、实时性和运动控制精度方面优于我国的工业机器人操作系统的，但其存在各自为政、互不兼容的缺点。

表 10-1　国外机器人操作系统相关技术/产品

序号	机构名称	相关研究内容	相关研究成果	成果应用情况
1	美国斯坦福大学	Pub/Sub 分布式通信机架、组件库、集成大量第三方软件	ROS	Fetch/Robotnik/Yujin/Shadow 服务机器人大量应用
2	日本国家先进工业科学和技术研究所	开源机器人技术中间件、分布式体系结构、面向组件的机器人软件平台	OpenRTW-aist	广泛用于日本研究星无人操作平台及服务机器人

表10-1(续)

序号	机构名称	相关研究内容	相关研究成果	成果应用情况
3	德国 3S 公司	通信协议和网络集成、组件库、可视化集成开发环境	Codesys	国内外多种类型的工业机器人和专机产品
4	美国加州大学伯克利分校	基于边缘计算的机器人云平台架构	Fog Robotics	多种基于“雾计算”的工业机器人
5	德国西门子股份公司	工业现场设备的可靠高效连接、工业大数据处理框架等	MindSphere	主要用于 SIEMENS 数字化工厂

② 开源机器人操作系统

国外一些机构推出了一些有影响力的开源机器人操作系统。例如，美国斯坦福大学推出的 ROS(Robot Operating System)是一款利用分布式通信机制实现节点间进程通信的操作系统。ROS 各类机器人中间件均为开源软件，利于研究人员学习。ROS 是运行在 Linux/Windows 上的亚机器人操作系统，不能独立运行。ROS 主要用于教学和科研，在工业界应用较少。

③ 云平台系统

为了拓展工业机器人基于工业互联网平台上的应用，国外商业公司及组织在工业互联网架构、工业网络技术等方面对已有技术进行了升级改造，提出了适用于机器人大数据分析的云端平台。美国 GE 公司推出了云平台 Predix，其主要支持工业设备安全监控、工业数据管理、工业数据分析等。德国西门子公司推出了基于云的开放式物联网操作系统 MindSphere。菲尼克斯电气公司推出了 ProfiCloud 工业云平台。美国加州大学伯克利分校推出了基于“雾计算”的机器人云平台。

(2) 国内机器人操作系统技术与产业发展现状

近年来，国内科研机构和企业加速了机器人操作系统的研发进程，加强了机器人操作系统核心技术攻关。国内机器人操作系统相关产品及应用如表 10-2 所示。

表 10-2　国内机器人操作系统相关产品及应用

序号	机构名称	相关研究内容	相关研究成果	成果应用情况
1	北京航空航天大学等	ROSC	ROSC 软件平台、机器人智能系统、产学研合作模式	适用新松、埃夫特、钱江、大族等机器人厂商的多种构型
2	国防科技大学	ROS 实时增强	类 ROS 框架	多款军用及特种机器人使用
3	上海交通大学	分布式工业控制软件	类 Codesys 框架	多款工业机器人使用
4	北京光年无限科技有限公司	依托思维强化引擎、情感计算引擎以及自学习引擎提升机器人的多模态交互能力	Turing OS	微信/QQ 用户管理、自动回复、二次元形象、语音助手、儿童机器人、商用机器人等

表10-2(续)

序号	机构名称	相关研究内容	相关研究成果	成果应用情况
5	中国航天科工集团	提供海量多源设备接入和管理、异构制造服务接入和协同管理、工业 App 构建与部署运行、虚实结合的数字化建模与优化等	INDICS+CMss	与华为、阿里巴巴、联想、微软有合作应用
6	北京智能管家科技有限公司	提供芯片、模组、操作系统和云服务等整套人工智能系统解决方案	ROOBO	与科大讯飞、高通、全志、展讯、炬力、格力、美的有合作应用

(3) 机器人操作系统发展趋势

就全球机器人行业来说，迫切需要一个或几个基于云边端协同的开放式机器人操作系统的一体化开发平台，而这个平台核心就是“开放式、强实时多核计算机操作系统内核＋分布式通信机制＋云边端协同智能服务＋一体化集成开发环境”。该平台能够在很大程度上解决目前机器人研发面临的学习和开发难度大、代码可重用性差、无法跨平台、缺少云端应用等问题，提升开发质量、开发效率和开发一致性，降低开发门槛、开发周期和开发成本。下一代机器人操作系统发展趋势表现在高可靠、开放式、强实时内核计算机操作系统，分布式通信与松耦合协作，云边端无感协同的智能服务和标准化机器人功能组件与集成开发环境四个方面。

10.1.9　群体机器人技术

就目前的机器人技术水平而言，单机器人在信息的获取、处理及控制能力等方面都是有限的，对于复杂的工作任务及多变的工作环境，单机器人的能力更显不足。可以考虑由多个机器人组成的群体系统通过协调、协作来完成单机器人无法或难以完成的工作。群体机器人是指多个机器人之间协同工作和相互合作的系统。这些机器人可以在不同的空间位置之间协作，完成一系列的任务。群体机器人技术主要包括通信与信息共享、协作与协调、分工与合作、集体智能与决策、鲁棒性与容错性等。

群体机器人技术在许多领域都有广泛的应用，例如军事[图 10-6(a)]、智能仓储和物流系统[图 10-6(b)]、娱乐[图 10-6(c)]、无人机[图 10-6(d)]、巡检、搜索与救援任务等。群体机器人的协同工作，可以提高任务的效率和灵活性。

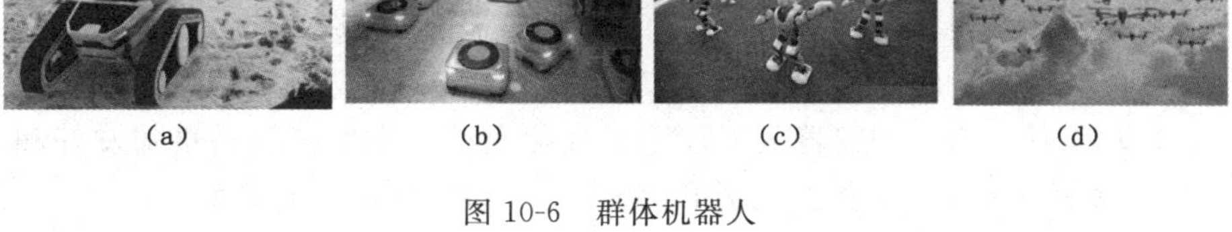

(a)　(b)　(c)　(d)

图 10-6　群体机器人

10.1.10 特殊场景服役机器人

特殊场景服役机器人是指在特定环境或情况下执行任务的机器人。这些机器人被设计和配置用于应对特殊的工作环境、任务需求或挑战，在消防救援、电力勘测、农业、建筑、核工业、反恐防暴、国防安全、空间探测等领域存在巨大需求。特殊场景服务机器人的核心技术主要包括感知技术、规划与导航技术、人机交互技术、技能执行与操作、数据处理与学习等。

① 感知技术。特殊场景服务机器人需要具备较强的感知能力。视觉感知、声音感知、姿态感知、深度学习等。

② 规划与导航技术。特殊场景服务机器人需要能够根据环境信息和任务要求，规划出合理的路径，并进行自主导航。这涉及路径规划、避障算法、定位与建图等。

③ 人机交互技术。特殊场景服务机器人需要能够与用户进行有效的交互。这涉及自然语言处理、语音识别、人脸识别等技术。

④ 技能执行与操作。特殊场景服务机器人需要具备特定的技能和操作能力，能够完成任务需求。例如，机器人在医疗场景中需要进行精确的手术操作，或者在餐厅中需要具备灵活的搬运能力。这涉及机器人的机械设计、控制算法等。

⑤ 数据处理与学习。特殊场景服务机器人需要通过数据处理和学习技术，不断提升自身的性能和智能水平。

特殊场景服役机器人的设计和应用，需考虑特殊环境下的安全性、稳定性、通信能力以及适应性。

10.2 机器人技术发展展望

机器人的发展已经有了显著的进展，并且在未来有着广阔的前景。

① 智能化。随着人工智能和机器学习等技术的不断发展，机器人将越来越智能化。它们可以通过对环境的感知和理解，做出更加智能的决策和行动，能够适应各种复杂的任务和场景。

② 协作与交互。未来机器人将更多地参与到人类的日常生活中，并与人类进行紧密的协作与交互。它们将具备更好的人机交互能力，在各种领域中为人类提供更加有价值的服务。

③ 自主导航与移动能力。机器人将能够在复杂多变的环境中自主规划和执行任务。它们将能够实现高效准确的路径规划和避障，从而更好地适应各种工作和生活场景的需求。

④ 多样化应用。机器人的应用领域将越来越广泛，不会局限于生产制造和服务业。机器人将为人类带来更多的便利和创新，提高生活质量和工作效率。

⑤ 人性化设计。未来的机器人将注重人性化设计。它们将具备更加友好和亲和的外观和行为，能够更好地与人类进行沟通和交流，建立起更加密切的关系。

⑥ 伦理和法律问题。机器人的普及和广泛应用会涉及一系列的伦理和法律问题。例如，隐私保护、安全性、责任归属等方面的问题需要得到合理的解决和监管。

思考与练习题

1. 简述具身智能与垂直大模型的含义。
2. 简述仿生机器人核心技术。
3. 简述三维感知模型在机器人中作用。
4. 简述医疗机器人的核心技术。
5. 简述开源机器人操作系统定义。
6. 思考群体机器人如何实现有效的协同工作?
7. 思考机器人的发展对人类社会有哪些积极影响,又可能带来哪些挑战和问题?

参考文献

[1] ALBINI A,GRELLA F,MAIOLINO P,et al.Exploiting distributed tactile sensors to drive a robot arm through obstacles[J].IEEE Robotics and Automation Letters,2021,6(3):4361-4368.

[2] CHEN Z H,WU H Y,CHEN Y,et al.Patrol robot path planning in nuclear power plant using an interval multi-objective particle swarm optimization algorithm[J].Applied Soft Computing,2022,116:108192.

[3] CRUZ-ZAVALA E,SANCHEZ T,NUÑO E,et al.Lyapunov-based finite-time control of robot manipulators[J].International Journal of Robust and Nonlinear Control,2021,31(8):3090-3114.

[4] CUI L L,WANG S,ZHANG J F,et al.Learning-based balance control of wheel-legged robots[J].IEEE Robotics and Automation Letters,2021,6(4):7667-7674.

[5] DOMETIOS A C,TZAFESTAS C S.Interaction control of a robotic manipulator with the surface of deformable object[J].IEEE Transactions on Robotics,2023,39(2):1321-1340.

[6] DU T,HUGHES J,WAH S,et al.Underwater soft robot modeling and control with differentiable simulation[J].IEEE Robotics and Automation Letters,2021,6(3):4994-5001.

[7] FANG H B,WANG C H,LI S Y,et al.A comprehensive study on the locomotion characteristics of a metameric earthworm-like robot[J].Multibody System Dynamics,2015,35(2):153-177.

[8] KEYMASIKHALAJI A,JALALNEZHAD M.Robust forward/backward control of wheeled mobile robots[J].ISA Transactions,2021,115:32-45.

[9] KUMAR S,SIKANDER A.Optimum mobile robot path planning using improved artificial bee colony algorithm and evolutionary programming[J].Arabian Journal for Science and Engineering,2022,47(3):3519-3539.

[10] LUO J B,CHEN S L,ZHANG C,et al.Efficient kinematic calibration for articulated robot based on unit dual quaternion[J].IEEE Transactions on Industrial Informatics,2023,19(12):11898-11909.

[11] MACENSKI S,MOORE T,LU D V,et al.From the desks of ROS maintainers:a survey of modern & capable mobile robotics algorithms in the robot operating

system 2[J].Robotics and Autonomous Systems,2023,168:104493.

[12] QI J,YANG H,SUN H X.MOD-RRT:a sampling-based algorithm for robot path planning in dynamic environment[J].IEEE Transactions on Industrial Electronics,2021,68(8):7244-7251.

[13] SARKAR R,BARMAN D,CHOWDHURY N.Domain knowledge based genetic algorithms for mobile robot path planning having single and multiple targets[J].Journal of King Saud University-Computer and Information Sciences,2022,34(7):4269-4283.

[14] WANG S Q,HU Y Y,LIU Z N,et al.Research on adaptive obstacle avoidance algorithm of robot based on DDPG-DWA[J].Computers and Electrical Engineering,2023,109:108753.

[15] WU Z T,DAI J Y,JIANG B P,et al.Robot path planning based on artificial potential field with deterministic annealing[J].ISA Transactions,2023,138:74-87.

[16] YU Z H,YUAN J,LI Y S,et al.A path planning algorithm for mobile robot based on water flow potential field method and beetle antennae search algorithm[J].Computers and Electrical Engineering,2023,109:108730.